Beiträge zur Fauna sinica

IV.

Grundzüge einer Ökologie der chinesischen Reptilien

und

einer herpetologischen Tiergeographie Chinas

Von

Dr. phil. h. c. R. Mell

Mit 34 teils farbigen Figuren und 7 Karten im Text
und auf 5 Tafeln und mit einer Tabellentafel

BERLIN UND LEIPZIG
WALTER DE GRUYTER & CO.
vormals G. J. Göschen'sche Verlagsbuchhandlung · J. Guttentag, Verlagsbuchhandlung · Georg Reimer · Karl J. Trübner · Veit & Comp.

1929

vormals G. J. Göschen'sche Verlagshandlung — J. Guttentag, Verlagsbuchhandlung — Georg Reimer — Karl J. Trübner — Veit & Comp.
Berlin W 10, Genthiner Straße 38.

Druck von Metzger & Wittig in Leipzig

Vorwort.

Grundlage zu diesen Arbeiten (den Teilen IV, VI, VII der „Beiträge zur Fauna sinica") sind Beobachtungen an etwa 2000 Tieren — in Freiland und Gefangenschaft — sowie Tagebuchnotizen über chinesische Reptilien während der Jahre 1908—1921. Es wurden weiter durchgesehen die Chinamaterialien der Museen Hongkong, Shanghai, Berlin, London, Magdeburg (Koll. Kreyenberg), Hamburg, Frankfurt a. M. (Koll. Moellendorff), Wien (pt., Sauter); von den Herren Dr. Malcolm Smith (London), Colonel Wall (Tonbridge), Prof. Mueller (München), von den Museen in Oldenburg (Koll. Ruhstrat), Basel, Wien, London, New York, San Francisco, Kalkutta, Lahore erhielt ich weiter Materialien oder Notizen über ostasiatische Reptilien zur Verfügung gestellt, wofür ich den Herren, die diese Materialien verwalten oder besitzen, auch an dieser Stelle meinen verbindlichen Dank aussprechen möchte.

Die Registratur über schätzungsweise 9—10000 Schlangen, etwa 2—3000 Eidechsen und mehrere Hundert Schildkröten wurde nebeneinander gestellt und unbelastet von irgendwelchen vorgefaßten Theorien daraufhin geprüft, ob sich allgemeine Gesichtspunkte aus ihr ableiten ließen. Manche der hier vorgetragenen Ergebnisse, z. B. die von den Beziehungen zwischen Nahrung und Beschuppungsverhältnissen bei Landtieren, werden zunächst nicht nur den europäischen Museumsherpetologen befremden, vielfach auch den Warmblütlerbiologen, dem ja chemotaktische Differenzierungen, also hier Monophagie s. l., weniger oft begegnen als dem Entomologen. Weitere inzwischen bekannt gewordene Angaben über die Nahrung anderer südasiatischer, zum Teil auch amerikanischer Arten bestätigen sie. In höherem Grade nachprüfenswert als sie scheinen die Schwankungsverhältnisse in den Zahlen der Ventralia, wie sie sich bei den chinesischen Natrix herausstellten. Optimale Regionen liegen bei pazifisch-palaearktischen Sippen im Norden der Areale, auch wenn die einzelnen Spezies gegenwärtig südasiatisch sind.

Die Belege an Zahlen und Daten sind in den demnächst erscheinenden Arbeiten „Biologie und Systematik der chinesischen Schlangen" und „Biologie und Systematik der chinesischen Eidechsen und Schildkröten" gegeben. Kapitel VIII der hier vorliegenden Schrift erschien in fast gleicher Fassung als Sonderaufsatz in der Zeitschrift für Morphologie und Ökologie der Tiere 1928, 5. Heft. Die Publikationsschwierigkeiten wurden nach vier Jahren endlich durch Beihilfen von der Notgemeinschaft der Deutschen Wissenschaft und von Herrn Geheimen Regierungsrat Dr. A. von Weinberg, Frankfurt a. M., überwunden, und ich freue mich, auch dafür meinen Dank ausdrücken zu können.

Den Untersuchungen über die Biologie einer südasiatischen Lepidopterenfamilie (1908—1922) werden hier die über eine poikilotherme Vertebratengruppe (1924 bis 1928) angeschlossen, der, hoffentlich in nicht zu später Zeit, solche über eine Warmblütlergruppe folgen sollen. Gerade das südliche China ist eins der interessantesten Gebiete der Erde: Palaearktis und Tropen stehen in so breiter Verbindung wie kaum irgendwo, und von Westen greift die tiergeographische Zone des Osthimalaya herein. So wird hier ein Lebensraum von Organismen dreier großer

Faunengebiete durchdrungen, und Beobachtungen über Anpassungsmöglichkeiten, über Spezialisationen als inneren Ausbreitungsschranken, über Verhalten von Landtieren im Optimum, im Pejus und an den Arealgrenzen, über die Bedingtheit von Erscheinungsrhythmen u. v. a. lassen sich kaum irgendwo so durchführen wie hier und scheinen geeignet, den in den Zentren westlicher Wissenschaft vorgenommenen Studien an Tieren palaearktischer und nearktischer Klimate andersartige Gesichtspunkte und Erkenntnisse hinzuzufügen.

In Erinnerung an die wissenschaftliche Isoliertheit der langen Jahre draußen ist auch diese Zusammenstellung mit in erster Linie für die an der Natur interessierten Ostasiaten und Ostasienresidenten geschrieben, um ihnen, die weitab von Vergleichsmaterialien und Fachbüchereien sitzen, zu zeigen, wo sie, ohne vielmals Getanes nochmals zu tun, nützlich mit Nachforschungen einsetzen können. Wir brauchen sehr viele zweckmäßig zugeschnittene, mit besonderer Fragestellung gemachte Beobachtungen am lebenden Tiere, um weiterzukommen. Spezielle Hinweise, wo Weiterarbeit einzusetzen hätte, gebe ich auf Wunsch gern. Um den Interessenten draußen die Information zu erleichtern, ist die an beiden Küsten des Pazifik eingebürgerte Nomenklatur der nordamerikanischen Herpetologen auch dort angewandt, wo sie nicht durchaus zweifelfrei erscheint. Ortsnamen sind aus Zweckmäßigkeitsgründen in der Transskription der chinesischen Post- und Zollbehörde gegeben, wie sie in dem „Atlas of the Chinese Empire" von Broomhall (China Inland Mission) angewandt ist.

Ostern 1929.

Mell.

Gebrauchte Abkürzungen.

L = Gesamtlänge.
l = Leibeslänge.
c = Schwanzlänge.
Sq = Squamata, Rückenschuppenreihen.
V = Ventralia.
Sc = Subcaudalia.
Spl = Supralabialia.
Sbl = Sublabialia.
d = durchschnittlich.
Max. = Maximum.
Min. = Minimum.
(5—)6(—8) = Zahlen in Klammer besagen, daß sie bei $7^0/_0$ und weniger der untersuchten Tiere festgestellt wurden.
♂? = die Geschlechtsangabe der Literaturquelle scheint nicht ganz sicher.
(♂) = eine Geschlechtsangabe fehlt in der angegebenen Literatur, und die Geschlechtsbezeichnung ist Folgerung aus den Zahlen der V—Sc.
(♂?) = wie vorher, aber die Zahlen sind nicht eindeutig, die aus ihnen entnommene Geschlechtsbezeichnung ist also nicht zweifelfrei.

Ortsnamen (Kwangtung; mehrere Jahre unterhaltene Fangstationen):

Dw = Ding wu shan, Westflußgebiet, etwa 23,10° n. Br., 112,33° ö. L.
Lof = Lo fao shan, Ostflußgebiet, etwa 23,16° n. Br., 112,4° ö. L.
T. c. s. oder Sg = Tong chung shan und benachbarte Berge bei Sam gong, nahe Lien shan, NW-Kwangtung, etwa 24,5° n. Br. und 111,5° ö. L.
Gf = Gao fung
M = Mahn tsi shan
{ Grenzberge zwischen Kwangtung und Hunan, etwa 25,1, bzw. 25,2° n. Br. und 112,7, bzw. 113,17° ö. L.
Te = Tsa yuen shan
Q = Shöi yuen shan
Dr = Lung tao shan
} Berggebiete in Nord-Kwangtung, etwa 24,6° n. Br. und 113,4° ö. L.
Lp = Tsat muk ngao, Berge südlich von Lin ping, NNO-Kwangtung, etwa 24,08° n. Br. und 114,3° ö. L.

Die beiden erstgenannten sind Regenwaldreste, Te ist Bambuswald, die andern sind subtropische Montanwaldgebiete.

Inhaltsangabe.

Seite

I. Elemente der chinesischen Reptilierfauna und Versuch einer tiergeographischen Gliederung Chinas auf ihrer Basis. Geographische Gliederung Chinas; tiergeographische Elemente seiner Fauna. Verschiebung in der Faunenzusammensetzung von N nach S. Osthimalayana: Westchina, südchinesische und pazifische Osthimalayana; ihre Stellung zu den anderen großen geographischen Räumen. Tropenrandgebiete: Küstenzone Südchinas, Hainan, Grenzen. Ostasiatischer Inselbogen. Endemismen. Hauptschöpfungszentren; Schlüsse auf erdgeschichtliche Veränderungen mit Hilfe der Endemismen. Zusammenfassende tiergeographische Gliederung Chinas auf Grund seiner Reptilierfauna. Beziehung zu den Philippinen. Arktotertiäre Elemente. Disjunkte Areale; Besonderheiten bei Osthimalayadeszendenten und andere schwer deutbare Areale; Arealgrößen; Vertikalareale; Isolierung als Ursache von Arten- und Rassenbildung. Ausbreitungswege und Ausbreitungsschranken; innere Ausbreitungsschranken; Tiere an den Grenzen ihrer Areale 1— 66

II. Zur Ökologie chinesischer Reptilien, insbesondere Schlangen. Ökologische Hauptgruppen erster Ordnung; ihr Anteil an der Besiedlung der kontinentalen Räume. Nahrung und Lebensraum, Gliederung der chinesischen Schlangenfauna nach ihrer Nahrung, Verteilung dieser ernährungsbiologischen Gruppen auf die großen geographischen Gebiete. Wie finden Schlangen ihre Beute? Wie töten sie die Beute? Giftzähne, Giftdrüse, Gift. Verschlingen der Beute; Nahrungsbedarf; Wasser; Aktivitätsperiode; Feinde; Hauptlebensräume Südchinas und ihre Besiedlung mit Reptilien 67—117

III. Dorsalschuppenreihen (Sq) und Nahrung bei Landschlangen. Zahlen der Sq und Nahrung, Tabellen dazu, Sq und Nahrung im Genus *Holarchus*; Zahlen der

Seite

Spl; Differenzierungen hinsichtlich der Nahrung im Genus; Schlangenfresser, Tendenz zur Vermehrung oder Verminderung der Sq, Nahrung bei Jung- und Alttieren; können Differenzierungen in der Nahrungswahl artbildend wirken? Schluß auf die Nahrung von Spezies, über deren Ernährungsart bisher keine Beobachtungen vorliegen . . . . 118—140

IV. Zahlen der Ventralia und Subcaudalia und geographische Variation bei Festlandtieren. Minima und Maxima der V + Sc bei in China vorkommenden Spezies; Beziehungen zwischen den Zahlen der V + Sc in einer Verwandtschaftsgruppe; subspezifische Gliederung nach ihren Zahlen, Tabellen dazu; sind die Größen der V + Sc konstant? Wo finden sich die durch höhere Zahlen der V charakterisierten größeren Rassen? Lage der optimalen Regionen? Beziehung zwischen den Zahlen der V + Sc und Lebensweise? Äußerste Schwankungsbreite in den Zahlen der V + Sc . . . . 141—166

V. Beschuppungsverhältnisse der Leibesober- und -unterseite bei Wassertieren. Tabellen der Sq und Spl, Erläuterungen dazu, Vergleich mit Schwankungsverhältnissen bei Festlandstieren . . . . 167—176

VI. Die Geschlechter. Sekundäre Geschlechtsunterschiede und Sexualdimorphismus in den Zahlen der V, Sc und Sq, Schwankungsbreite der Geschlechter, Zahlenverhältnis, Kopula, Zusammenhalten der Geschlechter . . . . . . 177—187

VII. Vermehrung. Eischale; Lage der Eier im Mutterleibe, Vermehrungsstärke; Vermehrungsstärke und Vermehrungsart zeigen Anpassungen an die Erfordernisse der Umwelt und sind durch sie bedingt; Vermehrungsstärke bei Schlangen, bei marinen Schlangen; relative Schlüpfgröße; Gelegestärke bei Tieren der gleichen Spezies in verschiedenen Teilen ihres Areals. Ovi-, Ovovivi-, Viviparität. Wo findet sich Viviparität? Vermehrungsart kann Gruppencharakter sein. Sorge des Muttertieres für seine Nachkommenschaft (Ablageort, Brutwacht, Brutschutz). Dauer von Ei- und Embryonalstadium, Schlüpfen (Eizahn, 1. Häutung), postembryonale Ent-

Seite

wicklung und Eintritt der Geschlechtsreife. Färbung von Jungtieren . . . . 188—224

VIII. Beobachtungen über das Sinnesleben chinesischer Reptilien, insbesondere Schlangen. Gesicht, Fangart der *Kobra*, optische Besonderheiten bei *Calliophis*, *Bungarus* und *Platysternon*; Erschütterungssinn, Gefühl für Berührungsreize; Gehör, Wirkung chemischer Sinne, Analdrüsen, Dominieren des stärksten Reizes; Erfahrungsspeicherung, instinktives und individuelles Erkennungsvermögen? Variable Stelle im Ablauf der Reflexe. — Erregungsäußerungen; stimmliche E., dynamische E.; Bewegungen des Schwanzes, Aufrichten des Kopfendes, verschiedene Reizreaktionen bei nahe verwandten Spezies; Sichtbarmachen von Farben in der Aufbäumhalte; Vergrößerung der Höhen- oder Breitenachse in ihr, Differenzierungen in den Erregungserscheinungen; der Stoß. — Welche Wirkung hat das Aufbäumen auf Tiere im Lebensraum der Schlangen? a) auf Vögel: Würger, Hühnervögel, Schlangenadler, Fischuhu; b) auf Säuger: Ratte, Moschusratte, Schweine und andere; c) auf Menschen ihres Lebensraums; Gefährlichkeit von Schlangen . . . . 225—274

Index . . . . 275—282

I. Elemente der chinesischen Reptilierfauna und Versuch einer tiergeographischen Gliederung Chinas auf ihrer Basis.

Das in dieser Arbeit in Betracht gezogene Gebiet umfaßt das eigentliche China, also das Land der 18 Provinzen. Da politische höchst selten zugleich natürliche Grenzen sind, war es unvermeidlich, die angrenzenden chinesischen Außenländer, in erster Linie die ganze Mandschurei, die Randgebiete der Mongolei und Tibets einzubeziehen. Turkestan, das eine ganz anders geartete Fauna aufweist, konnte außer acht gelassen werden.

Das gegenwärtige Erdbild, die wirtschaftlichen und pflanzengeographischen Verhältnisse bedingen in erster Linie die natürliche Gliederung des untersuchten Gebiets in fünf natürliche Einheiten ersten Grades:

1. Das Gebiet am Unter- und Mittellaufe des Hwang ho = Nordchina (Chili, Shantung, Shansi, sowie Shensi, Honan und Kansu, soweit sie nördlich vom Tsin ling shan und seinen Ausläufern liegen).

2. Das Gebiet am Unter- und Mittellaufe des Yangtse = Mittelchina (nördlich und südlich vom Strome: Kiangsu, Anhwei, südliches Honan und südliches Shensi, Hupe, rotes Becken von Szechwan, Kiangsi, Hunan). Die westlichen Grenzlandschaften von Kweichow bilden den Übergang zur 3. Einheit,

3. Den Hochgebirgslandschaften von Yünnan, Szechwan = Westchina.

4. Das Gebiet des Si kiang und Han kiang, sowie die vorliegenden Inseln = Südchina[1]) (Kwangtung, Kwangsi, Hainan).

5. Das Gebiet unabhängiger Küstenflüsse = Südostchina (Fukien, Chekiang).

Zwei im ganzen von Westen nach Osten ziehende Gebirgsriegel schaffen die Hauptwasserscheiden und damit die Hauptgliederung, der Tsin ling shan mit Fu niu shan und ihre Ausläufer im Norden und der auf den Karten im allgemeinen als Nan shan und Ta yü shan bezeichnete lange, in seinem Ende scharf nordöstlich gerichtete Bogen im Süden, der im einzelnen recht verschiedene Namen führt.

Welchen tiergeographischen Gruppen gehören die Reptilien des Gebiets an?

Zur Untersuchung dieser Frage wurden in Betracht gezogen:

a) Die gegenwärtige Verbreitung einer Art und die ihrer nächsten Verwandten, b) bei Spezies mit großräumigen Arealen die Lage der optimalen Region (vgl. Kap. 4), c) die Färbungsverhältnisse (Auftreten von Schmuck- und Sexualfarben, Reduktion von Färbung und Zeichnung). In manchen Fällen ließ auch die Vermehrungsart (Ovo- und Viviparität, Lage der Sexualperiode u. a.) Schlüsse zu. Es ergaben sich folgende 7, bzw. 8 Gruppen:

1. Sibirisch palaearktische Tiere: Zu ihnen gehören *Elaphe dione*, *E. schrenckii*, *E. halli* (?), *Agkistrodon halys intermedius* und *halys brevicaudus*.[2]) Ihr gegenwärtiges Verbreitungszentrum liegt im ganzen nördlich vom 40. Breitengrade; nur bei *Agk. brevicaudus* liegt die

---

[1]) Als „Südliches China" ist in dieser Arbeit Kwangtung, Kwangsi und Fukien bezeichnet.

[2]) *Vipera berus* L. berührt, soweit bisher bekannt, chinesisches Gebiet nicht.

optimale Region etwa auf ihm. — Auch die chinesischen Vertreter der i. a. zentralasiatischen *Phrynocephalus* und *Eremias* sind bei den folgenden Zusammenstellungen zu dieser Gruppe gezogen.

2. Mediterran palaearktische Tiere: *Eryx miliaris* Pall., die nach Przewalsky bis Kansu geht.

3. Pazifisch palaearktische (ostasiatische) Formen. Dazu rechne ich Sippen, die in Ostasien, d. h. zwischen 40—24° n. Br. und etwa 140—115° ö. L. ihre Verbreitungszentren (ihre Optima, ihre größte Häufigkeit) haben. Sie sind also zum mindesten Charaktertiere, viele von ihnen zugleich Endemismen des Gebiets. Zum pazifisch palaearktischen Formelemente gehören auch Spezies, die gegenwärtig auf den Ostasien vorgelagerten Inselbogen beschränkt sind, aber ihre nächsten Verwandten auf dem benachbarten Festlande haben (*Clemmys japonica*, die japanischen *Elaphe*, *Natrix pryeri*, *Achalinus formosanus* u. a.). Als pazifisch palaearktische Tiere sind zu betrachten: *Natrix tigrina*, *annularis*, *percarinata*, *craspedogaster*, *vibakari* und *sauteri*, *Achalinus rufescens*, *spinalis* (*braconnieri* ?), *Dinodon flavo-* und *rufozonatum*, *Coluber spinalis*, *Elaphe rufodorsata*, *carinata*, *davidi*, *Coronella bella*, *Holarchus formosanus*, *chinensis*, *vaillanti*, *Calamaria septentrionalis*, *Enhydris chinensis*, *Bungarus multicinctus*, *Agkistrodron acutus*, *Trimeresurus mucrosquamatus*. — Von Tieren anderer Ordnungen gehören dazu: *Amyda tuberculata*, *Geoclemys reevesi*, wahrscheinlich auch *Ocadia sinensis* und *Clemmys*, sicher *Gecko japonicus*, *swinhonis*, die chinesischen *Takydromus*, alle chinesischen *Leiolepisma* und *Eumeces* (vgl. auch Gruppe 8).

4. Als Osthimalaya-Deszendenten möchte ich Formen bezeichnen, deren optimale Regionen in den Mittel- und Hochgebirgen von Sikkim, Assam, Birma, Tongking, Yünnan liegen. Dazu gehören: *Natrix parallela*,

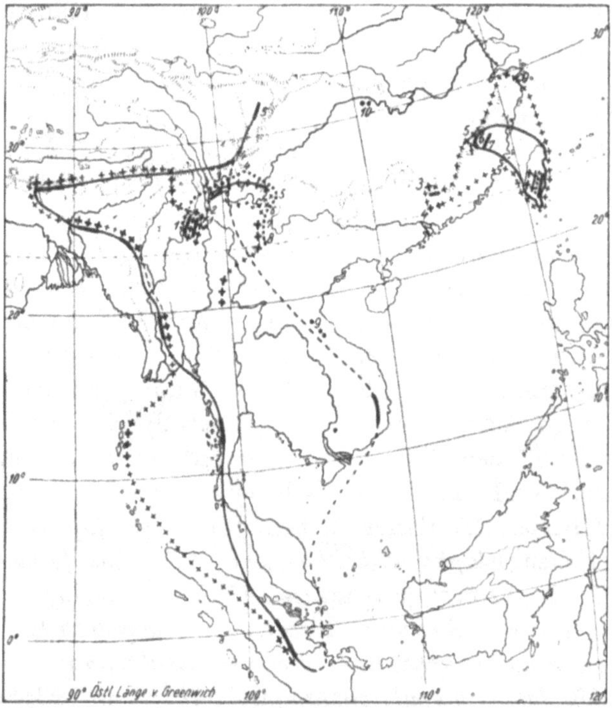

Disjunkte Areale von Osthimalayadeszendenten.

+ + + Areal von Elaphe porphyracea (Cant.); indisches Areal: Sikkim, Assam (Kashia-, Garo-, Aborberge), Birma (Manipur, Karin-, Kachinberge, Südshanstaaten, Chinberge), Andamanen, Singapore ?, Sumatra. Chinesisches Areal: 1 Hotha, 2 Teng yüeh, ·· 2 Ta li fu, ·· 3 Li kiang-Yung ning, ·· 5 Fung chuan fu, ·· 8 Yünnanfu, 3 Nordkwangtung (Dr), 4 Südkwangtung (Lo fao shan), 5 Kua tun (sicher auch andere Orte Fukiens), 6 Mo kan shan, 7 Tai chow fu; Formosa.

——— Areal von Trimeresurus monticola (Gthr.); indisches Gebiet: Sikkim, Assam (Kashia-, Aborberge), Birma (Karin-, Kachinberge, Südshanstaaten, Chinberge), malayische Halbinsel, Singapore ?, Sumatra, Südannam (Langbian-Plateau). Chinesisches Areal: + + 1 (Hotha), ·· 2 (Ta li fu), ··· 3 (Li kiang-Yung ning), 4 Kia ting fu, 5 Lung an fu ?, 6 Shao wu (Kua tun ?), 7 Mingebiet; ? „Chekiang"; Formosa.

······· Areal der Natrix der swinhonis-nuchalis-Gruppe. 1 Sinlum Kaba (Oberbirma), 2 Ta li fu, 3 Li kiang fu-Yung ning, 4 Eul sze ying (Südszechwan), 10 Chang yang, 5 Tung chuan fu, 6 Ku tsing fu, 7 Wu ting chow, 8 Yünnanfu, 9 Col de Nuages (Tongking); Formosa.

-·-·-·-·- Areal von Macropisthodon rudis Blngr.; 1 Yen yuan (Südwestszechwan), ·· 2 Ta li fu, ·· 3 Li kiang-Yung ning, ·· 5 Tung chuan fu, + + 5 Kua tun; Formosa.

Schwache Signierung, wie +, –, --- bezeichnet unsichere Grenzführung.

---

baylei, modesta, johannis, subminiata, octo —, *quadri-, septemlineata, handeli, gastro-, pleurotaenia, Pseudoxenodon sinensis, Rhabdops bicolor, Trirhinopholis nuchalis* und *styani, Lycodon fasciatus, Zaocys nigromarginatus, Ptyas korros, Elaphe porphyracea, prasina, osborni, mandarina, Holarchus violaceus* (auch *purpurascens*?), *Liopeltis major, Psammodynastes pulverulentus, Amblycephalus monticola, Trimeresurus jerdonii* und *monticola* — *Sphenomorphus indicus, Tropidophorus berdmorei, Ophisaurus.*

Im weiteren Sinne dazu gehörig sind Spezies, die in der indischen Osthimalayana fehlen, aber in Gebirgen, die als deren Fortsetzung zu betrachten sind oder sich gegenwärtig an sie anschließen, ihr Verbreitungszentrum haben oder dort allein vorkommen. Das sind: *Natrix nuchalis, Macropisthodon rudis, Agkistrodon strauchii* und *monticola, Cyclemys yünnanensis, Cainodactylus, Gecko subpalmatus* und *melli*, die chinesischen *Acanthosaura, Japalura* und *Calotes* (außer *versicolor*), *Phoxophrys.* Vielleicht lassen sich auch die grünlippigen *Trimeresurus gramineus, Platysternon,* sowie der in den pazifischen Teilen der Osthimalayana abgesproßte *Platyplacopus* zu den Osthimalaya-Deszendenten rechnen.

Bis in den Osthimalaya (*Vipera russellii*), zum Teil bis nach Westchina hinein gehen alle (10) Spezies von Gruppe 6, bis zum Osthimalaya und bis Birma auch 6 Arten der Gruppe 7. (Karte S. 4).

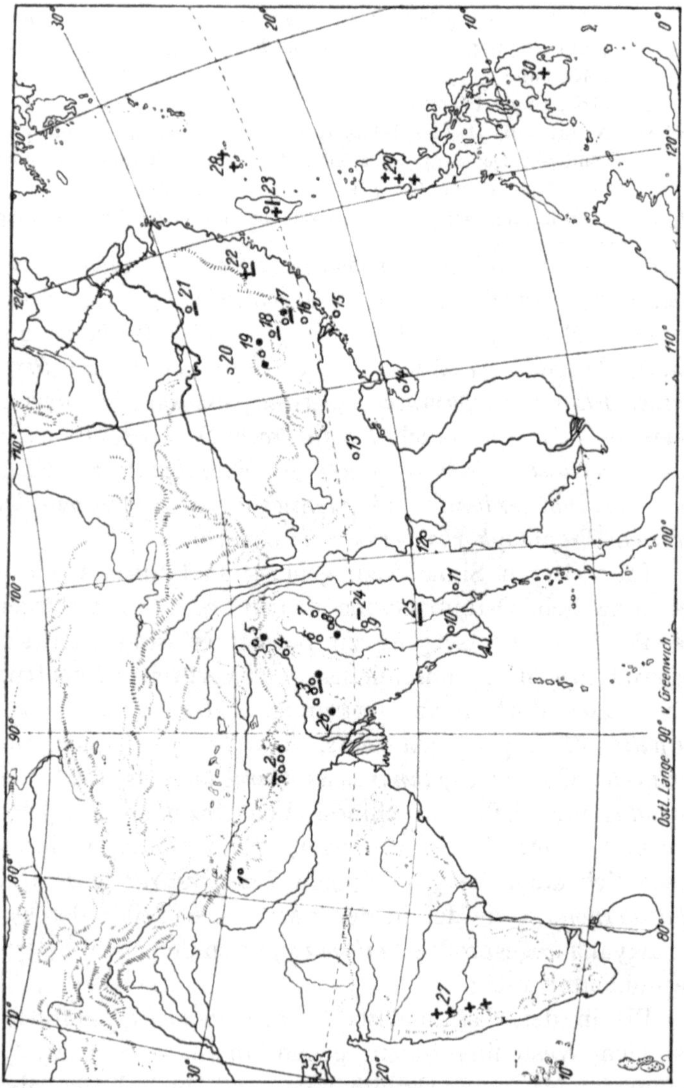
Östl. Länge 90° v. Greenwich

Erläuterungen zu den Arealen von Prähimalaya-Elementen.

oooo Areal von Calliophis macclellandii (Reinh.). 1 Kasauli (Westhimalaya), 2 Nepal, Sikkim, 3 Kashiaberge, 4 Nagaberge, 5 Aborberge, 6 Manipur, 7 Sinlum Kaba, 8 Huton, 9 Maymyo, 10 Pegu Yomas, 11 Chinberge, 12 Südshanstaaten, 13 Cao bang (Tongking), 14 Hainan, 15 Hongkong, 16 Lo fao shan, 17 Lackpaßwald bei Lin ping (Lp), 18 Lung tao shan-Gebiet (Dr), 19 Mahn tsi shan-Gebiet (und Tsöng gong), 20 Ping hsiang, 21 Kiu kiang, 22 Kua tun (Fukien), 23 Formosa.

—— Areal von Dinodon septentrionale (Gthr.). 2, 3, 17, 18, 22, 23 wie bei *Calliophis*, 24 Mo gok (Oberbirma), 25 Karinberge.

······· Areal von Natrix khasiensis. 3, 5, 8, 17, 19 wie bei *Calliophis*, 66 Garoberge (Assam).

+ + + + Areal der Gattung Hemibungarus. 27 Poona, Travancore, Ganjamberge (Südindien), 22, 23 wie bei *Calliophis*, 28 Riu kiu, 29—30 Philippinen.

---

5. Eine Gruppe ostasiatischer montaner Reptilien scheint mehr Mittelgebirgslandschaften zu bevorzugen. Ihre Vertreter fehlen ganz oder fast ganz im Gebiete der meridionalen Stromfurchen und unmittelbar östlich davon, also im hochgebirgigen Westchina, finden sich aber im südlichen (*Hemibungarus*: Ganjam hills u. a.) und nördlichen (Berge von Assam, Vorberge des Himalaya) Indien und wieder im südlichen Mittel- und nördlichen Süd- und Südostchina, auch im vorgelagerten Inselbogen (*Dinodon orientale*: Japan; *Dinodon semicarinatum*: Riu kiu; *Hemibungarus*: Riu kiu und Formosa). Die Areale der meisten von ihnen schneiden sich mehr in den dem Himalaya vorgelagerten Bergen als im Himalaya selbst und scheinen entweder durch den Himalaya oder durch das Gebiet der meridionalen Faltung zerrissen, müssen also vor deren Entstehen kontinuierlich gewesen und die Gattungen und zum Teil Spezies älter als diese sein. Um diese räumlichen und zeitlichen Beziehungen anzudeuten, habe ich für diese Gruppe den Namen Prähimalaya-Element gebraucht.

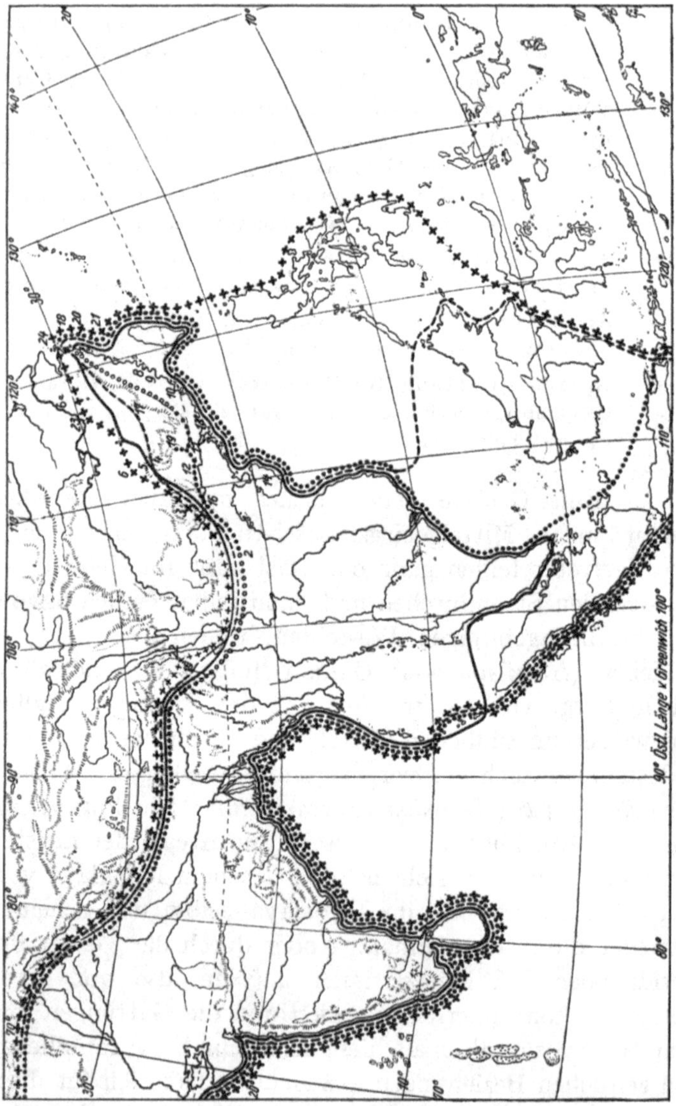

Areale indischer Spezies.

—— Areal von Natrix stolata (L.). 1 Lo po ssu chuang (Westyünnan, nicht zweifelfreie Angabe), 2 Nan ning fu, 3 Kwei lin, 4 Nordkwangtung (Gf, M, Dr), 5 Chen chow, 6 Ping hsiang, 6a Wu hu, 7 Nimrodsund, 8 Foo chow, 9 Yen ping fu, 10 Swa tao, 11 Kantoner Umgegend, 12 How lik, 13 Hongkong und Hinterland, 14 Hainan.

------ Areal von Natrix piscator (Schneid.). 2—4, 8, 10—14 wie bei *N. stolata*, 15 Mo ting-Fluß (Südwestyünnan), 16 Wu chow, 17 Kua tun, 18 Ning po.

······· Areal von Ptyas mucosus (L.). 2, 3, 16, 12, 11, 13, 9, 8 wie oben, 19 Shiu chow fu, 20 Tai chow fu, 21 Wen chow fu.

+ + + + Areal von Naja naja (L.). 2, 3, 4, 5 (Chen chow, Heng chow), 6, 20, 21 wie oben, 22 Teng yüeh, 23 Kiu kiang, 24 Chusan-Arch.

Dazu rechne ich: *Sibynophis collaris* [auch *S. grahami*?[1])], *Natrix kashiensis*, *Pseudoxenodon angusticeps*, *Dinodon septentrionale*, *Calliophis macclellandi*, *Azemiops feae*, *Hemibungarus kelloggi*. Auch *Pseudoxenodon dorsalis* möchte ich nach ihrem insulären Vorkommen und ihren verwandtschaftlichen Beziehungen trotz ihres ausschließlich ostchinesischen Vorkommens hierher rechnen. Von *Azemiops* sind bisher nur 3 Tiere bekannt geworden. *Pseudoxenodon*, *Sibynophis collaris*, *Dinodon*, *Calliophis* sind im indischen Gebiet häufiger, zum Teil viel häufiger als in China, auch ihre Maximallängen sind von dort gemeldet, auffallenderweise die Maxima der V von den drei letztgenannten Arten, aber vom pazifischen Teil der Areale (Karte S. 6).

6. Indische Formen. Dazu rechne ich in dem hier gebrauchten Sinne Sippen, deren günstigste Lebensräume in Indien (Vorderindien) außerhalb der bei 4 und 5 genannten Gebiete liegen. Es sind *Typhlops braminus*, *Python molurus*

---

[1]) Sie ist bisher nur aus der Umgebung von Yünnanfu bekannt, wird aber wahrscheinlich noch im östlich benachbarten Kweichow und Kwangsi festgestellt werden.

bivittatus, Natrix piscator und *stolata* (optimale Regionen beider in Nordindien), *Lycodon aulicus, Helicops schistosus, Ptyas mucosus, Naja naja* (*Naja hannah* pt.?), *Vipera russellii, Trimeresurus gramineus albolabris.* Nur eine dieser Spezies, *T. braminus*, ist indoafrikanisch, bezüglich *Python* und *Naja* sind es die Genera. — Von Tieren anderer Ordnungen gehören dazu: *Calotes versicolor* und die meisten der chinesischen *Hemidactylus* (Karte S. 8).

7. Indomalayische Tiere. Ihre Areale beginnen vielfach da, wo die der indischen Formen enden, in Assam-Birma, und gehen von da südöstlich oder östlich. Die Zentren ihrer gegenwärtigen Verbreitung liegen im Malayischen Archipel oder Festland. Zu ihnen gehören: *Xenopeltis, Natrix chrysarga, Elaphe radiata, Holarchus purpurascens, Lycodon subcinctus, Ahaetulla boiga, Calamaria pavimentata, Boiga multimaculata, Enhydris enhydris, plumbea, Dryophis, Chrysopelea, Bungarus fasciatus, Amblycephalus moellendorffii* und *carinata,* wahrscheinlich auch *Naja hannah.* — Ich glaube hier auch trotz beträchtlicher Zweifel *Elaphe taeniura* (Cope) einreihen zu sollen. Ihr Areal geht küstenwärts von Indochina (Col des Nuages, Hainan) bis Peking und anscheinend von da durch Mittelchina bis in die Hochgebirgslandschaften von Sechwan, Yünnan und Birma. Das ist ein tiergeographisch schwer deutbarer Lebensraum, und die Deutung wird dadurch erschwert, daß *E. taeniura* im Norden (Peking, Shanghai) häufiger ist als im Süden. Wenn ich sie trotzdem zu den indomalayischen Tieren zähle, so geschieht das, weil sie die höheren Zahlen der V und V + Sc und mithin wohl auch die größere Körperlänge im Süden des Areals erreicht, und weil die durch die höchsten Zahlen der Sq, der V und V + Sc ausgezeichneten Glieder ihres Formenkreises (*schmackeri* = Riu kiu, *grabowskyi* = südlich vom Isthmus von Krah) südliche Tiere sind.

Von Schildkröten und Eidechsen gehören dazu: *Testudo emys*, *Cyclemys amboinensis*, *Geomyda spengleri* (?), *Pelochelys*, *Gecko gecko*, *Liolepis*, *Varanus salvator*, *Takydromus meridionalis*, *Mabuya siamensis* und *multifasciata*, *Lygosoma bowringi* und *chalcides* — *Physignathus* ist nach seinem gegenwärtigen Areal als malayo-australisches Formelement zu bezeichnen (man vgl. auch Gruppe 8; Karte S. 12).

8. Als indochinesische Formen lassen sich Tiere bezeichnen, die auf das südliche China (Fukien, Kwangtung, Kwangsi) und die dazu gehörigen Inseln (südliche Riukiu, Formosa, Hongkong, Hainan), sowie die benachbarten Teile von Tongking und Annam beschränkt, also Endemismen dieses Gebiets sind. Es sind zum Teil indomalayische Formelemente, die hier ihre Nordgrenze erreichen (3 *Opisthotropis*, *Trimerodytes*, *Holarchus musyi* u. a.), zum Teil Abkömmlinge nördlicher Sippen, die sich an der Südgrenze des Gattungsareals abgespalten haben (*Clemmys bealii*, *Eumeces quadrilineatus*, *Natrix aequifasciata*, *Achalinus meridianus*, *Elaphe moellendorffii*); manche sind wohl als Osthimalaya-Deszendenten anzusehen (*Rhadinophis*, *Boiga kraepelini*, *Tropidophorus*, *Ophisaurus*), andere sind auf Grund ihres westöstlichen Mittelgebirgsareals mit einiger Wahrscheinlichkeit als solche einzureihen (*Lygosaurus*, *Tapinophis*). Außer den schon genannten können als indochinesische Formen gelten: *Cyclemys trifasciata*, *Amyda steindachneri* (beide IM), die 2 südchinesischen *Acanthosaura* und 3 insulären *Japalura*, *Lygosoma chinense* (alle OH?), *Takydromus sexlineatus meridionalis* (IM), sowie die weiter unten genannten Sonderformen von Hainan. Auch *Geomyda spengleri* (IM), *Ocadia* (PP), *Clemmys* (PP) sind indochinesische Tiere in diesem Sinne. Diese indochinesischen Formen sind in der nachstehenden Übersichtsreihe in Klammern gestellt und ihre Zahlen bei den betreffenden anderen Gruppen durch +

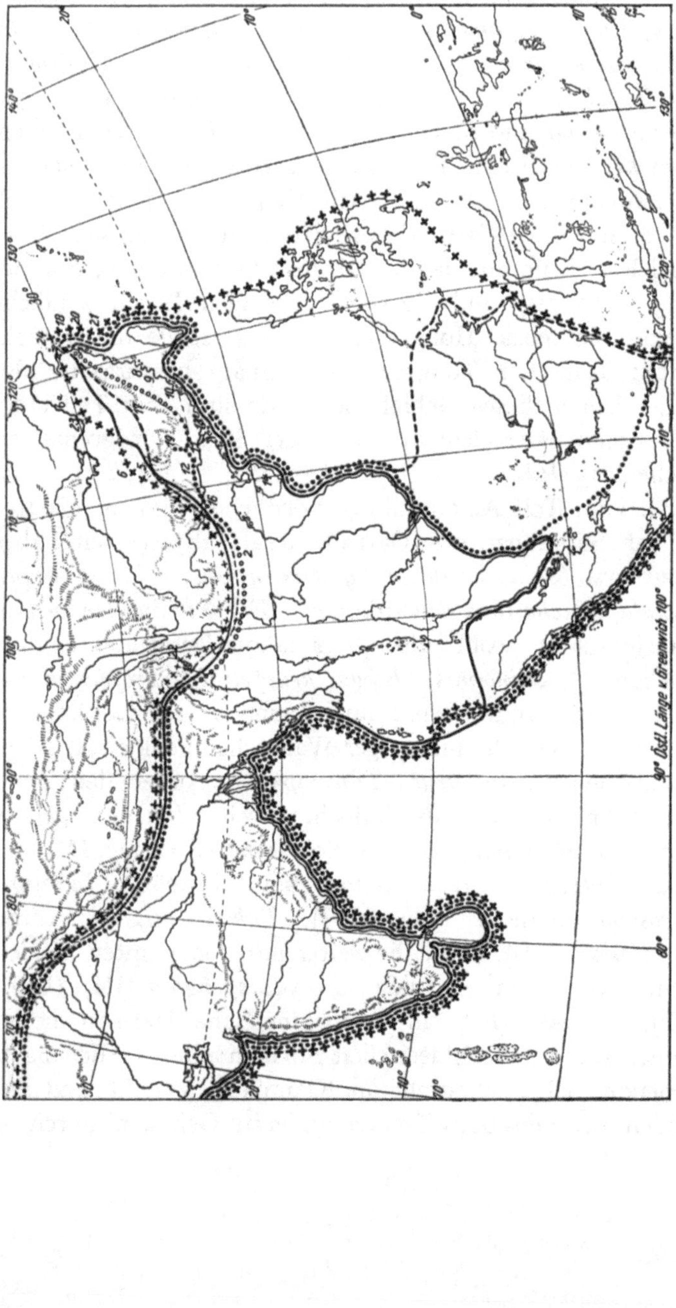
90° Östl. Länge v. Greenwich 100°

Erläuterungen zu den Arealen indomalayischer Spezies.

——— Areal von Bungarus fasciatus (Schneid.). 1 Yung ping shün (Westyünnan; nicht zweifelfreie Angabe), 2 Wu chow (Kwangsi), 3 Ding wu shan, 4 Umgebung von Kanton (Sa ho, Lung ngahn dung, Wu dsung, Nam kong), 5 Lo fao shan und Lung moon, 6 Hongkong und Hinterland (Li long, Fu mun).

+ + + + Areal von Elaphe radiata (Schleg.), 2, 3, 4, 5 wie bei *Bungarus*, 5 Fu mui (südlich von Wai chow).

······· Areal von Ptyas korros (Schleg.). 2—6 wie bei *Bungarus*, 7 Sanda (Hothatal, Westyünnan), 8 Sahm gong, 9a Mahn tsi shan, 9 Hsin wah (Hunan), 10 Ping hsiang, 11 Kiu kiang, 12 Ning po.

- - - - - - Areal von Dryophis prasinus Boie. 3, 5 wie bei *Bungarus* (Lo fao shan), 13 Bao ha und Thai nien (Tongking).

Schwache Signierung (o o o u. a.) bezeichnet unsichere Grenzen.

---

hinzugefügt. — Nicht weiter klassifiziert sind die indischen, bzw. indomalayischen Seeschlangen.

Verschiebung in der Faunenzusammensetzung von Norden nach Süden. Von N nach S verteilen sich diese Formen folgendermaßen auf die eingangs genannten natürlichen Landschaften.

In Nordchina finden sich: 1 *Amyda*, 1 *Geoclemys*, 1 *Gecko* (2?), 2 Phrynoce*phalus*, 2 *Eremias*, 2 *Takydromus*, 1 *Leiolepisma*, 1 *Eumeces*, 2 *Natrix*, 1 *Dinodon*, 1 *Zamenis*, 3 *Elaphe*, 2 *Agkistrodon*, 1 *Eryx* = 21 Formen.

In Mittelchina, nördlich vom Yangtse, wurden bisher festgestellt: 1 *Amyda*, 1 *Geoclemys*, 2 *Gecko*, 1 *Japalura*, 2 *Takydromus*, 1 *Leiolepisma*, 2 *Eumeces*, 3 *Natrix*, 1 *Coluber*, 2 *Zaocys* (1 sp. in der Chengtu-Ebene), 4 *Elaphe*, 1 *Dinodon*, 2 *Agkistrodon* = 23 Arten.

Aus Mittelchina, südlich vom Yangtse, sind bekannt: 1 *Amyda*, 1 *Geoclemys*, 1 *Alligator*, 3 *Gecko*, 2 *Takydromus*, 1 *Sphenomorphus*, 1 *Leiolepisma*, 2 *Eumeces*, 1 *Sibynophis*, 5 *Natrix*, 1 *Pseudoxenodon*, 1 *Trirhinopholis*, 1 *Achalinus*, 2 *Dinodon*, 1 *Zaocys*, 1 *Ptyas* (*korros*, ob auch *mucosus?*), 5 *Elaphe*, 2 *Simotes*, 1 *Liopeltis*, 1 *Calamaria*, 2 *Enhydris*, 1 *Bungarus*, 1 *Naja*, 1 *Azemiops*, 1 *Calliophis*, 1 *Amblycephalus*, 2 *Agkistrodon* (*acutus*, *brevicaudus*), 1 *Trimeresurus* (*gramineus*) = 44 Spezies.

Im festländischen südlichen China wurden bisher gefunden: 12 *Schildkröten* (5 PP: 1 *Amyda*, 1 *Geoclemys*, 2 *Clemmys*, 1 *Ocadia*; 1 OH: *Platysternon*; 6 IM: 1 *Testudo*, 1 *Pelochelys*, 1 *Amyda*, 1 *Geomyda*, 2 *Cyclemys*), 9 *Geckonen* (1 PP, 4 I, 2 IM, 2 OH), 21 andere Eidechsen (1 I: *Calotes*; 6 IM: *Liolepis*, *Varanus*, *Takydromus meridionalis*, 1 *Mabuya*, 1 *Lygosoma*, 1 *Riopa*; 1 Malayoaustralisches Tier: *Physignathus*; 3 OH: *Acanthosaura*, *Sphenomorphus indicus*, *Ophisaurus*; 4 vermutlich als OH anzusehende: *Platyplacopus*, *Lygosoma chinense*, *Lygosaurus sowerbyi*, *Tropidophorus sinicus*; 7 PP: *Takydromus wolteri*, *septentrionalis*, 1 *Apeltonotus*, *Leiolepisma*, *Eumeces chinensis*, *elegans*, *quadrilineatus*), 72 Schlangen (I: 8, IM: 21; OH: 17, PH: 7; PP: 19) = 115 Formen.

Erläuterungen zur Übersichtsreihe. Nordchina erscheint als ausgesprochenes Mischgebiet zwischen sibirisch zentralasiatischem und pazifisch palaearktischem Gebiete und wird von ebensoviel sibirischzentralasiatischen als pazifisch palaearktischen Arten bewohnt; ein mediterran palaearktisches Tier dringt bis in seine Westgrenze. Im nördlichen Mittelchina erfolgt ein starkes Aufschnellen des pazifisch palaearktischen Elements (78,3%) und eine starke Verminderung des sibirischen (13%); im gebirgigen Westen treten von Westchina her Osthimalayaformen (2 sp. = 8,7%) herein. Auch Mittelchina, südlich vom Yangtse, ist reine Palaearktis; das pazifisch palaearktische Element dominiert (63,6%), Vertreter aller anderen Gruppen treten auf, sind aber ihm gegenüber stark in der Minderzahl, relativ stark sind PH-Formen vertreten; die beiden sibirisch palaearktischen Arten finden sich noch, gehen

Übersichtsreihe zur Verschiebung in der Faunenzusammensetzung von Norden nach Süden.

Gebiet	Gesamtzahl der Formen	Med. pal. Form.		Sibir. pal. Form.		Pazif. pal. Form.		Osthimal. Form.		Prä-himal. Form.		In-dische Form.		Indomal. Form.		Indochines. Form.	
		Zahl	%	Zahl	%	Zahl	%	Zahl	%	Zahl	%	Zahl	%	Zahl	%	Zahl	%
Nordchina	21	1	4,8	10	47,6	10	47,6	—	—	—	—	—	—	—	—	—	—
Mittelchina, nördlich vom Yangtse . . .	23	—	—	3	13,0	18	78,3	2	8,7	—	—	—	—	—	—	—	—
Mittelchina, südlich vom Yangtse . . .	44	—	—	2	4,5	28	63,6	6	13,6	5	11,4	1	2,4	2	4,5	—	—
Festländ. südliches China	115	—	—	—	—	23+9 =32	20 bzw.) 27,8	19+8 =27	(16,6 bzw.) 23,5	7	6,1	13	11,3	28+8 =36	(24,3 bzw,) 31,8	(25)	(21,7)
								34 = 29,6%				49 = 42,6%					

südlich nur wenig über den Yangtse hinaus und sind lokal oder selten (*Elaphe dione*). Diesem Faunenbestande gegenüber erscheint das südliche China als tiergeographisch andere Welt; die Zahl der pazifisch palaearktischen Formen sinkt auf 26,5%, und andere Faunenelemente dominieren.

Um sich die tiergeographischen Verhältnisse Süd- und Südostchinas klar zu machen, scheint es ratsam, zuerst die Zusammensetzung der Fauna Westchinas zu untersuchen.

Osthimalayana. Im hochgebirgigen Westchina wurden bisher aufgefunden: *Geoclemys reevesi grangeri* (PP), *Amyda tuberculata* (PP), *Cyclemys yünnanensis* (OH), *Gecko japonicus* (PP), *G. subpalmatus* (OH), *Cainodactylus yünnanensis* (OH), *Hemidactylus bowringi* (I), *Draco maculatus* (IM), *Japalura yünnanensis* (3 ssp., OH), *Calotes emma alticristatus* (OH), *maria* (OH), *yünnanensis* (OH), *Acanthosaura khakienensis*, *dymondi*, *varcoae* (OH), *Phoxophrys* (OH), *Phrynocephalus* (SP), *Ophisaurus* (OH), *Takydromus septentrionalis* (PP), *intermedius* (PP), 3 *Eremias* (PP), *Sphenomorphus indicus multilineatus* (OH), *Leiolepisma* (4 sp.? PP), *Eumeces elegans*, *xanthi*, *tunganus* (PP), *Tropidophorus* (OH), *Sibynophis collaris chinensis*, *S. grahami* (PH), *Natrix nuchalis*, *modesta*, *johannis*, *parallela*, *baileyi*, *octo-*, *quadri-*, *septemlineata*, *subminiata*, *handeli*, *gastrotaenia*, *pleurotaenia*, *bitaeniata* (OH), *Natrix stolata* (?), *piscator* (I), *tigrina*, *percarinata* (PP), *Pseudoxenodon angusticeps* (PH) und *sinensis* (OH), *Macropisthodon rudis* (OH), *Helicops* (I), *Rhabdops* (OH), 2 *Trirhinopholis* (OH), *Lycodon fasciatus* (OH), *aulicus* (I), *Dinodon rufozonatum yünnanense* (PP), *Zaocys* n. *nigromarginatus* (OH), *Ptyas korros* (OH), *Elaphe porphyracea pulchra*, *prasina*, *osborni* (OH), *taeniura yünnanensis* (IM?), *Liopeltis major* (OH), *Holarchus chinensis* (PP), *Ahaetulla* (IM), *Psammodynastes* (OH), *Bungarus fasciatus* (IM), *Naja naja* (I), *Amblycephalus m. chinensis* (OH), *Agkistrodon strauchi, monticola* (OH), *Trimeresurus jerdoni* (2 sp.), *monticola, gramineus yünnanensis* (OH), *mucrosquamatus* (PP).

Übersichtsreihe zur tiergeographischen Gliederung der Fauna Westchinas.

Gebiet	Pazif. pal. Form		Osthimal. Desz.		Prähimalaya-Formen		Indomal. Spez.		Indische Spez.		Gesamtzahl
	Zahl	%	Zahl	%	Zahl	%	Zahl	%	Zahl	%	
Yünnan-Szechwan .	21[1])	25,6	49	59,8	3	3,7	4	4,9	5 (6)	6	82(83)
			52=63,5%				9 (10)=10,9%				
SW-Yünnan (bis z. Salwen)	2	5,9	20	58,8	2	5,9	4	11,8	6	17,6	34
			22=64,7%				10=29,4%				

Indische und indomalayische Formen treten im Gesamtgebiete stark zurück (10,9%) und finden sich fast nur in den subtropischen Randgebieten gegen Birma und Tongking. Das pazifisch palaearktische Element beträgt etwa nur 1/4 der Spezieszahl. Nahezu 3/4 der Arten sind Formen, wie sie für die Hoch- und höheren Mittelgebirgslandschaften des östlichen Himalaya s. l. (Sikkim, Assam, Birma, Tongking) charakteristisch und die vielfach Endemismen dieses Gebiets sind oder wenigstens dort ihre optimalen Regionen haben. Ich brachte[2]) für dieses Gebiet

---

[1]) 1 sibirisch palaearktisches Tier eingeschlossen.

[2]) Vgl. Mell, Biologie und Systematik der südchinesischen Sphingiden. S. 9.

den Namen „Osthimalayana" in Vorschlag und für die dafür charakteristischen Tierformen den Namen „Osthimalaya-Deszendenten". Die Hoch- und Mittelgebirgslandschaften von Yünnan-Szechwan gehören zur Osthimalayana und bilden ihre westchinesische Provinz (Provincia sifanica). Die Zahl der für sie charakteristischen Formen — ihre Namen sind in der vorstehenden Aufzählung gesperrt gedruckt — ist groß und zeigt, daß die sifanische Provinz auch in herpetologischer Hinsicht der schöpfungskräftigste Teil der chinesischen Osthimalayana ist.

Es ist bei einem horizontal und vertikal so ausgedehnten und geographisch, zum Teil auch floristisch, so differenzierten Gebiete wie Westchina unmöglich, für das Gesamtgebiet häufigste Arten zu nennen. Für das mittlere und westliche Yünnan scheinen das zu sein: *Natrix parallela, nuchalis, Pseudoxenodon sinensis, Elaphe porphyracea, Sphenomorphus indicus, Trimeresurus monticola, Zaocys, Dinodon rufozonatum, Elaphe carinata,* eine der *Japalura-* oder *Acanthosaura*-Spezies. Das sind 80% Osthimalaya-, 20% pazifisch palaearktische Formen. Es ist dabei aber zu bedenken, daß diese Stichproben von mir in der Umgegend von Ta li fu gemacht wurden, dessen großer See wohl für die relative Häufigkeit der beiden wasserliebenden pazifischen Tiere verantwortlich zu machen ist. Omi shan und Wa shan, sowie die Gegend um Tatsien lu sind ausgeprägte Osthimalayana. Vielleicht liegen sie aber ihrer Grenze schon nahe; denn sie scheinen nördlichstes kleines Neubildungszentrum der Region, und auch nur subspezifische Umbildungen ihrer Elemente sind weiter nördlich nicht bekannt geworden. Das bisher aus der Cheng tu-Ebene (450 m) registrierte dürftige Material umfaßt folgende Arten: *Geoclemys reevesi grangeri* (PP), *Amyda tuberculata* (PP), *Sphenomorphus indicus* (OH), *Dinodon rufozonatum* (PP), *Zaocys nigromarginatus* (OH),

Coluber spinalis (PP), *Elaphe taeniura* (da die Exemplare des Gebiets zur palaearktischen Form der Art gehören, zähle ich die Spezies hier zu PP). Das sind 5 PP- und 2 OH-Tiere; zu erwarten sind noch *Gecko subpalmatus* (OH), *Leiolepisma* (PP), 2 *Takydromus* (PP), *Agkistrodon h. brevicaudus* (SP), *Natrix tigrina lateralis* (PP) = 9 PP- (75%), 1 SP- (8,3%), 2 OH (16,7%) Spezies. Diese Zahlen zwingen, das rote Becken der Paläarktis zuzurechnen und als Untergebiet der mittelchinesischen Provinz — gekennzeichnet durch relativ starke Beimischung von Osthimalayadeszendenten — zu betrachten.

V o m u n t e r e n M i n t a l e (Kwan shien, äußeres Westtor = 800 m) sind bisher gemeldet: *Gecko subpalmatus* (OH), *Sphenomorphus indicus* (OH), *Natrix percarinata* (PP), *Liopeltis major* (OH), *Zaocys nigromarginatus* (OH), *Amblycephalus monticola chinensis* (OH), *Agkistrodon h. intermedius* (SP) = 5 (71,4%) OH-, 1 (14,3%) PP-, 1 (14,3%) SP-Formen.

V o m o b e r e n M i n t a l e (Mow chow, 1800 m) sind bekannt: *Japalura yünnanensis flaviceps* (OH), *Eumeces tunganus* (OH), *Sphenomorphus indicus* (OH), *Pseudoxenodon sinensis* (OH); alle sind Osthimalaya-Tiere. Um Lung an fu (32,4° n. Br., 943 m Seehöhe) sind aufgefunden: *Sphenomorphus indicus* (OH), *Elaphe carinata* (PP), *Zaocys nigromarginatus* (OH), *Calamaria* (*septentrionalis*?) *berezowskii* (PP), *Trimeresurus monticola* (OH); zu erwarten sind noch *Japalura yünnanensis* (OH), *Natrix tigrina* (PP), *Agkistrodon h. intermedius* (SP) = 4 (50%) OH-, 3 (37,5%) PP-, 1 (12,5%) SP-Formen. Auch Lung an fu gehört also noch zur Osthimalayana. Aus den Berg- und Hügelländern von Kansu sind bisher gemeldet: *Geoclemys reevesi*, *Gecko swinhonis*, 3 *Eremias*, *Takydromus septentrionalis*, *Natrix tigrina lateralis*, *Elaphe dione* (SP), *Coluber spinalis*, *Agkistrodon h. intermedius* (SP). Das sind 2 sibirisch palaearktische und 8 (80%) pazifisch palaearktische Arten, und Kansu gehört also zur nordchinesischen Provinz der Palaearktis.

Manche der Osthimalayadeszendenten stoßen auf Gebirgszügen nach Osten vor. Am weitesten nördlich tut das *Japalura yünnanensis splendida*, nämlich auf dem Tsin ling shan[1]) bis Liang ho in Nordostszechwan[2]), auf dem Ta pa shan bis zu den Yangtseschluchten und bis Wan shien am Yangtse. Bei Wan shien fand sich auch *Amblycephalus monticola chinensis*, auf dem Ta pa shan *Liopeltis major*. Größer ist die Zahl der Spezies, deren ehemals größere westöstliche Verbreitung sich auf den Bergzügen südlich vom Yangtse nachweisen läßt. Auf den Bergen bei Chang yang (südlich von Ichang, 1400 m) wurden von Pratt festgestellt: *Japalura yünnanensis splendida, Eumeces xanthi, Natrix nuchalis, Trimeresurus jerdonii*. Auch ein PH-Tier findet sich da: *Sibynophis collaris chinensis*. Es muß von da in alten Zeiten eine Verbindung nach der Berginsel des Ku ling bei Kiu kiang bestanden haben; denn von dort, mitten in rein palaearktischem Gebiete, wurden *Sibynophis* (PH), *Calliophis* (PH) und *Amblycephalus* (OH) gemeldet.

Aus dem südwestlichsten Yünnan, bis etwa zur Salwenlinie, sind bisher nur 34 Reptilienspezies bekannt. Von ihnen sind nach unserer bisherigen Kenntnis 4, vielleicht 5 Arten Endemismen dieses kleinen Gebiets (*Acanthosaura kakhienensis, Natrix septemlineata, Helicops schistosus yünnanensis, Elaphe osborni*, vielleicht auch *Calotes yünnanensis*), 7 andere finden sich in China nur in diesem

---

[1]) Vom Tsin ling sind bisher außerdem gemeldet: *Natrix tigrina lateralis* (PP.), *Agkistrodon h. intermedius* (SP.; Tai pai siang).

[2]) Blackwelder sagt „in Südshansi"; der Ort liegt auf der Grenze beider Provinzen und nach Broomhalls „Maps of the Chinese Empire" in Szechwan.

Teile (*Draco m. maculatus, Tropidophorus berdmorei, Calotes maria, Rhabdops bicolor, Trirhinopholis nuchalis, Lycodon aulicus, Naja naja fasciata*), 9 finden sich nur in diesem Teile Westchinas (*Gecko gecko*?, *Mabuia multifasciata*?, *Sibynophis collaris chinensis, Ptyas korros, Natrix piscator, stolata, Pseudoxenodon angusticeps, Ahaetulla boiga, Bungarus fasciatus*). Ferner tritt hier das pazifisch palaearktische Element noch mehr zurück (5,9 gegen 25,6%), der Anteil der beiden südlichen Elemente ist andererseits erheblich stärker (29,4 gegen 10,9%). Der äußerste Südwesten Yünnans zeigt also gegenüber dem übrigen Westchina tiergeographische Besonderheiten und bildet vermutlich mit dem benachbarten Tongking und Birma eine Sonderprovinz der indischen Osthimalayana.

Wie und wieweit verläuft die Osthimalayana nach Osten? In dem südlich vom Yangtse an Szechwan und Yünnan anschließenden Raume (Kweichow, Kwangsi, Hunan) ist der genauere Verlauf ihrer Süd- und Nordgrenzen unbekannt. Pratts Hauptsammelplatz im Gebiet des mittleren Yangtse, Chang yang, dessen Reptilien bisher fälschlich I chang zugeschrieben wurden, ist, wie eben gezeigt, rein sifanische Provinz der Osthimalayana. Ob aber Chang yang ein isolierter Punkt ist, ähnlich wie Ku ling, ob die Nordgrenze der tiergeographischen Provinz am Südufer des Yangtse entlang oder von Siu fu schräg durch Hunan (Hsik wan shan) zu den Wasserscheidenbergen zwischen Yangtse (genauer: Siang- und Kan kiang) und Si kiang (genauer: Pe- und Tung kiang) verläuft, ist eine offene Frage.

Südchinesische Osthimalayana. In dem mir durch langjährige Freilandarbeit bekannten Kwangtung konnte ich ihren Verlauf feststellen Die Nordgrenze sind die eben genannten Wasserscheidenberge, die zugleich die politischen Grenzen zwischen Hunan-Kiangsi einerseits und Kwangtung andererseits darstellen, Südgrenze ist etwa der 24° n. Br. Alle meine mehrere Jahre hindurch betriebenen Untersuchungsstationen im nördlichen Kwangtung (T. c. s., Sg, Gf, M, Te, Q, Dr, Lp) liegen in der Osthimalayana; der südlichste festgestellte Ort mit ausgesprochenem Osthimalayanacharakter ist der Lackpasswald (Tsat muk ngau = Lp, südlich von Lin ping, 24° n. Br.). Kein Punkt in diesen Hügel- und Bergländern geht über 1260 m hinaus, und diese relativ geringe Höhe der Landschaft erklärt die Armut an reinen Hochgebirgstieren. Die Räume dieser südchinesischen Osthimalayana (Subprovincia yaotsica), also die Hügel- und Mittelgebirgsländer von der Wasserscheide einschließlich bis zu 24° n. Br. nach Süden, sind von folgenden Tieren bewohnt: *Amyda tuberculata* (PP), *Clemmys bealii* (ICh = PP), *Clemmys mutica* (ICh = PP), *Platysternon* (OH), *Gecko japonicus* (PP), *G. melli* (ICh = OH), *Gecko gecko* (IM), *Hemidactylus bowringi* und *frenatus* (I), *Acanthosaura* (OH), *Sphenomorphus indicus* (OH), *Lygosaurus sowerbyi* (ICh = OH ?), *Leiolepisma reevesi* (PP), *Takydromus septentrionalis* (PP), *Platyplacopus* (ICh = OH ?), *Eumeces elegans* und *chinensis* (PP), *Tropidophorus sinicus* (ICh = OH), *Sibynophis* (PH), *Natrix vibakari popei*, *sauteri*, *craspedogaster*, *percarinata* (PP), *subminiata* (OH), *kashiensis* (PH), *piscator*, *stolata* (I), *Pseudoxenodon angusticeps* (PH), *sinensis* (OH), *dorsalis* (PH) ?, *Holarchus formosanus*, *chinensis* (PP), *violaceus* (OH), *Rhadinophis* (ICh = OH), *Tapinophis* (ICh = OH), *Liopeltis* (OH), *Achalinus rufescens* (PP), *Calamaria septentrionalis* (PP), *Zaocys nigromarginatus* (OH), *Ptyas korros* (OH), *Elaphe porphyracea* (OH), *mandarina* (OH), *Dinodon septentrionale* (PH), *Enhydris plumbea* (IM), *Boiga multimaculata* (OH), *Psammodynastes* (OH), *Bungarus multicinctus* (ICh = PP ?); *Naja naja* (I), *Calliophis*

(PH), *Trimeresurus mucrosquamatus* (PP), *Trim. gramineus stejnegeri* (OH), *Amblycephalus monticola kuangtungensis* (OH). Sperrdruck deutet an, daß nach unserer bisherigen Kenntnis diese Spezies in Südchina auf dieses Gebiet beschränkt sind.

Die Bergländer des nördlichen Südchina besitzen also eine Fauna, die gekennzeichnet ist einerseits durch Zurücktreten des indischen und indomalayischen Elements (13,5%: Unterschied gegenüber der südchinesischen Küstenzone), andererseits durch Hervortreten von Osthimalayaformen (Unterschied gegenüber den tiergeographischen Gebieten südlich und nördlich davon). Die Zahlen der letzteren betragen 51,9% (OH + PH), übertreffen also die der pazifisch palaearktischen Tiere und geben der Fauna das Gepräge. Die 12 häufigsten Reptilien dieses Gebiets sind: *Sphenomorphus indicus* (OH), *Takydromus septentrionalis* (PP), *Acanthosaura* (OH), *Eumeces elegans* (PP), *Natrix percarinata* (PP), *Liopeltis major* (OH), *Lachesis gramineus stejnegeri* (OH), *Holarchus formosanus* (PP), *Natrix kashiensis* (OH), *Psammodynastes* (OH), *Natrix subminiata* (OH), *Trimeresurus mucrosquamatus* (PP-Sproß einer Gruppe mit starken Beziehungen zur Osthimalayana) Das sind 5 PP- und 7 OH-Formen.

Pazifische Osthimalayana. In den Wasserscheidenbergen zwischen Yangtse und Min kiang nimmt die Landschaft andere Formen an: eine scharf nordöstliche Streichrichtung in der Kammlinie, größere Gipfelhöhen (2000 m bei Kua tun, westlich von Shao wu) und fast gitterartige Ausstrahlungen bis zur Küste hin. Ich bringe für diesen Teil den Namen pazifische Osthimalayana (Provincia pacifica) in Vorschlag. Zu ihr gehört nach unserem gegenwärtigen Wissen ganz Fukien und zum wenigsten die Wasserscheidenkette zwischen Yangtse und Tsien tang kiang (Che kiang), vielleicht auch der Süden von Che kiang bis etwa Wen chow. Fukien wird von folgenden Formen bewohnt: *Platysternon* (OH), *Geoclemys reevesi* (PP), *Ocadia sinensis* (PP), *Amyda tuberculata* (PP), *Gecko japonicus* (PP), *G. subpalmatus* (OH), *Hemidactylus frenatus* und *brookii* (I), *Acanthosaura* (OH), *Apeltonotus sylvaticus*, *Takydromus septentrionalis* und *wolteri* (PP), *T. meridionalis sexlineatus* (IM), *Ophisaurus* (OH), *Sphenomorphus indicus* (OH), *Lygosaurus sowerbyi* (OH), *Leiolepisma* (PP), *Eumeces chinensis* und *elegans* (PP), *Python* (IM), *Sibynophis* (PH), *Natrix craspedogaster*, *percarinata*, *annularis*, *aequifasciata*, *tigrina* (PP), *piscator*, *stolata* (I), *subminiata* (OH), *Pseudoxenodon dorsalis* (PH), *Macropisthodon* (OH), *Coronella bella* (PP), *Trirhinopholis* (OH), *Achalinus* (PP), *Liopeltis* (OH), *Elaphe porphyracea* (OH), *mandarina* (OH), *carinata* (PP), *rufodorsata* (PP), *taeniura* (IM ?), *Ptyas korros* (OH), *mucosus* (I), *Dinodon septentrionale*[1]) (PH), *Dinodon flavozonatum* (PP), *Holarchus formosanus*, *chinensis* (PP), *musyi* (IM), *violaceus* (OH), *Opisthotropis maxwelli* und *kuatunensis* (IM), *Tapinophis* (OH ?), *Rhadinophis* (OH), *Enhydris chinensis* (PP), *plumbea* (IM), *Boiga kraepelini* (OH), *Chrysopelea* (IM), *Naja naja* (I), *Bungarus multicinctus* (PP), *Calliophis* (PH), *Hemibungarus* (PH), *Amblycephalus monticola* (*kuangtungensis*? OH), *Trimeresurus gramineus stejnegeri* (OH), *Tr. mucrosquamatus* (PP), *monticola* (OH), *Agkistrodon acutus* (PP). Es werden noch aufgefunden werden: *Platyplacopus* (OH ?), *Pseudoxenodon angusticeps*[2]) (PH) und *sinensis*[2]) Formen (OH), ? *Natrix kashiensis* (PH), *Zaocys nigromarginatus*[2])

---

[1]) *D. futsingensis* Pope ist als geographische Form von *D. septentrionale* betrachtet.

[2]) Die inzwischen erschienenen Arbeiten von C. Pope, „Seven New Reptiles from Fukien Province", China, Am. Mus. Novitates Nr. 320, 23. VI. 1928, und „Four New Snakes and a New Lizard from South China", Am. Mus. Novitates Nr. 325, bestätigten diese Voraussage.

(OH), *Typhlops* (I), *Boiga multimaculata* (IM) Das Vorkommen der tieflandbewohnenden *Vipera russellii siamensis* (I) kann, trotzdem sie aus Südchina und Formosa bekannt ist, im gebirgigen Fukien kaum erwartet werden.

Übersichtsreihe zur Faunenzusammensetzung der südchinesischen (Nordkwangtung) und südostchinesischen (Fukien) Osthimalayana.

Gebiet	Gesamtzahl d. Spezies	Pazif. pal. Form.		Ost-himal. Form.		Indo-mal. Form.		Indische Form.	
		Zahl	%	Zahl[1])	%	Zahl	%	Zahl	%
Nördl. Südchina	52	18	34,6	27	51,9	2	3,9	5	9,6
Fukien	72	26	36,1	25+5[2])	41,6	8+1[2])	12,7	6+1[2])	9,6

Erläuterungen zu der Übersichtsreihe. Das Faunenbild von Fukien erhält gegenüber dem des nördlichen Südchina sein Gepräge durch 3 geographische Faktoren. Erstens ist seine Vertikalgliederung reicher, zweitens sind infolge der weniger dichten Bevölkerung mehr natürliche Vegetationsformen erhalten geblieben. Drittens fällt infolge Zurücktretens der Küstenlinie nach NO zu die in Südchina als besondere Region zu betrachtende und in erster Linie von südlichen Tierformen bewohnte Küstenzone in Fukien mit der Osthimalayana, deren Bergzüge bis zur Küste ausstrahlen, zusammen. Aus letzterem Grunde erklärt sich das relativ starke Auftreten südlicher Elemente (22,3% gegenüber 13,5% in Nordkwangtung) dort, die mit ihren anpassungsfähigsten Vertretern bis Fukien ausstrahlen. Durch deren relativ bedeutenden Anteil er-

[1]) Davon je 6 PH-Formen.

[2]) Die Zahlen hinter dem + bezeichnen die obengenannten, noch zu erwartenden Spezies.

scheint die absolut höhere Zahl von Osthimalayatieren in Fukien gegenüber der in Nordkwangtung prozentual geringer. Die absolut höhere, relativ gleiche Zahl von PP-Elementen in Fukien erklärt sich durch Wanderungen nördlicher Formen der Küste entlang. Die Angaben über das Vorkommen von *Elaphe rufodorsata* und *Natrix annularis* in Fukien scheinen der Bestätigung zu bedürfen.

In Übereinstimmung mit der größeren Höhe finden sich in Fukien Osthimalayaformen, die sonst vom Festland nur aus den westlichen Hochgebirgen bekannt sind: *Ophisaurus, Macropisthodon, Trirhinopholis, Trimeresurus monticola,* auch *Boiga kraepelini* ist dazu zu rechnen. Die größere Häufigkeit anderer (*Elaphe porphyracea*) ist wohl darauf zurückzuführen. Der am weitesten nordöstlich vorgeschobene Pfeiler dieser pazifischen Osthimalayana scheint der Mo kan shan bei Hang chow (nur 450 m, aber 30° n. Br., 120° ö. L.) zu sein; hier wurden noch *Ophisaurus* und *Elaphe porphyracea* gefunden.

Stellung der Osthimalayana zu den anderen biogeographischen Einheiten. Die repräsentativen Tierformen der Osthimalayana sind zum weitaus überwiegenden Teile Absprosse pazifisch palaearktischer Sippen. Zum kleinen Teile sind sie Formen, die gegenwärtig zwar nur wenig über den Wendekreis hinausgehen, aber dort auf vertikal höhere Lagen mit kontinentaler Wärmeverteilung durch den Tag beschränkt sind, also auf Gebiete, die trotz der südlichen Lage nach ihren Wärmeverhältnissen palaearktisch anmuten. Die Osthimalayana ist demnach als südlichste Subregion der Palaearktis (Subregio palaearctica himalayana) in Ostasien anzusehen.

Das Tropenrandgebiet Südchinas. Das knapp 460000 qkm große Südchina ist weder geographisch noch floristisch-faunistisch ein einheitliches Gebiet; der vorn (S. 21—22) skizzierten südchinesischen Osthimalayana steht, scharf geschieden, die Küstenzone gegenüber, d. h. das Land von der Küstenlinie bis zum Nordufer des Si kiang (Ding wu shan) und des Tung kiang (Lo fao shan) einschließlich. Die Nordgrenze fällt ungefähr mit dem Wendekreise zusammen und geht nur wenig über ihn hinaus. Dieses Gebiet ist bewohnt von: *Platysternon* (OH), *Cyclemys trifasciata* (ICh, bzw. IM), *amboinensis* (IM), *Geomyda spengleri* (ICh, bzw. IM), *Clemmys mutica* und *bealii* (PP), *Ocadia sinensis* (ICh, bzw. PP), *Geoclemys reevesi* (PP), *Testudo emys* (IM), *Amyda tuberculata* (PP), *A. steindachneri* (ICh, bzw. IM), *Pelochelys* (IM), *Gecko japonicus* (PP), *G. gecko* (IM), *Hemidactylus bowringi*, *frenatus*, *platyurus*, *brookii* (I), *Peropus mutilatus* (IM), *Calotes* (I), *Liolepis* (IM), *Physignathus* (MA), *Varanus* (IM), *Takydromus meridionalis sexlineatus* (IM), *Mabuya siamensis* (IM), *Sphenomorphus indicus* (OH), *chinense* (ICh = OH ?), *bowringi*, *chalcides* (IM), *Tropidophorus sinicus* (OH), *Eumeces chinensis* (PP), *quadrilineatus* (ICh, bzw. PP), *Typhlops* (I), *Python* (IM), *Xenopeltis* (IM), *Sibynophis* (PH), *Natrix vibakari popei* (ICh = PP), *aequifasciata* (ICh, bzw. PP), *piscator* (I), *stolata* (I), *subminiata* (OH), *Pseudoxenodon angusticeps* (PH), *Opisthotropis andersoni* (ICh = IM), *Achalinus rufescens* (PP), *Calamaria septentrionalis* (PP), *C. pavimentata* (IM), *Lycodon subcinctus* (IM), *Ptyas korros* (OH), *P. mucosus* (I), *Elaphe porphyracea* (OH), *taeniura* (IM ?), *moellendorffii* (ICh, bzw. PP), *radiata* (IM), *Oligodon purpurascens* (IM), *formosanus* (PP), *violaceus* (OH), *Liopeltis* (OH), *Enhydris plumbea* (IM), *chinensis* (PP ?), *enhydris* (ICh, bzw. IM), *Boiga multimaculata* (IM), *Chrysopelea*, *Ahaetulla*, *Dryophis* (IM), *Psammodynastes* (OH), *Bungarus fasciatus* (IM), *multicinctus* (PP), *Naja naja* (I), *N. hannah* (IM ?), *Amblycephalus moellendorffii* (IM), *Trimeresurus gramineus albolabris* (I), *Vipera russellii* (I). Sperrdruck bedeutet, daß die Art bisher in Südchina in der Küstenregion allein gefunden wurde.

Aus Hainan wurden bisher gemeldet: *Platysternon* (OH), *Ocadia sinensis* (PP), *Clemmys bealii* (PP), *mutica* (PP), *Cyclemys trifasciata* (IM), *Pyxidea mouhotii* (IM), *Amyda tuberculata* (PP), *steindachneri* (IM), *Pelochelys* (IM), *Eublepharis* (IM), *Hemidactylus frenatus* (I), *garnotii* (IM), *Peropus mutilatus* (IM), *Gecko similignum* (IM), *Draco* (IM), *Calotes* (I), *Acanthosaura hainanensis* (OH), *Liolepis bellii* (IM), *Varanus salvator* (IM), *Takydromus meridionalis sexlineatus* (IM), *Mabuya longicauda* (IM), *multifasciata* (IM), *Sphenomorphus indicus* (OH), *Leiolepisma reevesi* (PP), *Lygosaurus sowerbyi salsbury* (OH ?), *Eumeces chinensis* (PP), *quadrilineatus* (PP), *Tropidophorus hainanus* (OH), *Typhlops* (I), *Python* (IM), *Sibynophis collaris hainanensis* (PH), *Natrix aequifasciata* (PP), *ornaticeps* (IM), *vibakari popei* (PP), *chrysarga* (IM), *percarinata* (PP), *piscator* (I), *stolata* (I), *subminiata* (OH), *Trimerodytes balteatus* (IM), *Pseudoxenodon melli* (PH), *Achalinus meridianus* (PP), *Lycodon subcinctus* (IM), *Ptyas korros* (OH), *mucosus* (I), *Elaphe porphyracea* (OH), *Elaphe taeniura* (IM ?), *Dendrophis* (= *Ahaetulla*, IM), *Holarchus formosanus* (PP), *nesiotis* (IM), *violaceus* (OH), *Enhydris benetti* (IM), *plumbea* (IM), *Boiga multimaculata* (IM), *Psammodynastes* (OH), *Naja naja* (I), *Bungarus multicinctus* (PP), *Calliophis* (PH), *Amblycephalus carinatus* (IM), *moellendorffii* (IM), *Trimeresurus gramineus* (*albolabris* ?, I), sicher auch grünlippige Formen.

Es werden ohne Zweifel in Hainan noch aufgefunden werden: mindestens 3 sp. *Geckonen* (I), *Naja hannah* (IM ?), *Bungarus fasciatus* (IM), *Chrysopelea* (IM), *Dryophis* (IM), *Elaphe moellendorffii* (ICh, bzw. PP) und *radiata* (IM), *Opisthotropis* (IM), *Vipera russellii* (I), wahrscheinlich auch *Liopeltis* (OH) und *Physignathus* (MA). Diese zu erwartenden Spezies sind in der nachfolgenden Übersichtsreihe hinter + gestellt.

Übersichtsreihe zur tiergeographischen Gliederung der Reptilierfauna der kontinentalen Küstenzone Südchinas und Hainans.

Gebiet	Gesamtzahl d. Spezies	Pazif. pal. Form.		Osthimal. Form.		Prähimal. Form.		Indomal. Form		Indische Form.	
		Zahl	%	Zahl	%	Zahl	%	Zahl	%	Zahl	%
Küstenzone Südchinas	70	16	22,9	8	11,4	2	2,9	32	45,7	12	17,1
								44 = 62,8%			
Hainan . .	61 + 13 = 74	13 + 1	18,9	10 + 1	14,8	3	4,2	27 + 7	45,9	8 + 4	16,2
								46 = 62,1%			

Erläuterungen zur Übersichtsreihe. In der Küstenregion Südchinas und in Hainan treten pazifisch palaearktische und Osthimalayaformen in gleicher Weise zurück und machen zusammen noch 37,2, bzw. 37,9% der Formen aus; indomalayische und indische Sippen dominieren und bilden zusammen 62,8 bzw. 62,1% der Fauna. Der südliche Anteil wird sich für Hainan nach besserer herpetologischer Durchforschung noch steigern. Die gegenüber der festländischen Küstenzone um 300—600 m höheren und zum Teil noch bewaldeten Gipfel der Fünffingerberge haben in Hainan zur Erhaltung einer etwas größeren Zahl von OH-Formen trotz weit südlicherer Lage geführt. Die 12 häufigsten Spezies der festländischen Küstenzone sind: *Natrix piscator* (I), *N. stolata* (I), *Naja naja* (I), *Typhlops* (I), *Enhydris chinensis* (nördlicher Absproß eines indomalayischen Genus), *Leiolepisma laterale reevesi* (PP), *Bungarus fasciatus* (IM), *Trimeresurus gramineus albolabris* (I), *Ca-*

lotes (I), *Takydromus m. sexlineatus* (IM), *Elaphe radiata* (IM). Nur zwei dieser Tiere sind pazifisch palaearktisch, 10 = 80% sind südliche Formen, 11 von 12 (91,7%) weisen südliche Beziehungen auf. Die Küstenregion Südchinas und Hainan gehören also zur indomalayischen Subregion. Sie bilden mit dem benachbarten Tongking (und Annam?) deren indochinesische Provinz und zugleich ihre Grenzmark.

Fukien hat, wie vorn gezeigt, einen etwas größeren Anteil (22,3%) südlicher Formen als das nördliche Kwangtung (13,5%), aber viel weniger als das südliche (62,8%), und gehört ebensowenig wie ersteres zur indomalayischen Subregion. Ob die Grenze Indochinas gegen Osten in die Wasserscheide zwischen Tung und Han oder zwischen Han und Kiu lung zu legen ist, läßt sich zurzeit im einzelnen nicht entscheiden, wahrscheinlicher ist das letztere. Die indochinesische Grenzmark der indomalayischen Subregion wird also im ganzen etwa abgeschlossen durch den 117. Grad ö. L. und 24. Grad n. Br. Sie bildet dem Verlauf der Küste gemäß einen im Südwesten breit beginnenden, nach NO stark verschmälerten Keil.

Aus Kwangsi fehlen zahlenmäßige Feststellungen, so daß sich dort ihre Nordgrenze nicht mit Sicherheit angeben läßt. Da in Kwangtung die Bergzüge am Nordufer vom Ost- und Westfluß ohne den geringsten Zweifel zu ihr gerechnet werden müssen, läßt sich in Kwangsi zum wenigsten das gleiche erwarten. Ich möchte glauben, daß sie in den heißen Kalkbergen am Unter- und Mittellaufe des Kwei nicht unbeträchtlich nach Norden vorspringt, vermutlich weiter als am Tung kiang und Pe kiang, und daß im mittleren Kwangsi zum wenigsten das Südufer des Hung shui kiang als ihre Grenze zu betrachten ist.

Ostasiatischer Inselbogen. Wie gliedert sich tiergeographisch der China im Osten vorgelagerte Inselbogen, wo sind Formosa, die Riu kiu-Inseln und Japan anzuschließen?

In Formosa sind bisher nachgewiesen: *Clemmys mutica* (PP), *Ocadia sinensis* (PP), *Cyclemys flavomarginata* (nördlicher Absproß eines indomalayischen Genus?), *Amyda tuberculata* (PP), *Gecko japonicus* (PP), *Hemidactylus frenatus* und *bowringi* (I), *Cosymbotus platyurus*, *Peropus mutilatus* (IM), *Japalura swinhonis* (OH), *Takydromus septentrionalis*, *stejnegeri*, *formosanus*, *sauteri* (PP), *Platyplacopus* (OH?), *Ophisaurus harti* (OH), *Mabuya longicauda* (IM), *Dasia smaragdinum* (Pap.), *Sphenomorphus indicus formosensis* (OH), *Sphenomorphus boulengeri* (OH?), *Emoia atrocostatum* (Pap.), *Leiolepisma laterale formosensis* (PP), *Eumeces elegans*, *chinensis* (PP), *Typhlops* (I), *Sibynophis collaris chinensis* (PH), *Natrix piscator*, *stolata* (I), *annularis*, *sauteri* (PP), *swinhonis* (OH), *chrysarga* (IM), *Macropisthodon* (OH), *Achalinus formosanus* (PP), *Achalinopsis sauteri* (PP), *Pseudoxenodon dorsalis* und *angusticeps* (PH). *Dinodon rufozonatum* (PP), *septentrionale ruhstrati* (PH), *Zaocys nigromarginatus oshimai* (OH), *Ptyas korros* (OH), *mucosus* (I), *Elaphe porphyracea* (OH), *taeniura* (IM)?, *carinata* (PP), *rufodorsata* (PP), *Holarchus formosanus* (PP), *sauteri*, *ornatus* (Absprosse von Osthimalayaformen?), *Liopeltis major*, *semicarinata* (OH?), *Calamaria pavimentata* (IM), *Hypsirhina plumbea* (IM), *enhydris* (IM), *Boiga kraepelini* (OH), *Amblycephalus formosensis* (OH?), *Bungarus multicinctus* (PP, Absproß eines indischen Genus), *Naja* (I), *Calliophis* (PH), *Hemibungarus matsudai* (PH), *Agkistrodon acutus* (PP), *Vipera russellii siamensis* (I), *Trimeresurus monticola* (OH), *mucrosquamata* (PP), *gramineus* (*stejnegeri*?, OH).

In den Riu kiu-Inseln wurden gefunden: *Geomyda spengleri* (IM), *Gecko japonicus* (PP), *Hemidactylus frenatus* und *bowringi* (I), *H. marmoratus* (IM?), *Peropus mutilatus* (IM)[1], *Japalura polygonata* (OH), „*Otocryptus*"[1]) (?), *Takydromus dorsalis, smaragdinus* (PP), *Leiolepisma* (PP), *Lygosaurus pellopleurus* (OH?), *Eumeces marginatus* und *kishinouei* (PP), *Typhlops* (I), *Natrix pryeri* (PP), *Elaphe* (*taeniura*) *schmackeri* (IM?), *Liopeltis semicarinata, herminae* (OH?), *Dinodon semicarinatum, rufozonatum walli* (PP = Absprosse eines Prähimalayagenus), *Calamaria pfefferi* (IM), *Achalinus loochooanus* und *werneri* (PP), *Hemibungarus japonicus* und *boettgeri* (PH), *Trimeresurus mucrosq. elegans* (PP), *flavoviridis* (PH?) und *monticola okinavensis* (OH), *Agkistrodon h. affinis* (SP?).

Japan wird bewohnt von: *Geoclemys reevesi* (PP), *Clemmys japonica* (PP), *Amyda tuberculata* (PP), *Gecko japonicus* (PP), *Takydromus takydromoides* (PP), *Eumeces latiscutatus* und *latiscutatus okadae* (PP), *Natrix v. vibakari* und *t. tigrina* (PP), *Elaphe climacophora, quadrivirgata, conspicillata* (PP), *Dinodon orientale* (PP-Absproß eines prähimalayanischen Genus?), *Agkistrodon h. blomhoffi* (SP).

Erläuterungen zur Übersichtsreihe. Japan ist Sonderprovinz (Provincia japonica) der pazifisch palaearktischen Subregion und weist unter allen Gebieten Ostasiens die Höchstzahl pazifisch palaearktischer Formen (92,9%) auf. Es wird von keiner südlichen oder Osthimalayaform mehr erreicht; auch seine Beziehungen zur Prähimalayana sind sehr schwach (*Dinodon orientale*). — Die Deutung der Riu kiu-Fauna wird durch die isolierte Stellung

[1]) *Ptychozoon* ist als zweifelhaft nicht mit aufgenommen, „*Otocryptus*" als unklar nicht mit in die Vergleichsreihe.

Übersichtsreihe zur tiergeographischen Gliederung der Reptilierfauna des Ostasien vorgelagerten Inselbogens.

Gebiet	Gesamtzahl der Formen	Sibir. pal. Form.		Pazif. pal. Form.		Ost-himal. Form.		Prä-himal. Form.		Indo-mal. Form.		Indische Form.		Papuan. Form.	
		Zahl	%	Zahl	%	Zahl	%	Zahl	%	Zahl	%	Zahl	%	Zahl	%
Japan ..	14	1	7,1	13	92,9	—	—	—	—	—	—	—	—	—	—
Riu kiu .	26 (+ 3)[1]	1	3,8	11	42,3	5	19,3	3	11,5	5	19,3	1	3,8	—	—
						8 = 30,8%				6 = 23,1%					
Formosa	62 (+ 3)[1]	—	—	22	35,5	18	29,1	5	8,1	9	14,5	6	9,6	2	3,2
						23 = 37,2%				17 = 27,3%					

vieler ihrer Spezies erschwert, und bei weiteren Untersuchungen werden sehr wahrscheinlich manche Spezies in andere tiergeographische Gruppen gestellt werden müssen. Nach unserer gegenwärtigen Kenntnis lassen sich 11 = 42,3% der Formen als pazifisch palaearktische Sippen ansprechen, das ist doppelt soviel wie bei jeder der beiden nächststärksten Gruppen, so daß sich daraus die Zugehörigkeit der Inselgruppe zur pazifisch palaearktischen Subregion ableiten läßt. Relativ groß ist die Zahl der PH-Elemente (11,5%), auch die beiden pazifisch palaearktischen *Dinodon* sind Absprosse eines PH-Genus, so daß im ganzen 19,2% der Formen Beziehungen zur Prähimalayana aufweisen. Vergleichsweise sehr beträchtlich ist auch die Zahl indischer und indomalayischer Tiere, sie beträgt unter

[1]) Bei den Tieren von Riu kiu und Formosa sind die weitverbreiteten Geckonen (*Gecko japonicus* = PP, *Hemidactylus frenatus* und *bowringi* = J), deren Verschleppungsfähigkeit manche der Arten bis Afrika, Ozeanien, ja Amerika geführt hat, als für tiergeographische Untersuchungen unverwendbar, außer acht gelassen, nur bei der Gesamtzahl der Spezies in Klammer gesetzt.

Einschluß der beiden in der Übersichtsreihe weggelassenen *Hemidactylus* = 27,6% gegenüber 26,2% in Formosa, 22,3% in Fukien und 13,5% im nördlichen Kwangtung, die alle südlicher gelegen sind. Die Konservierung zahlreicher und insbesondere stammesgeschichtlich alter Formen macht sie zu einer der am schärfsten umrissenen Provinzen (Provincia loochooana) des Gebiets.

In Formosa ist das Zahlenverhältnis der 3 Hauptgruppen (PP = 35,5, OH und PH = 37,2, südliche Tiere 27,3%) im ganzen ähnlich wie in Fukien (36,1, bzw. 41,6, bzw. 22,3%), aber die Zahlen der 3 Hauptgruppen werden einander mehr angenähert. Unter den zahlenmäßig etwas schwächer vertretenen Osthimalayadeszendenten sind es gerade Formen höherer Mittel- und Hochgebirge, die für Formosa charakteristisch scheinen, wie *Japalura, Ophisaurus, Natrix sw. swinhonis, Elaphe porphyracea, Macropisthodon, Zaocys nigromarginatus oshimai, Trimeresurus monticola*, die sich in ganz Ostasien nur erst in Westchina wiederfinden (*Japalura, Natrix*) oder außer in Westchina und Formosa nur noch im gebirgigsten Fukien (*Macropisthodon*?, *Trimeresurus monticola*) oder außerhalb dieser 3 Gebiete selten oder sehr lokal sind (*Ophisaurus, Elaphe, Zaocys*). Ich glaube auf Grund solcher Tatsachen das gebirgige Formosa (Provincia taivana) als östlichsten Eckpfeiler der Osthimalayana betrachten zu sollen.

Endemismen. Die Hauptschöpfungszentren der chinesischen Reptilienfauna sind die Küsten und Inseln des Pazifik, sowie Westchina. Die pazifische Küstenregion von Peking (40° n. Br., 115° ö. L.) bis zur Westgrenze von Fukien (23,5° n. Br., 116° ö. L.) einschließlich des gesamten vorgelagerten Inselbogens (bis 140° ö. L) wird von 91 Reptilienformen bewohnt, davon sind 39[1]) = 42,9%

[1]) Geographische Formen einbegriffen.

Endemismen. Die Hochgebirgslandschaften Westchinas (23—31,5° n. Br., 98—105° ö. L.) werden nach unserer gegenwärtigen Kenntnis von 87[1]) Formen bewohnt, von denen 44[1]) = 50,6% Endemismen sind. Die Bedeutung der höheren Zahlen auf kleinerem Raume wird dadurch unterstrichen, daß auch 19 (14, vielleicht 15 Schlangen, 5 Eidechsen) = 43,2% der Endemismen der pazifischen Gebiete Himalayadeszendenten sind. Es läßt sich daraus nicht unmittelbar schließen, daß diese letzteren höhere Reaktions- und Anpassungsfähigkeit besitzen. Diese höhere Variation ist nur Ausdruck der in höherem Grade differenzierten Umgebung. Einmal nimmt eine Gebirgslandschaft von 2 qkm und einem Vertikalabstand von 2000 m bei Ausbreitung auf die gleiche Ebene gegenüber einer Landschaft von 2 qkm, aber nur 300 m Vertikalabstand einen wesentlich größeren Raum ein. Zweitens schaffen Längs- und Quertäler, Nord- und Südhänge mit ihren verschiedenen Belichtungsverhältnissen, sowie die klimatischen Verhältnisse und Pflanzenformationen der verschiedenen Höhenstufen und Belichtungszonen eine viel größere Zahl von Biotopen, die besondere Tierformen erzeugen werden. Dadurch wird es verständlich, daß sich in der westchinesischen Osthimalayana *Trimeresurus jerdonii* in 2, *Natrix nuchalis* in 2 (3 ?), *parallela* in 2 (3 ?), *Japalura yünnanensis* in 3, *Leiolepisma* anscheinend in 4 bis 5 Formen finden. Bei *Sibynophis* scheint die Differenzierung bis zur Artbildung fortgeschritten, ebenso bei *Agkistrodon* (*strauchi*, *monticola*).

Fast jedes Glied einer Reptiliergattung, das in dieses Gebiet hineingerät, erfährt dort eine Veränderung (*Elaphe taeniura yünnanensis*, *Dinodon rufozonatum yünnanense* u. a.), die pazifisch palaearktische Gattung *Takydromus*

---

[1]) Geographische Formen einbegriffen.

bildet dort eine Sonderform (*intermedius*), *Eumeces* zwei (*xanthi, tunganus*). *Platyplacopus*, ein Absproß der pazifisch palaearktischen *Takydromus*, erfährt in der pazifischen Osthimalayana ihr Gepräge. *Elaphe carinata*, die von Formosa durch ganz Ost- und Mittelchina ohne faßbare Variabilität scheint, bildet in Yünnan ihre einzige bisher abgetrennte Rasse; *Helicops schistosus* ist in ganz Indien uniform und bildet ihre einzige geographische Variante im südwestlichen Yünnan. Das Erstaunlichste bei dieser Anpassungsfähigkeit von Kaltblütlern scheint die Vertikalzone, in der sie erfolgt (etwa 1500—3000 m). Auch Anpassung an Tiefen scheint Gebirgsbewohnern möglich: *Calliophis*, im allgemeinen Mittelgebirgstier, wurde mehrmals noch im Hügelland um 250 m Seehöhe angetroffen (Fuß der Kashiaberge und Ping hsiang), der ihr am nächsten stehende *Hemibungarus* hat sich in zwei Spezies auf den mittleren und südlichen Riu kiu gehalten, wo Höhen über 700, bzw. 500 m nicht vorkommen. Auch die im allgemeinen hochgebirgsbewohnenden *Japalura* haben sich auf den Riu kiu an tiefe Lagen und selbst Küstenränder angepaßt. Umgekehrt beweist die Erscheinung, daß eine ganze Reihe Formen nur in der indischen und (oder) westchinesischen, sowie dann wieder in der pazifischen Osthimalayana auftreten, im dazwischenliegenden Gebiete aber fehlen (*Natrix nuchalis, Macrophisthodon rudis, Trimeresurus monticola, Ophisaurus*, im ganzen auch *Japalura*) oder selten sind, daß sie nur in einer gewissen Höhenstufe (etwa 2000 m und darüber) existieren können oder in ähnlichen Höhen ihre Optima haben (*Zaocys, Elaphe porphyracea*).

Man hätte erwarten können, daß bei der außerordentlichen Differenzierung der Lebensstätten in der westchinesischen Osthimalayana die Areale endemischer Formen ähnlich klein seien wie bei Endemismen von Inseln. In Wirklichkeit scheinen bei Osthimalayadeszendenten mehr disjunkte Areale auch bei Endemismen die Regel. Dagegen scheinen kleine Areale bei den Endemismen der pazifisch palaearktischen Region der Küstenzone vorherrschend (*Eumeces pekinensis, Natrix annularis, vibakari ruthveni, Coronella bella, Dinodon sept. futsingense, Elaphe halli, Zaocys dhumnades, Holarchus musyi*), und mit Ausnahme der gesperrt gedruckten scheinen diese Arten wenig zahlreich oder selten.

Schlüsse auf erdgeschichtliche Veränderungen. Die Betrachtung der disjunkten Areale vieler Osthimalayadeszendenten, mancher Prähimalayatiere und arktotertiärer Formen zwingen zu dem Schlusse, daß erdgeschichtliche Vorgänge zur Zertrümmerung des ursprünglich kontinuierlichen Lebensraumes führten. Im gegenwärtig kontinentalen Teile der Osthimalayana liegen Störungen der Areale an zwei Stellen vor, in der Region der meridionalen Stromfurchen und im Gebiet des nördlichen Kwangtung. Die letztere bestand anscheinend sowohl in einer Senkung (gegenwärtig kein Punkt über 1260 m), als auch im Einbruch von Wasser (Sand und Kalkablagerungen treten auf). — Läßt sich aus der Reptilienfauna des ostasiatischen Inselbogens ein Schluß auf die erdgeschichtliche Vergangenheit tun?

Erläuterung zur nachstehenden Vergleichsreihe. Bei den drei ostasiatischen Inselgebieten sind die *Geckonen*, wie schon bei früheren Tabellen, wegen ihrer außergewöhnlichen Verschleppbarkeit als für tiergeographische Untersuchungen ungeeignet außer acht gelassen worden, mit Ausnahme der für die Riu kiu endemischen Art. Bei Hainan, das bisher außerhalb der großen Schiffahrtslinien liegt, also noch mehr ursprüngliche Verhältnisse aufweist, wurden sie mit einbezogen, nicht aber die Formen aller Gruppen, die noch von Hainan mit Sicherheit zu erwarten sind. Bei Berechnung des prozentualen Anteils

Endemismen und Beziehungen der Faunen benachbarten

Gebiet	Tiergruppe	Zahlen der Endemismen					
		Spezies	%	Subspezies	%	Gesamtzahl	%
Japan	Schildkröten	1				1	
	Eidechsen	2		1		2,5	
	Schlangen	4		3		5,5	
	Gesamtzahl: 13	7	53,8	4	15,4	9	69,2
Riu kiu	Schildkröten	0					
	Geckonen	1				1	
	Andere Eidechsen . . .	7				7	
	Schlangen	10		5		12,5	
	Gesamtzahl: 27	18	66,6	5	9,3	20,5	75,9
Formosa	Schildkröten	1				1	
	Eidechsen	5		2		6	
	Schlangen	6		5		8,5	
	Gesamtzahl: 60	12	20,0	7	5,8	15,5	25,8
Hainan	Schildkröten	0					
	Geckonen	2				2	
	Andere Eidechsen . . .	2		2		3	
	Schlangen	4		4		6	
	Gesamtzahl: 62	8	12,9	6	4,8	11	17,7

der Endemismen am Gesamtfaunenbestande sind 2 ssp. = 1 sp. gerechnet worden.

Die höchste Zahl von Endemismen besitzen die Riu kiu-Inseln (75,9%). Die Bedeutung dieser Zahl wird dadurch vergrößert, daß die fünf hier als geographische Rassen geführten Formen so weit differenziert sind, daß sie fast des Inselbogens untereinander und zum Festlande.

Spezies oder Subspezies gemeinsam mit			
Nord- u. Mittelchina	Riu kiu	Formosa	Südchina
2			
3 nächste Verw.[1]			
2 + 3 n. V.[1]			
Nord- u. nördl. Mittelchina	**Japan**	**Formosa**	**Südchina**
			2
		2	1
		2	3
Südl. Mittelchina	**Südchina**	**Riu kiu**	**Philippinen**
17 = 28,3 %	32 = 53,3 %	2 = 3,3 %	6 = 10 %
Südchina	**Hinterindien**	**Formosa**	
46 = 74,2 %	46 = 74,2 %	20 = 32,2 %	

Speziescharakter besitzen und von den meisten Autoren auch als Spezies behandelt werden. Es läßt sich daraus folgern, daß die Isolierung der Riu kiu-Fauna und mithin die allseitige Abtrennung der Riu kiu am frühesten er-

[1]) Die nächststehenden Subspezies finden sich dort.

folgte. Der Schluß wird dadurch unterstützt, daß die Riu kiu mit Japan gar keine Spezies oder Rasse, mit dem südlich benachbarten Formosa nur zwei gemeinsam haben. Von diesen zweien ist *Typhlops* von nicht unbeträchtlicher Verschleppbarkeit (Holz-, Pflanzenversand) und für tiergeographische Folgerungen nur mit Vorsicht zu verwenden. Es bleibt nur *Liopeltis semicarinata*, von der 1 Exemplar für Formosa angegeben ist. Alter und frühe Isolierung der Riu kiu-Fauna werden auch dadurch unterstrichen, daß von den 27 in Betracht gezogenen Reptilierformen 13 als arktotertiäre[1]), weiter vier als Prähimalayaelemente[2]) anzusprechen sind, also 70,4% Beziehungen zur frühtertiären Fauna aufweisen. Die Erscheinung, daß nicht wenige gerade hochgebirgs- oder wenigstens mittelgebirgsbewohnende Spezies (2 *Hemibungarus*, 3 *Trimeresurus*, 2 *Liopeltis*, *Japalura*) sich im Hügelland von Inseln mit Gipfelhöhen von 500 und 700 m gehalten haben, läßt die Möglichkeit einer Senkung der Gruppe in Erwägung ziehen. — Die relativ hohen Zahlen von Evertebraten (37,5%) und Kleinschlangen (12,5%) fressenden *Ophidier*-Spezies erinnern an Süd- und Inselindien und sind vielleicht dem Umstande zuzuschreiben, daß Großschlangenfresser fehlen.

Japan besitzt 69,2% Endemismen mit etwas geringerem Anteil an Spezies und höherem an Subspezies als die Riu kiu. Der Gedanke, daß die geringere Zahl von Endemen durch die gegenüber den Riu kiu geringere insuläre Zerspaltung bewirkt sein könnte, scheint nicht sehr beweiskräftig gegenüber der viel beträchtlicheren Vertikalgliederung Japans, die viel wechselvollere Lebensräume erzeugte und reichere Formenentwicklung ermöglichte. Die Beurteilung

---

[1]) 1 *Geomyda*, 2 *Takydromus*, 1 *Leiolepisma*, 2 *Eumeces*, 1 *Natrix*, 1 *Elaphe*, 1 *Calamaria*, 3 *Trimeresurus*, 1 *Agkistrodon*.

[2]) 2 *Dinodon*, 2 *Hemibungarus*.

der Reptilierfauna Japans läßt vermuten, daß die Losreißung Japans vom Kontinent später als die der Riu kiu erfolgte.

Formosa besitzt trotz seiner sehr reichen Vertikalgliederung (Gipfelhöhen 4150 m) nur 25,8% Endemismen. Andererseits hat es 28,3% seiner Fauna mit dem südlichen Mittelchina und 53,3% mit dem südlichen China gemeinsam. Die Landverbindung zwischen Formosa und dem südlichen China (Fukien) muß also relativ lange bestanden haben und die Isolierung Formosas viel später erfolgt sein als die Japans und der Riu kiu.

Hainan hat nach unserer gegenwärtigen Kenntnis die geringste Zahl von Endemismen, trotz relativ bedeutender Höhengliederung (Gipfelhöhen 1800 m), nämlich 17,7%. Es hat gleich viel (74,2%) seiner Reptilien mit Südchina und dem hinterindischen Indochina gemeinsam. Es ist daraus zu schließen, daß es unter den in Betracht gezogenen Gliedern des Inselbogens zuletzt vom Kontinent, und zwar gleichzeitig von Hinterindien und von Südchina losgerissen wurde. Auf langen Zusammenhang über Südchina mit Formosa deutet auch die hohe Zahl von Spezies, die Formosa und Hainan gemeinsam haben: 20 = 32,2% der Hainaner, 35% der Formosaner.

Zusammenfassung.

Es ergibt sich auf Grund seiner Reptilierfauna folgende tiergeographische Gliederung Chinas, bzw. Ostasiens.

A. Palaearktische Region.

I. Pazifisch palaearktische Subregion (Subregio palaearctica pacifica).

1. Nordchinesische Provinz (Provincia hoanghoica oder sinensis borealis); Flußgebiet des Hoangho, Südmandschurei, Korea; Endemismen: *Gecko swinhonis*, *Eumeces pekinensis*, *Elaphe halli*, *Leiolepisma laterale*

septentrionale, Eremias argus barbouri, Natrix vibakari ruthveni, 3 sp.[1]), 3 ssp. = 21,5% der Formen; Charakterformen — ohne endemisch zu sein — sind *Eremias a. argus, Natrix tigrina lateralis*.

2. Mittelchinesische Provinz (Provincia yangtsica). Nördlich vom Yangtse: 0 Endemismen; südlich vom Strome und nicht oder nur wenig über ihn hinausgehend: *Alligator sinensis, Zaocys dhumnades, Dinodon rufozonatum williamsi, Elaphe (dione) bimaculata*; Charakterformen sind: *Natrix craspedogaster* und *annularis, Dinodon rufozonatum, Agkistrodon halys brevicaudus, Takydromus wolteri, Geoclemys reevesi*. Die gesperrt gedruckten Formen gehen kaum über die Grenzlinien der Provinz hinaus und sind deshalb nachstehend als Endemismen mit einbezogen = 1 g.[1]), 2 sp., 3 ssp. = 17%. Ein Untergebiet ist das durch Eindringen von Osthimalayadeszendenten charakterisierte, aber sonst endemenlose rote Becken (Chengtu-Ebene).

3. Japanische Provinz (Provincia japonica) = Japan; Endemismen: 7 sp., 4 ssp. = 69,2%.

4. Riu kiu-Provinz (Provincia loochooana); umfaßt die Gruppe der Riu kiu und die Nachbarinseln. Endemismen: 18 sp., 5 ssp. = 75,9%.

II. Subregion der Osthimalayana (Subregio palaearctica himalayana).

1. Südwestchinesische Grenzmark der indobirmanischen Provinz. Endemismen sind nach unserer bisherigen Kenntnis: *Calotes yünnanensis, Acanthosaura kakhienensis, Natrix septemlineata, Helicops schistosus yünnanensis, Elaphe osborni, Bungarus m. wanghaotingi* = 4 sp., 2 ssp. = 14,7%.

---

[1]) Um den Unterschied in der Bewertung der systematischen Einheiten auszudrücken, ist 1 g. = 4 sp., 2 ssp. = 1 sp., gerechnet.

2. Westchinesische Provinz (Provincia sifanica). Endemismen sind: *Cyclemys yünnanensis*, *Geoclemys reevesi grangeri*, *Cainodactylus yünnanensis*, *Japalura yünnanensis* (3 ssp.), *Calotes emma alticristatus*, *Acanthosaura dymondi*, *varcoae*, *Phoxophrys*, *Takydromus intermedius*, *Sphenomorphus indicus multilineatum*, *Leiolepisma* (4 sp. ?), *Eumeces xanthi*, *tunganus*, *Sibynophis grahami*, *Natrix nuchalis*[1]) [(*baileyi*[2])], *octo-*, *quadrilineata*, *gastrotaenia*, *pleurotaenia*, *sechuanensis*, *Dinodon rufozonatum yünnanense*, *Elaphe porphyracea pulchra*, *taeniura yünnanensis*, *Trimeresurus jerdonii* (2 ssp.), *gramineus yünnanensis*, *Agkistrodon strauchi*, *monticola* = 1 g., 28 + 1 sp.[2]), 12 ssp. = 38%.

3. Pazifische Provinz (Provincia pacifica), also das nördliche Süd- und der größte Teil Südostchinas; Endemismen sind: *Gecko subp. melli*, *Lygosaurus sowerbyi*, *Coronella bella*, *Holarchus musyi*, *Opisthotropis maxwelli* und *kuatunensis*, *Rhadinophis*, *Hemibungarus Apeltonotus* (*dorsalis*) *sylvaticus*, *Platyplacopus kühnei kuangtungensis*, *Pseudoxenodon karlschmidti*, *Ps. s. fukienensis*, *Ps. d. striaticaudus*, *Zaocys n. möntanus* (?), *Boiga kraepelini sinensis*, *Dinodon flavozonatum Trimeresurus gramineus stejnegeri* (?), *Tr. monticola orientalis*, = 1 g., 9 sp., 9 ssp. (von 76 Formen) = 23,0%. Sie zerfällt in die südchinesische (Subprovincia yaotsica) und in die südostchinesische Unterprovinz (Subprovincia fukiensis).

4. Die Provinz Formosa (Provincia taivana); Endemismen: 25,8%.

---

[1]) *N. sw. nuchalis* geht über das Gebiet nach Süden, ist aber in so hohem Grade Charakter Westchinas, daß sie hier mit einbezogen ist.

[2]) *N. baileyi* ist bisher nur außerhalb der Grenzen Yünnans auf tibetischem Gebiete gefunden worden.

B. Indoaustralische Region.

I. Indomalayische Subregion (Subregio indomalayana).

1. Indochinesische Provinz (Provincia indosinica); Endemismen der hier allein zur Betrachtung stehenden indochinesischen Grenzmark sind: *Opisthotropis andersonii, Natrix subminiata hongkongensis, Elaphe moellendorffii* = 3,6%.

2. Provinz Hainan (Provincia hainana); Endemismen: 17,7% (Siehe Tafel 1).

Tiergeographische Beziehungen Chinas zu den Philippinen. Südchina hat, abgesehen von den für geographische Zwecke nicht verwendbaren ständigen oder gelegentlichen Hausgeckonen, 12 Reptilierspezies mit den Philippinen gemeinsam. Alle sind weitverbreitete Tiere, deren Areale von Indien zugleich nordöstlich über den gegenwärtigen Südrand des Kontinents, als auch südöstlich über den jetzigen Malayischen Archipel ausstrahlen. Eine Nötigung zu der Annahme, daß eine Reptilierspezies die Philippinen über Südchina erreicht hat, besteht damit nicht. Im Gegenteil muß die Baschistraße als bedeutsame Faunenscheide angesehen werden, deren Durchbruch wahrscheinlich zur gleichen Zeit oder früher erfolgte wie die Losreißung oder Zerstückelung der Riu kiu, deren Tiefe auch, zum wenigsten gegenüber Südchina, nie wieder überbrückt worden ist.

Die faunistischen Verhältnisse Formosas bestätigen im allgemeinen diesen Schluß. Von 60 vorn in Betracht gezogenen Reptilierspezies der Insel finden sich 6 = 10% auch in den Philippinen. Für vier dieser Arten gilt das gleiche wie von den für Südchina und die Philippinen gemeinsamen Spezies; sie sind weitverbreitete Arten, deren Areale über die indomalayische Brücke zu den Philippinen führen.

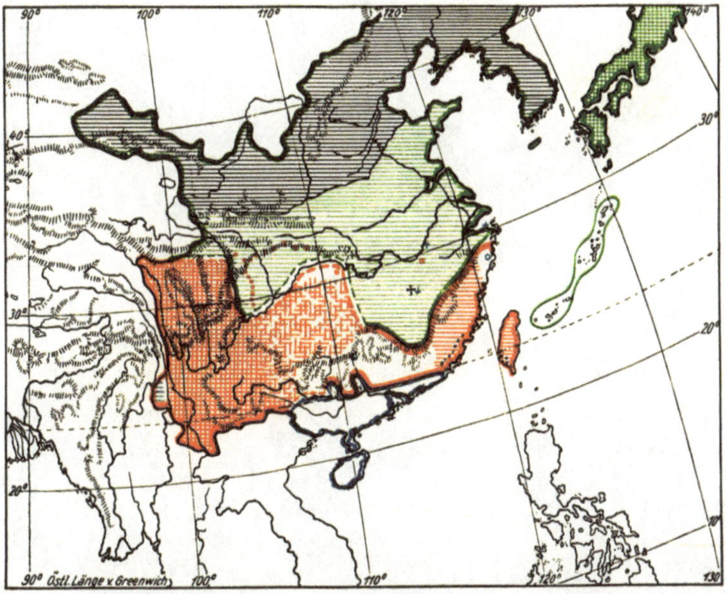

Erläuterungen zur tiergeographischen Karte.

Grenzen der pazifisch palaearktischen Subregion; nordchinesische Provinz; mittelchinesische Provinz; japanische Provinz; Riu kiu-Provinz.

Grenzen der Subregion der Osthimalayana; anscheinend zur indobirmanischen Provinz gehörendes Südwestyünnan; westchinesische Provinz; ungenügend bekanntes Gebiet; - - - - - unsichere Grenze; südchinesische Unterprovinz; pazifische Provinz und Provinz Formosa.

Grenzlinien des indomalayischen Gebietes.

\+ Am weitesten südlich gelegene Fundorte sibirisch palaearktischer Tiere: Kwan shien, 30,57° n. Br. (*Agkistr. h. intermedius*) und Ping hsiang, 27,41° n. Br. (*Agkistr. h. brevicaudus*).

· · · Isolierte Positionen von Ost- und Prähimalayaformen, u. a. Tsin ling shan und Ta pa shan, Chang yang, 30,27° n. Br., 111,13° ö. L. (*Japalura yünnanensis*, *Natrix sw. nuchalis*, *Trimeresurus jerdonii*), Ku ling, 29,30° n. Br., 116,40° ö. L. (*Sibynophis*, *Calliophis*, *Amblycephalus*).

\+ ∘ · Am weitesten nördlich vorgeschobene Punkte von Arealen indomalayischer und indischer Arten; + bei *Natrix stolata* (inland: Ping hsiang, 27,41° n. Br., küstenwärts Nimrodsund, 29,5° n. Br. und Wu hu, 31,2° n. Br.). · bei *Natrix piscator* (inland: Grenzberge zwischen Junan und Kwangtung, 25° n. Br., küstenwärts bis Ning po, 29,51° n. Br.). ∘ bei *Ptyas mucosus* (inland: Shiu chow fu, 24,54° n. Br., küstenwärts bis Tai chow fu, 28,5° n. Br.).

Walter de Gruyter & Co., Berlin und Leipzig.

Die fünfte, die meist baumbewohnende *Dasia smaragdinum* (Less.), ist ein papuanisches Tier, das von den Salomoninseln und Karolinen bis zu den Philippinen bekannt und von dem von Barbour 1909 auch ein Jungtier aus Formosa gemeldet ist. Man könnte im Zweifel sein, ob nicht eine Verschleppung des Tieres vorliegt, oder ob die Fundortsangabe sicher genug ist, um geographische Betrachtungen über dieses Vorkommen anzustellen, zumal Baumtiere mit Treibholz verschleppt sein können. Aber als sechste Art ist die malayo-australische *Emoia atrocostatum* (Less.), ein sandstrand- und mangrovesumpfbewohnendes Tier, das nach Taylor von kleinen Meereskrebsen lebt und deshalb nie mehr als einige Meter vom Meeressaum entfernt gefunden wird, in Formosa festgestellt worden. Die genannten *Dasia* und *Emoia* sind die einzigen bisher bekannten Reptilierspezies, die zwingen, eine Verbindung zwischen den Philippinen und Formosa in der Zeit der Entstehung rezenter Reptilienarten (*Scinciden*, stammesgeschichtlich jüngster Eidechsen) anzunehmen. Ob diese Verbindung identisch ist mit dem alten Gondwanagebiet, oder ob sich eine spätere kurzdauernde Brücke zwischen Philippinen und Formosa bildete, läßt sich damit nicht entscheiden, wenn auch das letztere, gerade hinsichtlich des Biotops der beiden Spezies, das Wahrscheinlichere ist.

Eine besondere Beziehung zwischen den Philippinen und Formosa schafft auch die Gattung *Hemibungarus*. Eine Spezies der Gattung findet sich im Hügellande des südlichen Vorderindien, drei sind von den Philippinen, eine von Formosa, zwei von den Riu kiu, eine von Fukien bekannt. Nachdem die Gattung in Fukien festgestellt wurde (1927, Pope), ist die „normale“ Verbindung zu Formosa und den Riu kiu gegeben, und das Vorkommen in den Philippinen braucht in diesem Falle nicht auf eine Landbrücke über die Baschistraße hinzuweisen. Die wahrscheinlichste Deutung des disjunkten Areals von *Hemibungarus* ist auch, daß das alte Genus sowohl südöstlich, als auch nordöstlich von Indien verbreitet war und aus uns bisher unbekannten Gründen außerhalb Indiens sowohl im Kontinent als auch im Archipel nur im äußersten Osten erhalten blieb. Ein gewisses Analogon zu diesem Areal bildet auch das der Gattung *Japalura* (zentrale Osthimalayana, Sumatra, Natuna, Borneo, Formosa, Botel-Tobago, Riu kiu). Im ganzen bestätigen auch die Beziehungen zwischen Formosa und den Philippinen den Schluß, daß die Baschistraße eine sehr bedeutende Faunenscheide ist.

Beziehungen zur amerikanischen Fauna; arktotertiäre Elemente. Im Tertiär bildeten die ungeheueren Landmassen der Nordhemisphäre einen nahezu geschlossenen, in der Hauptsache nur zwischen Europa und Asien offenen Ring um den Pol, von dem große Halbinseln nach Süden vorsprangen, so das atlantische und pazifische Nordamerika und in breiter Mächtigkeit Ostasien. Ostasien war von Europa getrennt, mit Nordamerika stand es in breiter Verbindung. Die recht einheitliche Pflanzen- und Tierwelt, die im warmen, etwa subtropischen Tertiär diese holarktische Hemisphäre bewohnte, wich beim Einsetzen polarer Abkühlung nach Süden aus. Sie konnte das dort, wo westöstlich streichende Gebirge fehlten, so besonders im atlantischen Nordamerika und im östlichsten Asien, darum sind in erster Linie diese Erdräume Rückzugsgebiete für Lebewesen dieser Zeiträume geworden, die sich ausschließlich oder hauptsächlich nur in einem dieser Erdteile oder in beiden gehalten haben. Engler hat für die Pflanzenwelt dieser Zeit und Abstammung den Namen „arktotertiäres Element“ in die Botanik eingeführt.

Es empfiehlt sich, ihn auch in der Tiergeographie zur Charakterisierung solcher konservativen Endemismen zu gebrauchen. Arktotertiäre Elemente der ostasiatischen Reptilierfauna sind: *Alligator, Clemmys, Amyda, Leiolepisma, Eumeces, Coronella, Elaphe, Natrix, Trimeresurus, Agkistrodon,* die Familie der *Amplycephalidae* u. a. Diese Formen sind entweder auf Ostasien und das atlantische Nordamerika beschränkt (*Alligator, Leiolepisma,* die *Natrix* der *annularis*- und *fasciata*-Gruppe, die chinesische *Coronella bella* steht den amerikanischen Formen der Untergattung *Ophibolus* näher als den europäischen Spezies der Gattung), oder sie sind auch in die Tropen eines Gebiets oder beider Gebiete eingedrungen (*Amyda, Trimeresurus, Agkistrodon, Amblycephalidae*) oder haben auch über das atlantische Nordamerika Westeuropa erreicht und sich dort besonders im Mittelmeergebiet gehalten (*Clemmys, Eumeces, Coronella, Elaphe*). Wahrscheinlich sind auch die ausschließlich asiatischen *Calamaria,* vielleicht auch *Takydromus* u. a. arktotertiäre Formen.

Disjunkte Areale. Bei der tiergeographischen Betrachtung der ostasiatischen Reptilierfauna ergeben sich in der Hauptsache drei Gruppen disjunkter Areale.

1. Die der eben genannten arktotertiären Sippen (Zerspaltung der holarktischen Nordhemisphäre; Zerreißung der Areale von Familien und Genera).

2. Die der Prähimalayaformen (Auftürmung des Himalaya, Losreißung Japans und der Riu kiu; Zerreißung der Areale von Genera und Spezies).

3. Die von Osthimalayadeszendenten (Einbruch der meridionalen Stromfurchen; Störung, vermutlich durch Senkung, im Gebiet der südchinesischen Himalayana; Trennung Formosas und Hainans vom Kontinent; Trennung der Areale von Genera und Spezies). — Vgl. die Karten auf den Seiten 4 und 6.

[1]) Vielleicht sind die vorn als Prähimalaya-Elemente bezeichneten Farmen mit ihnen identisch.

Die Areale von Osthimalayasippen sind vielfach in zwei räumlich weit voneinander getrennte, große Blöcke zerrissen; den einen bilden die Bergländer von Sikkim bis Westchina, den anderen die von Fukien und Formosa. Über das ganze Gebiet verbreitete Arten, wie *Zaocys nigromarginatus* oder *Elaphe porphyracea*, haben die einander hinsichtlich der Höchstzahlen der V und Sc ähnlichsten Rassen im indischen Osthimalaya und in Formosa; anders ausgedrückt, sie haben zwei einander in ihrer Wirkungsweise annähernd gleichwertige optimale Regionen, die an den beiden Endpunkten ihrer Areale, rund 3000 km in westöstlicher Richtung voneinander entfernt liegen. Ähnliche Verhältnisse zeigen sich bei *Natrix nuchalis* und *Macropisthodon rudis*. Bei ihnen liegen die westlichen Arealblöcke fast ganz (*Natrix*) oder ausschließlich (*Macropisthodon*) im hochgebirgigen Westchina. Bei drei dieser Arten liegen zugleich die durchschnittlichen Höchstzahlen der V, bei allen die der Sc in Formosa; die der Höchstlängen sind bisher nur von einer der drei von dort gemeldet, also voraussichtlich noch für zwei von ihnen von dort zu erwarten. Auch bei der weit verbreiteten, individuell stark veränderlichen und daher weniger zur Rassenbildung geneigten *Psammodynastes pulverulentus* lassen sich indischer Osthimalaya und Formosa als maximale Regionen erkennen. Bei *Trimeresurus monticola* und *Sibynophis collaris* liegen analoge Regionen in den gleichen Gebieten.[1])

Diese zunächst auffallende Erscheinung hat einen Grund darin, daß sich zwischen 20—26° n. Br. Hochgebirge, ja Mittelgebirge von mehr als 1600 m Höhe östlich von Yünnan (Kweichow)-Szechwan erst wieder in Fukien

[1]) Yünnan und Formosa zeigen auch ähnliche Beziehungen pflanzengeographischer Art: *Taiwania cryptomerioides* ist bisher nur vom Salven und von Formosa, *Pseudotsuga wilsoniana* nur von Yünnan und Formosa bekannt.

(2000 m) und Formosa (4100 m) finden. Analoge Areale in der indischen Osthimalayana und in Formosa mögen auch noch dadurch verursacht sein, daß diese beiden Gebiete feuchter sind als die dazwischenliegenden, weil sie reichlicher von Seewinden, die sich an ihnen abregnen, getroffen werden. Das ist in Yünnan in ähnlichem Grade in den im allgemeinen tieferen Grenzbergen gegen Tongking-Birma möglich, die deshalb floristisch-faunistisch auch mehr Beziehungen zu diesen südlichen und westlichen Nachbargebieten aufweisen als die übrigen Teile der Provinz. Folgeerscheinung einer Neigung für feuchte Wärme ist es wohl auch, daß bei Spezies, die ganz oder größtenteils auf den Osthimalayablock beschränkt sind, die optimalen Regionen sich außerhalb Yünnans befinden, bei *Lycodon fasciatus* und *Elaphe prasina* liegen sie westlich davon (in Nordindien), bei *Natrix swinhonis* und *Trimeresurus jerdonii* werden günstigere nördliche (Hupe, Szechwan) und westlichere (Sikkim, Assam, Birma) Regionen der Areale durch die Yünnaner Minima unterbrochen. Hochgradige Empfindlichkeit gegenüber Umweltfaktoren zeigen u. a. auch *Trimeresurus monticola* und *Dinodon rufozonatum*. Bei der ersteren schiebt sich zwischen die drei analogen Hochgebirgsrassen (Sikkim-Yünnan-Formosa) in Fukien eine differente Mittelgebirgsrasse mit niedrigen Zahlen der V—Sc, ähnlich wie an den Südgrenzen des Artareals (Indochina—Sumatra). Bei *Dinodon rufozonatum* wohnen die Rassen mit den niedrigsten Zahlen der V und der Querbinden an den Ost- und Westgrenzen des Artareals, trotz großer Höhenunterschiede beider Gebiete (500 und 2000 m), und die Rasse mit den Höchstzahlen beider Größen befindet sich etwa in gleicher Breite und annähernd in der Mitte zwischen beiden (Hunan), ein ganz seltener Fall.

Vielleicht charakterisiert Anpassung an feuchte Wärme und geringe Wärmeschwankungen durch den Tag auch die Prähimalayaformen *Sibynophis collaris, Natrix khasiensis, Dinodon septentrionale, Calliophis* und *Azemiops*. Sie fehlen im hochgebirgigen Westchina oder sind dort nur in den Randgebieten und auch da nur selten (*S. collaris*), während sie in Ostchina vorkommen (*N. khasiensis*) oder dort weitverbreitet sind (*Dinodon, Sibynophis, Calliophis*). Die Höchstlängen sind für alle diese Spezies von Nordindien, die Höchstzahlen der V nur für *N. khasiensis* von dort, für *Sibynophis* von Ostasien, für *Dinodon* und *Calliophis* von Formosa gemeldet. Vielleicht werden sich bei weiteren Untersuchungen für Arten mit großräumigen Arealen, wie *Dinodon* und *Calliophis*, auch zwei optimale Regionen, eine pazifische und eine Formosaner, ergeben; die Verhältnisse bei *Sibynophis* müssen zurzeit als undeutbar bezeichnet werden.[1])

Auffallend und nach unserer gegenwärtigen Kenntnis schwer deutbar sind die disjunkten Areale der Formenkreise *Natrix vibakari—sauteri* und *Zaocys nigromarginatus—dhumnades* (vgl. die Karte zu S. 55). *Natrix vibakari* findet sich in Japan (*v. vibakari*) und Korea (*v. ruthveni*) und dann wieder in Kwangtung-Hainan (*v. popei*). Das Areal muß also vor der Existenz der *Tethys* kontinuierlich gewesen sein, oder es muß eine Brücke über dieses Urmittelmeer bestanden haben. Die nahestehende *N. sauteri* ist auf Formosa und das nördliche Südchina beschränkt (man vgl. auch S. 137ff.). — Über das Areal von *Zaocys* vgl. man S. 53. Die genannten Formenkreise bilden zugleich Schulbeispiele von Grenzfällen zwischen Rassen und Art, und es erscheint ebensowohl berechtigt, ihre Vertreter bi-, als ternär zu bezeichnen. —

---

[1]) Sie zeigt die Höchstlängen im indischen Osthimalaya und ist dort eine der häufigsten Schlangen, in Gebieten über 1500 m vielerorts die einzige häufige Art; in China ist sie überall einzeln, bewohnt aber ein horizontal viel größeres Gebiet und hat höhere Zahlen der V.

Über das gleichfalls schwer deutbare Areal von *Elaphe taeniura* vgl. S. 55—56.

Arealgrößen. Horizontal großräumige Areale sind häufig; als horizontal riesenräumige seien solche von mehr als 5 Millionen Quadratkilometer Ausdehnung bezeichnet. Sie finden sich unter Schlangen bei *Typlops braminus, Naja naja, N. hannah, Trimeresurus gramineus, Ptyas mucosus, Elaphe dione, E. taeniura, Agkistrodon halys, Natrix stolata, Lycodon aulicus, Psammodynastes, Chrysopelea.* Das sind 40% der sibirisch palaearktischen, 60% der indischen, 17,6% der indomalayischen Formen, 3,6% der Osthimalayatiere. Eine größere Vitalität sibirisch palaearktischer und indischer Formen läßt sich aus diesen Zahlen nicht, wohl aber u. a. aus einem hohen prozentualen Anteil riesenräumiger Areale unter Spezies beider Gebiete im allgemeinen folgern. Es sind nur eben die expansivsten, anpassungsfähigsten Vertreter beider Formelemente bis in die Grenzmarken Chinas vorgedrungen.

Kleinräumig scheinen — abgesehen von Inseltieren — die Areale mancher pazifisch palaearktischer (*Zaocys dhumnades, Natrix annularis, Natrix craspedogaster*) und westchinesischer Tiere (*Natrix quadri-, octolineata, pleurotaenia, Sibynophis grahami*), sowie von Spezies an den Grenzen der Gattungsareale.

Vertikalareale. Vertikal großräumige Areale nenne ich solche von etwa 1600—2000 m und mehr in Gebieten gleicher Breite, also z. B. von Spezies, die sich sowohl in Yünnan (um 2000 m und darüber), als auch im Flach- und niederen Hügelland von Kwangtung-Fukien finden. Von den bisher bekannten Brutvögeln des südlichen China finden sich 125 von 200 = 62,5% auch in Yünnan, decken also ein solches Vertikalareal. Von den Reptilien sind mit Sicherheit 18 von 117 = 15,8% beiden Gebieten gemeinsam, bei 6 weiteren ist es einstweilen fraglich, so daß sich der Anteil auf 20,7%, also etwa 1/3 der bei Vögeln gefundenen Zahlen, erhöhen kann.[1]) Die Zahlen unterstreichen die Erkenntnis, daß die Eigenwärme homoiothermer Lebewesen in weit höherem Grade von klimatischen Faktoren unabhängig macht, als dies poikilothermen Tieren möglich ist.

Die Höhe, bis zu der Kaltblüter vorzudringen vermögen, bleibt trotzdem erstaunlich. Eine ganze Reihe der westchinesischen Reptilien geht gelegentlich bis 3000 m aufwärts, sogar die in Ostchina vielfach oder vorwiegend in Meeresniveau und niederem Hügelland lebende *Elaphe taeniura* wurde in Westszechwan in 3100 m Höhe gefangen, und man kann bei ihr von einem vertikal riesenräumigen Areal sprechen.[2]) Bisher nicht oder nur selten unter 3000 m beobachtet sind *Agkistrodon monticola* (3200 bis 3600 m) und *Agkistrodon strauchi* (3800—4200 m, das Tier von Li kiang auffallenderweise in 2700 m), und man fühlt sich geneigt, so sonderbar es gerade bei Tieren, deren Lebensenergie ausschließlich von der unmittelbar zugeführten Sonnenwärme abhängt, von ihnen als stenotherm höheliebenden Tieren, von Spezies, die an starke tägliche Wärmeschwankungen angepaßt sind, zu sprechen. *Natrix baileyi*, deren Vertikalareal etwa zwischen 4000 bis 4200 m liegt, ist das nicht; denn sie lebt ausschließlich in der Nähe heißer Quellen. Der höchste bisher von einer Schlange, von *Agkistrodon himalayanus*, gemeldete Fundort liegt 4800 m hoch (Fuß des Dharmsalagletschers). Auch

---

[1]) Bei Amphibien beträgt er anscheinend nur 7,5%.

[2]) Ihr kommen nahe *Sibynophis collaris* (Osthimalaya einzeln bis 3000 m, in Nordkwangtung noch in 500 m, Vertikalareal 2500 m), *Pseudoxenodon sinensis* (in Westchina bis 3100 m, das einzige in Südchina beobachtete Exemplar in 900 m, Vertikalspannung 2200 m; *Elaphe porphyracea*, in Yünnan zwischen 2000—2600 m häufig, in Kwangtung einzeln noch in 750 und 600 m, Vertikalareal = 2000 m).

ihr Areal ist vertikal riesenräumig. Noch höher gehen die nordwesttibetischen *Phrynocephalus* (*erythrurus* und wahrscheinlich auch andere), nämlich bis 5400 m.[1])

Differenzierungen im Formenkreise durch Anpassungen an verschiedene Höhenareale scheinen bei der *Natrix annularis*- und *Zaocys dhumnades*-Gruppe vorzuliegen. Bei den drei ökologisch gleichartigen, wasserjagenden *Natrix* des Formenkreises um *annularis* liegen die Lebensräume der Tieflandsformen im Horizontalareal der Berglandsform. Diese, *N. percarinata*, ist über das ganze bergige China von Tsingtao im Norden bis Kwan shien und Ta li im Westen und Tongking im Süden verbreitet, lebt in dem mir durch persönliche Anschauung bekannten Gebiete in Höhen zwischen etwa 440—2000 m und wird bei Hochwasser wahrscheinlich auch zuweilen tiefer gebracht. In der Küstenregion um Mündung und Unterlauf des Yangtse findet sich etwa zwischen 0—200 m die tieflandbewohnende *N. annularis*, in der indochinesischen Küstenzone, etwa zwischen 40—500 m, *N. aequifasciata*, und jede der beiden horizontal und vertikal kleinräumigen Formen im Horizontalareal der nach beiden Richtungen großräumigen *percarinata* (Karte S. 54).

Bei *Zaocys* liegt das Gebiet der ebenfalls kleinräumigen Tieflandsform außerhalb des Horizontalareals der großräumigen berglandbewohnenden. Diese letztere, *Z. nigromarginatus*, ist ein von Sikkim bis Formosa verbreitetes Osthimalayatier mit ausgesprochen westöstlichem Areale. Die vielfach in erster Linie durch den Fundort von ihr zu unterscheidende *Z. dhumnades* ist Bewohner wasserreicher Ebenen um den Unterlauf des Yangtse. Man möchte

[1]) Batrachier gehen fast ebenso hoch wie Schlangen; *Nannorana pleskei* (Gthr.) bis 3900 m (Chie song la, Westszechwan), *Rana weigoldi* Vogt bis 4000 m (Ngo la in den Grenzgebieten von Westszechwan und Tibet), *Altirana parkeri* Stejneg. bis 4500 m (Tingri, Tibet).

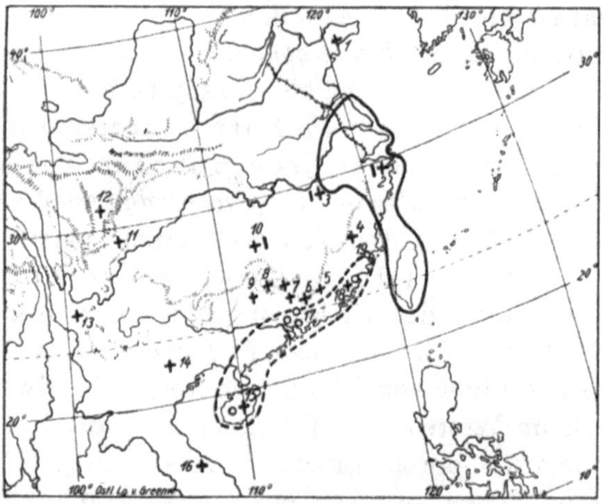

Areale der wasserjagenden *Natrix* des Formenkreises um *N. annularis*.

+ + + Fundorte der bergbachbewohnenden *N. percarinata*. Seehöhen zwischen 440—2000 m. 1 Tsing tao, 2 Ning po, 3 Ku ling, 4 Kua tun, 5 Chong log, 6 Lin ping, 7 Lung tao shan, Shöi yuen shan, Tsha yuen shan, 8 Gao fung, Mahn tsi shan, 9 Sham gong, 10 Ping hsiang, 11 Si gi pin am Omi, 12 Kwan shien, 13 Tali fu, 14 Thai nien, 15 Hainan, 16 Col de Nuages.

——— Tieflandsareal der mittelchinesischen *N. annularis*; südlichster Festlandspunkt Foo chow (26,7^0 n. Br., 119,20^0 ö. L.). / Orte, wo das Areal mit dem von *N. percarinata* in der Horizontalausdehnung zusammenstößt.

- - - - Tieflandsareal der indochinesischen *N. aequifasciata*; nördlichster Punkt Yen ping fu (26,52^0 n. Br., 118,7^0 ö. L.), 15 Hainan, 17 Li long, Lo kong, Lo fao shan, 18 Südfukien, 19 Yen ping fu. In Hainan und Südfukien stößt das Gebiet horizontal mit dem von *percarinata* zusammen.

die vage Deutung versuchen, daß bei Auffaltung der Erdoberfläche im östlichen Teile des Areals von *Zaocys* in seinem Nordosten eine allmähliche Senkung eintrat, so daß ein Teil der Population nach und nach in tieferes Gelände geriet und sich dort anpaßte. Karte (S. 55).

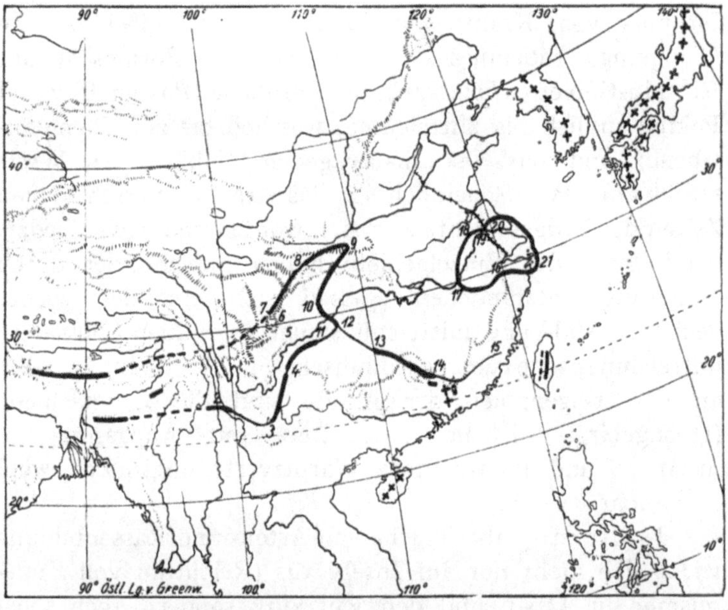

Areale der Formenkreise *Zaocys dhumnades-nigromarginatus* und *Natrix vibakari-sauteri.*

——— *Zaocys n. nigromarginatus.* Indisches Areal: Osthimalaya, Nepal, Sikkim. Assam (Kashia-Nagaberge), 1 Khakienberge, 2 Teng yueh, 3 Yuennanfu, 4 zwischen Chao tung fu und Lo wa tan, 5 Omi-Gebiet, 6 Chengtu-Ebene, 7 Kwan shien, 8 Lung ngan fu, 9 Si an fu, 10 Sui ning, 11 Sui fu, 12 Lu tsui ho. — *Zaocys n. montanus*: 13 Hsin wah, 14 Gao fung. Mahn tsi shan, 15 Fukien. — *Zaocys n. oshimai*: Formosa. — *Zaocys dhumnades*: 16 Hangchow, 17 Kiu kiang, 18 Hwai yüan, 19 Nanking und Chu chow, 20 Shanghaidistrikt, 21 Chusan-Archipel und Ningpo.

+ + + + *Natrix vibakari*; *v. vibakari*: Japan. — *v. ruthveni*: sibir. Küstenprovinz, Korea. — *v. popei*: Kwangtung und Hainan.

- - - - *sauteri*: Nordkwangtung und Formosa.

Nicht leicht deutbar ist nach unserer gegenwärtigen Kenntnis das Areal der *Elaphe taeniura-grabowskyi*-Gruppe. Es zerfällt in 5 Teilgebiete: das malayische (südlich vom

Isthmus von Krah[1]) = *grabowskyi*), das indochinesische (Tongking, südchinesische Küstenregion, Formosa), das Riu kiu-Gebiet (*schmackeri*), das nördliche (Possiet-Bay und Peking südlich bis Mittelchina, westlich bis zur Cheng tu-Ebene) und das Osthimalayagebiet (Sikkim bis West-szechwan). Wahrscheinlich ist das Areal in verschiedenen Zeiten der Erdgeschichte zerrissen worden und nach Wiedervereinigung der Einzelgebiete haben manche der durch Isolierung entstandenen Rassen sich einander wieder genähert (süd- und mittelchinesische in Fukien-Chekiang? mittelchinesische und nordindische in Westchina?), aber an den Gegenpolen der Areale sind die Unterschiede (Hochgebirgs-, Ebenentiere; Tiere mit Anpassung an maritime und kontinentale Wärmeverteilung) noch wohl erkennbar.

Isolierung als Ursache von Arten- und Rassenbildung wirkt sich nicht nur auf Inseln aus (Reichtum von Endemismen in Japan und den Riu kiu), sondern auch sonst an den Arealgrenzen von Genera und Spezies. Von den sechs chinesischen Arten der Gattung *Eumeces* haben nur zwei großräumige Areale, *pekinensis* hat sich an der Nordgrenze, *quadrilineatus* an der Südgrenze, *xanthi* und *tunganus* haben sich an der Westgrenze des Gattungsareals abgespalten. Ähnlich liegen die Verhältnisse bei *Takydromus*, an der Nordgrenze hat sich *amurensis*, an der Westgrenze *intermedius*, an der Südgrenze *meridionalis*, in der pazi-

---

[1]) Eine alte Wasserstraße in der Gegend des jetzigen Isthmus von Krah ist hier Speziesscheide. Sie ist für manche Hydrophiinen Ausbreitungsmittel gewesen. *Hydrophis klossi* findet sich auf beiden Seiten der malayischen Halbinsel, *Hydrophis torquatus* in besonderen Formen an der West- (*H. t. torquatus*) und Ostküste (*H. t. aagardi* von ihrer Ostküste bis Borneo, *H. t. diadema* im Nordteil des Golfs von Siam), alle fehlen aber in den südlichen, die beiden Küsten verbindenden Meeren (vgl. Smith, Monograph Sea-Snakes, 1926, S. 76).

fischen Osthimalayana die Gattung *Platyplacopus* differenziert, in geringerem Grade bei *Elaphe* (Nordgrenze: *schrenckii* und *halli*, Südgrenze: *moellendorffii*, Westgrenze: *osborni*), bei *Amblycephalus* (fast alle Exemplare der in China sehr lokal in Bergstöcken ausgestreuten Gattung sind als besondere Spezies beschrieben worden), bei *Opisthotropis* (an den Nordostgrenzen des Areals, im südlichen China, haben sich drei Spezies isoliert), *Leiolepisma* (vom hochgebirgigen Westchina, der Westgrenze der Gattung, sind fünf Arten oder Formen beschrieben) u. a.

Ausbreitungswege und Ausbreitungsschranken. Ausbreitungswege sind im allgemeinen Oberflächen- und Vegetationsformen, die den Verhältnissen des Biotops der betreffenden Art am nächsten kommen. Für Osthimalayatiere sind das in erster Linie nicht zu dicht bewachsene Gebirgszüge (vgl. S. 47ff.); der nördlichste von einer Spezies der westchinesischen Osthimalayana erreichte Punkt ist nach unserem bisherigen Wissen Liang ho kow im Tsin ling shan, 32,26° n. Br. (*Japalura yünnanensis*). Indomalayische, zum Teil auch indische Tiere bevorzugen im allgemeinen Erdräume mit maritimer Wärmeverteilung durch den Tag und „stoßen" demgemäß von Tongking aus der Küstenlinie entlang nordwärts vor [*Python*, *Vipera*, *Chrysopelea*, *Dryophis*[1]), *Bungarus fasciatus*[1]), *Elaphe radiata*[1]), *taeniura*, *Ptyas mucosus*[2]), *Typhlops*] und sind vielfach auf sie beschränkt. Aus diesem Grunde finden sich auf den kleinen Riu kiu, obwohl sie am weitesten nach Norden liegen, relativ mehr südliche Formen (27,6%) als in Formosa (26,2%) und in Fukien (22,3%) und in letzterem wieder mehr als im nördlichen Kwangtung (13,5%). Südliche Tiere, deren Areale sowohl küstenwärts

---

[1]) Vgl. Karte, S. 13.

[2]) Vgl. Karte, S. 8.

als auch quer durchs Land gehen, dringen an der Küste meist weiter nördlich vor. *Natrix stolata*[1]) geht küstenwärts bis zum Chusanarchipel (30,15° n. Br.) und Wu hu (31,2° n. Br.), inland bis Ping hsiang (27,41° n. Br.), *Natrix piscator*[1]) küstenwärts bis Ning po (29,51° n. Br.), inland bis in die Wasserscheidenberge zwischen Hunan und Kwangtung (etwa 25,10° n. Br.), *Ptyas mucosus*[1]) küstenwärts bis Tai chow fu (28,5° n. Br.), inland bis Shiu chow fu (24,54° n. Br.). Das sind für diese weitverbreiteten Arten Differenzen, die nicht vorausgesehen werden konnten.

Die Areale pazifisch palaearktischer Arten liegen im Süden im allgemeinen den Bergzügen entlang, und die meisten reichen küstenwärts weiter nach Süden als innerlandes. So geht *Natrix tigrina* im Osten bis 24,59° (Chang ning, Südkiangsi), im Westen bis 28,43° n. Br. (Sui fu, Szechwan), *Takydromus septentrionalis* im Osten bis etwa 24,18 (Lp), im Westen bis 28,43° n. Br. (Sui fu), *Natrix percarinata* im Osten bis 24,18° (Lp), in der indochinesischen Küstenzone bis etwa 19,32° (Fünffingerberge, Hainan), in Westchina bis 25,40° n. Br. (Ta li fu). — Die geringen Unterschiede zwischen Inland- und Küstenexpansion anderer Arten erlaubt wohl, auf geringere Empfindlichkeit gegenüber klimatischen Faktoren zu schließen: *Naja naja*[1]) geht küstenwärts bis zum Chusanarchipel (30,15° n. Br.), inland bis Ping hsiang (27,41° n. Br.) und Kiu kiang (29,42° n. Br.), *Ptyas korros* küstenwärts bis Ning po (29,51° n. Br.), inland bis Hsin wah (27,32° n. Br.), Ping hsiang (27,42° n. Br.) und Kiu kiang (29,42° n. Br.). Die pazifisch palaearktische *Eumeces elegans* findet sich im Osten bis etwa 24,18° (Lp), im Westen bis 25,2° n. Br. (Yünnanfu).

Wasserbewohner dringen in den Flußtälern vor. Beide

---

[1]) Vgl. Karte, S. 8.

südchinesische *Enhydris* überschreiten die Wasserscheide zwischen Si kiang und Yangtse im Oberlaufe des Tung kiang, *plumbea* außerdem im Oberlaufe des Pe kiang und der Quellflüsse des Han. Auch *Natrix piscator* geht im Tal des Pe kiang bis nach Südhunan. *Dinodon rufozonatum* geht nördlich am Kaiserkanal, westlich dem Yangtse entlang und in Szechwan weiter den Min ho aufwärts; ihr Vorkommen am See bei Ta li in Westyünnan läßt auf alte Beziehungen dieses Sees zum Yangtse schließen. In bezug auf ihren Biotop unspezialisierte Arten überschreiten mechanische Ausbreitungsschranken an jedem passierbaren Orte: *Naja naja, Bungarus multicinctus* und *Natrix stolata* überschreiten die Wasserscheide zwischen Si kiang und Yangtse sowohl im Tale des Pe kiang (I chang in Südhunan), als auch direkt über die Hügel- und Bergländer (Mahn tsi shan 700—900 m).

Natürliche Ausbreitungsschranken einer Gattung oder Art sind alle in ihr Pejus oder Pessimum fallenden Faktoren der Erdoberfläche, der Vegetationsformen oder des Klimas, bzw. die Spezialisierung einer Tierspezies nach einer bestimmten Richtung hin, die es ihr unmöglich macht, sich mit den Besonderheiten einer neuartigen Umgebung abzufinden. Ernstliche mechanische Ausbreitungsschranken sind wohl nur hohe Gebirge, steile Schluchten, reißende Bergwässer und für nicht marine, zum Teil auch für küstenbewohnende hydrophiine Arten ausgedehnte und tiefe salzhaltige Gewässer.

Innere Ausbreitungsschranken. In der südchinesischen Küstenzone erreichen, soweit wir wissen, 4 Spezies Eidechsen (*Calotes, Liolepis, Physignathus, Varanus*) und 17 Spezies Schlangen (vgl. weiter unten) die Nordgrenze ihrer Areale etwa in 23,5^0 n. Br. und 116^0 ö. L. Mechanische Ausbreitungsschranken fehlen. Lassen sich innere Ursachen als Ausbreitungsschranken nachweisen oder wenigstens als wahrscheinlich wirksam erkennbar machen?

Die nachstehende Tabelle zeigt die Temperaturen der Kantonebene nach meinen über 13 Jahre ausgedehnten, meist täglichen Temperaturmessungen, und sie darf mit geringen Abweichungen Geltung beanspruchen für die gesamte Küstenzone Südchinas bis etwa zum 24. Grad n. Br. und 300 m Seehöhe aufwärts.

1. Tabelle der Temperaturen der Kantonebene.

Monat	Minimum		Maximum		Tagesmittel	Grenzschwankung
	Durchschnitt	Grenzgrößen	Durchschnitt	Grenzgrößen		
Januar	12	1,5	20	30	15	28,5
Februar	12	5	20	25	15	20
März	15	6	20	26	17	20
April	20	12	24,5	29	21,5	17
Mai	25	20	29	33	27	13
Juni	27,5	24	31	36	29	12
Juli	28	26	32,5	37,5	29,5	11,5
August	28	26	32,5	36,1	29	10,1
September	26	22	32	36,5	27	14,5
Oktober	24	22	30	36,5	25	14,5
November	17,8	11,75	24	29	20	17,25
Dezember	12	4,5	20,5	26,5	14	22

2. Temperaturverlauf an typischen Tagen der Regen- und Trockenzeit in der Kantonebene.

Regenzeit			Trockenzeit		
Monat	Tageskurve Morgen-, Mittags- u. Abendtemperaturen (6a.m., 2p.m., 8p.m.)	Tagesschwankung	Monat	Tageskurve Morgen-, Mittags- u. Abendtemperaturen (6a.m., 2p.m., 8p.m.)	Tagesschwankung
V.	25,5 — 27 — 26°C	1,5°C	XII.	13,5—28,5—18°C	15°C
VI.	28 — 31 — 28	3,0	I.	11 —25 —19	14
VII.	30 — 35 — 32	5,0	I.	11 —23 —16	12

Bei manchen Tagbaumschlangen, die keine Ruheperiode im Jahre haben (*Dryophis*, wahrscheinlich auch *Chrysopelea*, *Dendrophis* [*Ahaetulla*]; auch *Boiga*?), mag die Gewohnheit, in keiner Jahreszeit ein Versteck aufzusuchen, im südlichen China die Nordgrenze des Areals erzwingen, einmal unmittelbar infolge der Lufttemperatur der südchinesischen Trockenzeit, zweitens mittelbar, weil ihre Beutetiere „Winterverstecke" beziehen.

Auch fixierte sexualbiologische Gewohnheiten können als innere Ausbreitungsschranken wirken. Bei einer Anzahl südlicher Spezies, so bei *Python*, *Typhlops*, *Natrix piscator*, *Bungarus fasciatus*, *Vipera russellii*, fällt die Sexualperiode in die Trockenzeit, also in die Monate XII bis II, und die Kopula erfolgt in der Trockenzeitruhe, also dann, wenn sich die Tiere — ähnlich wie ihre Verwandten im Norden während des Winters — in Anzahl oder auch in Haufen in die gleichen unterirdischen Verstecke zurückgezogen haben. Die beinahe winterlichen Verhältnisse der südchinesischen Trockenzeit bringen in den Gegenden nördlich von 24° und von 400 m Seehöhe aufwärts, wo Reif, gefrorner Boden und geringe Eisbildung Regel sind, solche Tiere in der Trockenzeit zur Erstarrung, oder sie reichen wenigstens zur Erzeugung der zum Vollzug der Kopula nötigen physiologischen Energie nicht aus, unterdrücken damit die Sexualperiode und die Art selbst. Das Vorkommen von Spezies mit derartiger Fixierung der Sexualperiode ist deshalb nur noch in der Küstenzone möglich, und darum sind die genannten Spezies im allgemeinen auf sie beschränkt.[1]) *Natrix piscator* geht nach

[1]) Bei den holometabolen Insekten ist die Imago Umkleidung der Sexualperiode. Eine ähnliche Trockenzeitanpassung und zugleich ähnliche Verbreitungsgrenze nach Norden wie die genannten Schlangen zeigt die Sphingide *Oxyambulyx subocellata Fldr.* Trotz Schädigungs-

Norden und Osten über sie hinaus, scheint also zur Änderung seiner sexuellen Gewohnheiten fähig. *Typhlops* findet sich in der Küstenzone Formosas und der Riu kiu wieder, deren maritimes Klima Beibehaltung der Gewohnheiten gestattet, zumal die bodenwühlende *Typhlops* im „Winter", wie ihre Beutetiere, tiefer geht.

Es könnten Bedenken entstehen, ob wohl die in der Tabelle (S. 60) genannten Trockenzeittemperaturen der südchinesischen Küstenzone ausreichen, um sexuelle Aktivität der genannten Spezies zu gewährleisten. Aber es ist zu beachten, daß die angeführten Schattentemperaturen sich bei direkter Sonnenstrahlung bedeutend erhöhen. So zeigte das Thermometer auf den kahlen Teichdämmen meines Gartens, in denen *Natrix piscator*, *Naja naja*, *Bungarus fasciatus* überwinterten, bei annähernd senkrechtem Auffall der Sonnenstrahlen am 5. I. 1921, $3^1/_2$ p. m., + 35° C gegen 16° Lufttemperatur im Schatten, am 25. I. 1921, 3 p. m., + 54° C gegenüber + 28° C im Schatten. In den Lagern der Tiere selbst wurde an beiden Tagen + 25 bzw. + 37° C gemessen. An den sandigen Steilufern und Laterithängen, in denen *Python* in der Überwinterung liegen, herrschen ähnliche Bestrahlungsverhältnisse.[1])

Die durch die Sonnenwärme erzeugte Temperatur mag durch die Atmung der verknäuelten Tiere gesteigert und in den Hohlräumen gegenüber der Außentemperatur

---

erscheinungen aller Stadien und in manchen Jahren sehr starker Verminderung der Fortpflanzungsfähigkeit (im Durchschnitt bis 7, im Minimum bis auf 4 % gegenüber Tieren wärmerer Monate), bleibt sie überwiegend Trockenzeiterscheinung.

[1]) Die winterlichen Temperaturen eines Sandufers, aus dem eine *Python* gegraben wurde, habe ich nicht gemessen, Anfang Juni hatte der Sand in der Nähe dieses Platzes $10^1/_2$ Uhr vormittags 42° C gegenüber 31° der Luft.

ausgeglichener gestaltet werden.[1]) Daß diese Trockenzeitstrahlung in der südchinesischen Küstenzone zur Erzeugung körperlicher Energie bei Schlangen ausreicht, geht daraus hervor, daß man im Dezember—Januar, also in den kühlsten Monaten des südchinesischen Jahres, *Python*, *Natrix piscator*, *Bungarus fasciatus*[2]) nicht selten im Freien, lebhaft kriechend, antrifft, daß man sie auch an kühlen Tagen, schwerfällig kriechend, findet (*Naja* und *Bungarus* wurden noch bei + 14° im Freien gefunden). *Natrix piscator* jagt sogar gelegentlich in der unterirdischen Trockenzeitruhe, d. h. er stöbert die in der Tiefe der gleichen Teichdämme überwinternden *Rana guentheri* auf und frißt sie, wie man feststellen kann, falls man Zeit und Lust hat, dem Klageschrei der Frösche in der Tiefe nachzugehen.

Bungarus multicinctus, der wohl als nördliche Vikariante des indischen *B. candidus* zu betrachten ist, hat im allgemeinen die frühe Paarungszeit südlicher Gattungsgenossen beibehalten. Er scheint aber — wie vielleicht auch für *Natrix piscator* angenommen werden kann — die Fähigkeit zu haben, sie umgebungsgemäß hinauszuschieben. In den Grenzbergen zwischen Hunan und Kwangtung sah ich die ersten, anscheinend eben aus der Gelegehöhle kommenden Tiere der Jahresbrut am 16. VII. 1915, was Begattung für spätestens den 16. III. anzunehmen zwingt, also für eine hinsichtlich Gegend und Seehöhe (etwa 25° n. Br. und 700 m N. N.) erstaunlich frühe Zeit, die vermutlich in oder nach dem Ende der Winterruhe liegt.

---

[1]) In den Schlingen eines „brütenden" *Python* ♀ wurde nach etwa fünfwöchigem „Brüten" eine Temperaturerhöhung von 0,8 bis 1,66° C gegenüber der Temperatur außerhalb des Körpers festgestellt, bei einem „brütenden" *Bungurus* ♀ nach 4 Wochen eine solche von 0,4 bis 0,6° C. Die Atmung der Tiere reicht also nicht aus, um die Erhöhung der Temperatur in der Überwinterungskammer zu erklären.

[2]) Daneben auch *Natrix stolata* und *Naja naja*, vgl. weiter unten.

Indische Spezies ohne Bindung der Sexualperiode an eine bestimmte Jahreszeit sind z. B. *Natrix stolata* und *Naja naja*. Bei *Naja* schwankt in Indien die Paarungszeit zwischen Ende XII bis VIII, also um 8 Monate, bei *Natrix stolata* am gleichen Orte um 4, ja 6 Monate, und wir sehen demgemäß in China beider Areale bis zum Yangtse gehen, d. h. um 800 km weiter nördlich als die der sexuellen Trockenzeitspezialisten, auch ein Beitrag zum Thema der Spezialisation als Ausbreitungshemmnis.

Wie verhalten sich Tiere an den Grenzen ihrer Areale? Die Gesamtgrößen und demgemäß die Zahlen der Ventralia nehmen ab (vgl. Kap. III), auch Reduktionen in den Zahlen der Sq, V und Sc können auftreten (so z. B. bei den südlichen chinesischen *Holarchus* an den Nordgrenzen ihrer Areale, bei der ostasiatischen *H. formosanus* an den Südgrenzen, in Hainan), bei der pazifisch palaearktischen Scincide *Eumeces chinensis* Gray tritt an den Südgrenzen des Areals (Umgebung von Hongkong, Hainan) nicht selten eine Verminderung der Schuppenreihen von normal 26—24 auf 22 ein. Eine Verarmung der Färbung kann eintreten: *Natrix piscator* in Höhen über 1000 m im Himalaya, sowie in China an den Grenzen und außerhalb der Küstenzone fehlen die grünen und roten Punktlinien indischer Tiere, bei Individuen der Küstenregion finden sich Reste von ihnen; *Natrix stolata* mit roten und blauen Schuppenflecken kommt in China i. a. nicht vor, oder es treten nur Andeutungen dieser Färbungen auf; *Natrix subminiata* zeigt in Höhen über 1400 m (Yünnan) Verminderung des siegellackroten Nackenfleckes, bei der mehr in höheren Lagen heimischen *N. himalayanus* treten solche Verminderungen im Himalaya erst über 1600 m auf. *Naja hannah* ist in China, an der Nordostgrenze ihres Areals, melanistisch verdüstert u. a. — Sexualauszeichnungen können bis zum Schwunde reduziert sein: *Calotes versicolor* ♂ hat in Indien meist zwei, zuweilen drei Schmuckfarben an Kopf und Hals, und diese Sexualauszeichnungen treten nicht selten auch bei alten ♀♀ auf. Bei Hainantieren (♂♂) findet sich nur noch eine dieser Farben, ein lebhaftes Rot; in der Kantoner Gegend habe ich nur noch Tiere mit trüb kupferig-rostigem Anflug an Kopf und Kehle gesehen. Diese Farbänderungen können in gar nicht weit voneinander entfernt liegenden und für menschliche Sinne kaum unterscheidbaren Lebensräumen recht schnell auftreten. So ist *Acanthosaura hainanensis* ♂ in Mittelhainan (etwa 19° n. Br.) ganz grün, mit schwarzem Kopfe; die vermutlich zum gleichen Formenkreis gehörige *Acanthosaura lamnidentata* ♂ hat in Kwangtung auf 24° n. Br. (Lp) junglaubgrüne Schmuckstreifen in den Körperseiten wie seine Gattungsverwandten in den Bergen von Pegu und Tenasserim, auf 24,5° n. Br. (Dr) waren alle Tiere der Art blaugrau[1]), in den Wasserscheidenbergen (M) gegen Hunan, der Nordgrenze des Areals, sah ich nur einfarbig rindengraubraune Individuen ohne jede erkennbare Sexualauszeichnung. Das sind physiologische Reaktionen, wie sie mir in gleicher Feinheit und in annähernd den gleichen Lebensräumen nur von den flugunfähigen großen Laufkäfern der *Coptolabrus*-*Apotomopterus*-Gruppen bekannt geworden sind. Nach den zahlreichen an Insekten gemachten Beobachtungen über größere Sterblichkeit der ♂♂ unter ungünstigen äußeren Verhältnissen, also im Pejus oder Pessimum einer Art, kann es nicht überraschen, daß sich bei *Acanthosaura* parallel der farblichen Veränderung eine Verschiebung in den Verhältniszahlen der Geschlechter wahrscheinlich machen ließ. Unter 7 Tieren der Art von Lin ping (Lp) waren 4 ♂♂, 3 ♀♀ = 57,1% ♂♂,

[1]) Angaben meiner Fänger zu reichlich eingesandtem Alkoholmaterial.

unter 15 Tieren von den genannten Wasserscheidenbergen (M) 4 ♂♂, 11 ♀♀ = 26,6% ♂♂. Der Fang erfolgte an beiden Orten im gleichen Monate (VII).

Ob auch eine Verminderung der Fortpflanzungsfähigkeit erfolgt ist, läßt sich infolge ungenügenden indischen Vergleichsmaterials einstweilen nur zur Frage stellen. Theoretisch denkbar wäre es dann, wenn sich auch die Zahl der Feinde der betreffenden Spezies in gleicher Richtung vermindert hätte.

II. Zur Ökologie chinesischer Reptilien, insbesondere Schlangen.

Größere ökologische Arbeiten über Eidechsen und Schildkröten Indiens oder eines anderen geographischen süd- oder ostasiatischen Gebiets stehen noch aus. Ein Vergleich der ökologischen Verhältnisse größerer geographischer Räume, der die Herausschälung allgemeiner Verhältnisse und Erkenntnisse gestattet, ist also hinsichtlich dieser beiden Gruppen zurzeit nicht möglich. Da aber für Indien die vielen und vorzüglichen Arbeiten Walls über Schlangen vorliegen, sind die folgenden Kapitel vorwiegend oder ausschließlich auf Ophidier beschränkt.

Nach den physikalischen Besonderheiten der bewohnten geographischen Räume lassen sich unter den chinesischen Schlangen und Eidechsen folgende ökologische Hauptgruppen erster Ordnung unterscheiden:

1. Meeresbewohner; Tiere tropischer, weniger subtropischer Gebiete, die das Meer nur zur Ruhe oder überhaupt nicht freiwillig verlassen, ihre gesamte Nahrung aus ihm beziehen und hinsichtlich Morphologie und Vermehrung scharf ausgeprägte Anpassungen an die Besonderheiten des Mediums zeigen (*Hydrophiinae*, z. T. *Acrochordus*). — Solche Anpassungen sind: der Schwanz, häufig auch der Leib im hinteren Drittel oder in der hinteren Hälfte, sind seitlich stark ruderartig zusammengedrückt, die Zahl der Sq ist meist stark und sehr stark vergrößert, die einzelnen Schuppen sind vielfach neben- statt übereinander gelagert

und oft in dornartige Kiele ausgezogen; die V sind vielfach stark rückgebildet und in der Größe nicht mehr von den Sq zu unterscheiden (vgl. auch Kap. V); die Nasenlöcher stehen auf der Kopfoberseite und sind durch Hautfalten verschließbar; die Maulspalte hat zwei kleine Öffnungen für die beiden Zungenäste. Sie können stundenlang (8—12 Stunden beobachtet) submarin aushalten und veratmen dann den Sauerstoff des Meerwassers, den sie durch ihr weiches, blutgefäßreiches Zahnfleisch aufnehmen (G. West). Meeresbewohner sind nächtlich jagende Fischfresser, die sich vivipar oder ovovivipar, und zwar infolge der durch die seitliche Abflachung des Körpers entstandenen Rückbildung des einen Ovars im allgemeinen schwach oder sehr schwach vermehren (vgl. Kap. VII).

2. Süß- und Brackwasserbewohner; Tiere tropischer, subtropischer und südlicher gemäßigter Gebiete, die das Wasser im allgemeinen nur gelegentlich, meist nur zur Ruhe verlassen, ihre gesamte Nahrung aus dem Wasser beziehen und hinsichtlich Morphologie und Vermehrung gewisse Anpassungen an die Besonderheiten des Mediums zeigen (*Homalopsinae, Opisthotropis*). Solche Anpassungen sind: Leibesumfang und Zahlen der Sq sind meist größer, als ihrer Nahrung nach erwartet werden könnte, die Nasenlöcher stehen auf der Kopfoberseite; sie sind, soweit bekannt, nächtlich jagende Fisch-, seltener Froschfresser, *Opisthotropis* (auch *kuatunensis*?) wahrscheinlich auch Evertebratenfresser. Die mittelstarke Vermehrung erfolgt ovovivipar. — Teilweise Anpassungen an Wasserleben zeigen manche wasserjagende Spezies (*Helicops*: Nasenlöcher auf der Kopfoberseite; *Elaphe rufodorsata* und *Natrix annularis*: Ovoviviparität), im und am feuchten Sand und Schlick am Wasser lebende Arten (*Tapinophis*: Nasenlöcher auf der Kopfoberseite), so daß sie am besten als amphibische Formen bezeichnet werden.

3. Subterrane Bodenwühler; vorwiegend tropische Tiere, die ihre unterirdischen Gänge nur nachts (*Riopa, Typhlops*) oder nur bei trübem Wetter (*Xenopeltis*) verlassen, ihre Nahrung unterirdisch gewinnen und Anpassungen an die subterrane Lebensweise zeigen. Solche Anpassungen sind: Glätte, zum Teil bis zu stark irisierendem Glanze der Sq (Reibungsverminderung); bei den aus gesprochensten Wühlern (*Typhlopidae*) ist die Maulspalte hinter das Schnauzenende zurückgezogen, Kopf- oder Analende (oder beide) sind zapfen- oder dornartig verjüngt, das Auge verdeckt, Rücken- und Bauchbeschilderung gleich: Ovoviviparität überwiegt im allgemeinen bei wühlender Lebensweise. Der Glätte der Schuppen wegen glaube ich auch *Trirhinopholis* und *Rhabdops* zu den Bodenwühlern rechnen zu sollen.

4. Bewohner der Erdoberfläche; Tiere, die keins der unter 1—3 und 5 genannten Merkmale besitzen und ihre gesamte oder den größten Teil ihrer Nahrung auf dem Grunde gewinnen. Hierher gehört das Gros der chinesischen Schlangen, auch die vielfach im Wasser ruhenden und gelegentlich oder als Regel im Wasser jagenden *Natrix* (*piscator*, die Tiere der *annularis*-Gruppe[1]), die gelegentlich auf Bäumen Nester plündernde *Ptyas*, die tags vielfach auf Bäumen und Büschen ruhenden *Trimeresurus g amineus* und *Python*.

5. Supraterrane Tiere; Baum- und Hauskletterer, die nur gelegentlich auf den Boden kommen, ihre gesamte oder den größten Teil ihrer Nahrung oberirdisch gewinnen, und von denen die meisten nach Morphologie und Vermehrungsart Anpassungen an die Besonderheiten ihrer Lebensweise besitzen (*Geckonidae*; *Draco*, *Calotes*; *Platy-*

---

[1]) Vielleicht sind auch die der *vibakari-sauteri*-Gruppe und *Natrix parallela*, wenigstens zum Teil wasserjagende Formen.

placopus; *Lycodon*, *Dinodon*, *Elaphe prasina*, *Rhadinophis*, *Ahaetulla*, *Dryophis*, *Chrysopelea*, vielleicht auch *Boiga*). Solche Anpassungen sind: Haftlamellen oder Haftpolster auf der Zehenunterseite, Krallen, mit Hilfe der Rippen spreizbare Hautfalten, stark verlängerter Schwanz, schlanker Körper, Seitkante der V[1]), geringe Vermehrung, supraterrane Eiablage oder Ovoviviparität. Als halb supraterrane Tiere lassen sich in der Regel oder vielfach im Gezweig ruhende, also während der Inaktivitätsperiode supraterrane, aber ihre Beute überwiegend oder ausschließlich auf dem Grunde gewinnende Spezies bezeichnen. Sie besitzen morphologische Eigentümlichkeiten, die als Förderungsmittel beim Klettern oder Ruhen im Gezweig dienen können. Solche sind: ein langer, schlanker Körper, sowie Seitkante der V (*Ptyas*, insbesondere *korros*), ein zum Verankern im Geäst nützlicher Greifschwanz[2]) (*Python*,

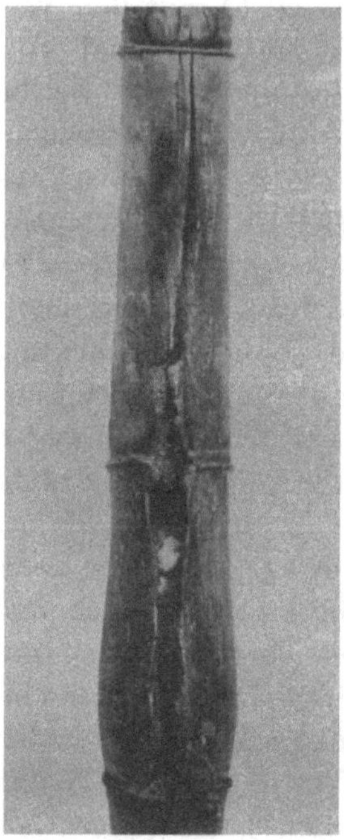

Fig. 1. Gelege der Lacertide *Platyplacopus kühnei* (v. Denb.) in einseitig gespaltenem, aber lebendem Gliede des chinesischen Papierbambus (*Phyllostachys puberula* Honz. de Lahor.); Nordkwangtung (Lp, 25. VII. 1920).

[1]) Die einzige hydrophiine Schlange mit ausgesprochener Kletterneigung, *Laticauda colubrina* (Schneid.), die als Regel an Hauspfeilern, Stämmen, Pfosten, Felsen u.ä. Orten emporklettert, um dort zu übertagen, hat allein unter den Hydrophiinen einen Seitkiel der V. (funktionelle Anpassung).

[2]) Er ist nicht Anpassungserscheinung an supraterrane Lebensweise, wohl aber Förderungsmittel bei solcher und ist vielleicht dadurch

Trimeresurus gramineus, Psammodynastes). Vielleicht ist auch der brettartig flache Körper der vielfach im Gezweig ruhenden *Amblycephalus* nach dieser Richtung hin deutbar.

Gebiet	Gesamtzahl der Spezies	Meerestiere		Süßwassertiere		Subterrane Tiere		Supraterrane Tiere		Erdbewohner	
		Zahl	%	Zahl	%	Zahl	%	Zahl	%	Zahl	%
Brit.-Indien . .	320	23	7,2	11	3,4	67	20,9	48	15	171	53,5
N.-O.-Indien . .	176	19	10,8	10	5,7	12	6,8	29	16,5	106	60
Südl. China[1]) . .	93	16	17,2	7	7,5	3	3,3	9	9,6	58	62,4
Mittelchina, südl. vom Yangtse .	44	6[2])	13,6	3 (2)[3])	6,8	1	2,3	1	2,3	33	75,0
China, nördl. vom Yangtse . . .	16	3	18,8	—	—	—	—	—	—	13	81,2
Westchina . . .	46	—	—	(1)	2,2	2	4,3	3	6,5	40	87,0

Anmerkungen zur Tabelle. Die Gesamtzahl der Spezies nimmt also nach Norden zu sehr stark ab, von Nordostindien (etwa 25° n. Br.) bis zum nördlichen Mittelchina (etwa 34—35° n. Br.), also etwa 1000 km nördlich, auf europäisch-mediterrane Verhältnisse übertragen bis zur Breite von Zypern, Kandia, der Oase Biskra oder Fes,

---

entstanden, daß die genannten Spezies ihn auf der Erdoberfläche beim Stoße gegen die Beute als Widerlager um ein Stämmchen schlangen oder in Unebenheiten des Bodens preßten. Er ermöglicht ihnen, an zweiglosen dünnen Stämmen (auch Bambus, polierten Holzstäben) einen besonderen Klettermodus: sie schlagen den Greifschwanz fest herum, schieben Kopf und Leib hoch, ringeln ihn dort um und ziehen das Analende nach. Auch die kurzschwänzigen *Lycodon fasciatus* können das annähernd so, bei langschwänzigen Arten habe ich es nicht gesehen.

[1]) Südliches China = Kwangtung (einschließlich Hainan), Kwangsi und Fukien.

[2]) Es sind mehr Spezies zu erwarten.

[3]) Die Zahlen in Klammer beziehen sich auf amphibische Tiere (*E. rufodorsata, Natrix* der *annularis*-Gruppe, *Helicops*).

sinkt die Zahl der Spezies von 176 auf 16 = 9%, das ist weit weniger (64%) als auf der atlantischen Seite der paläarktischen Region (25 Spezies von der genannten Linie nach Norden). Ähnliche Verhältnisse zeigen sich bei der Gegenüberstellung indischer und chinesischer Gebiete gleicher Breite. Nordostindien, das ist Bengalen, Nepal, Sikkim, Assam, Birma, beherbergen 176 Schlangenspezies (55% vom ganzen Britisch-Indien), Yünnan, Kwangsi, Kwangtung mit Hainan, Fukien = 110 Spezies, das sind zwar 90% vom gesamten China, aber nur 63% von dem verglichenen, räumlich kleineren indischen Gebiete. In dem Nordindien benachbarten Yünnan fehlen die indischen Tiefländer, im Si kiang-Gebiete die indischen Gebirge und in beiden chinesischen Provinzen, sowie in allen großen geographischen Räumen Ostasiens einerseits der die kalten Winterwinde abhaltende hohe Gebirgswall im Norden, andererseits die natürlichen Vegetationsformen, insbesondere die Wälder. Wo der Wald geschlagen wurde, verschwanden die Bodenwühler des Waldhumus, die Baumkletterer und andere an den Wald gebundene Formen, deren Anteil an der Zusammensetzung der indischen Fauna so beträchtlich ist.

Noch schneller als die Zahl der Gesamtspezies sinkt die der spezialisierten Formen, und nördlich der Yangtsemündung, d. h. also etwa über 32,5° n. Br. hinaus, kommen echte Wasserschlangen, Bodenwühler und supraterrane Tiere nicht mehr vor. Nur noch 2 Gelegenheitskletterer (*Elaphe taeniura, Coluber spinalis*) finden sich, und drei amphibische Tiere (*Natrix annularis, percarinata, Elaphe rufodorsata*) haben hier ihre Nordgrenze. Der relative Anteil der hinsichtlich ihres Mediums am wenigsten spezialisierten Oberflächenbewohner wächst demgemäß in gleicher Richtung (von 53 auf 81, in Westchina auf 87%). Die Zahlen wasserbewohnender, insbesondere mariner Spezies sinken nach Norden zu gleichfalls beträchtlich, infolge der physikalischen Besonderheiten des Wassers aber nicht so stark, wie die terrestrischer Formen, so daß ihr prozentualer Anteil von Süden nach Norden steigt. Der Hafen von Tsingtao und der Golf von Siam, rund 3000 km nordsüdlich voneinander entfernt, haben infolgedessen 3 Schlangenspezies gemeinsam, wenigstens in den heißen Zeiten des Jahres, während die diesen Meeren benachbarten Küsten nicht nur kein Reptil, sondern außer Kosmopoliten überhaupt keinen landbewohnenden Vertebraten gemeinsam besitzen.

Nahrung. Sie ergibt sich bei manchen der genannten ökologischen Hauptgruppen aus der Wahl des Mediums, bzw. der ökologischen Schichtstufe. Wasserbewohner (See-, Brack-, Süßwasser) sind nahezu ausschließlich Fischfresser[1]; unter den chinesischen Wasserschlangen nähren sich wahrscheinlich nur die kleine Tümpel bewohnenden *Opisthotropis* gelegentlich oder zeitweise auch von Evertebraten. Auch Feuchtlandbewohner nähren sich von Fröschen und Fischen. — Bodenwühler (*Typhlops, Trirhinopholis, Rhabdops* u. a.) sind im allgemeinen Kleintier- (Insekten-, Würmer-) Fresser, manche von ihnen haben sich auch für Schlangen spezialisiert (*Cylindrophis*), andere nehmen außer Schlangen auch Warmblütler (*Xenopeltis*). — Supraterrane Schlangen sind in China überwiegend Eidechsenfresser, was sich schon daraus vermuten läßt, daß nur 10% der Frösche, aber 37,5% der Eidechsen Südchinas klettern. Vielleicht hängt es mit dieser Neigung der Schlangen zusammen, daß supraterrane Frösche weniger Furcht vor ihnen zeigen als bodenbewohnende.[2]) *Geckonen* sind viel-

[1]) *Enhydris plumbea* scheint Froschfresser, einige Seeschlangen bevorzugen Tintenfische, manche amphibischen Tiere nehmen wahrscheinlich außer Fischen auch Batrachier.

[2]) Erdbewohnende Raniden flüchten bei Erkennung von Schlangen in größten Sätzen. *Polypedates leucomystax* drückten sich, von Schlangen

fach Hauskletterer geworden; in Gegenden, wo die Häuser zwischen Bäume gelagert sind, folgten ihnen die eidechsenfressenden Kletterschlangen (*Lycodon, Dinodon*). Da, wo der größte chinesische Gecko, *Gecko gecko* (L.), Haustier geworden ist, z. B. in Bangkok, ist das auch seine Hauptfeindin und fast alleinige Verfolgerin, die Schmuckbaumschlange (*Chrysopelea ornata* [Shaw]). Ähnliche Beziehungen zwischen supraterranen Eidechsen und Schlangen zeigen sich auch, wenn man in Südchina von der Küste nach Norden wandert. In den dürftigen Regenwaldresten der indochinesischen Küstenzone einschließlich Hainan haben sich noch 7 supraterrane Schlangen, meist sehr lokal und einzeln, gehalten; im Montanwald von 24° n. Br. aufwärts finden sich noch 2 von ihnen als Seltenheit. Im Bambuswald etwa der gleichen Breiten hat sich plötzlich nicht nur eine neue Spezies, sogar ein neues Genus von Schlangen, ein Osthimalayadeszendent (*Rhadinophis*), für Baumleben spezialisiert. Läßt sich eine ökologische Ursache erkennen? Eine Eidechse, *Platyplacopus kühnei* v. Denb., ein Absproß der pazifisch palaearktischen *Takydromus*, ist Bambuskletterer geworden, die colubrine *Rhadinophis melli* Vogt ist ihr gefolgt und hat sich anscheinend für sie spezialisiert.

Von manchen Baumschlangen werden auch Eier und Nestjunge von Vögeln als Nahrung genommen; aus Ostasien sind mir Verfolgungen von Vögeln und Vogelbrut durch Schlangen nur von Gelegenheitskletterern, *Ptyas mucosus*, *Elaphe taeniura* und *Elaphe schrenckii* (im Magen ein aus-

---

bezüngelt, mit der dem Angreifer zugekehrten Seite breit auf den Boden, so daß es den Schlangen unmöglich oder sehr erschwert war, einen Biß anzubringen. Diese Abwehrreaktion erinnert an die von Kröten, gewinnt aber dadurch besondere Bedeutung, daß sie von sehr sprungfähigen Tieren ausgeübt wird, und daß sämtliche baumbewohnenden Schlangen im Erfahrungsbereich ungiftig oder opisthoglyphe Giftschlangen sind. — Vgl. auch S. 112.

gewachsener Kiebitz) und Halbbaumschlangen (*Boiga*) bekannt geworden.

Grundbewohnern kommen verschiedenartigere freßbare Objekte vor das Gesicht als den hinsichtlich Medium und Vertikalraum spezialisierteren Sippen, und viele von ihnen fressen vermutlich, was sie verschlingen können (*Ptyas, Naja naja*: Kleinsäuger, Vögel, Vogeleier, Frösche, Schlangen, *Naja* auch Eidechsen), aber im allgemeinen läßt sich nach Spezies, Ort und Lebensalter eine deutliche Bevorzugung einer bestimmten Beutegruppe erkennen, und absolute (Muskelkraft) und relative (Giftzähne) Stärke, Wehrhaftigkeit und Aktivität von Jäger und Gejagtem stehen natürlich in gewissem Zusammenhange. Kleinsäuger- (Muriden-) Fresser besitzen starken oder sehr starken (*Python, Xenopeltis*) oder kräftig muskulösen Leib und ebensolchen und lang ausgezogenen Schwanz (*Ptyas, Elaphe*) oder Giftzähne (*Viperiden*). Die in bezug auf europäische Schlangen allgemein bekannte Beobachtung, daß aglyphe Nattern, frei am Schwanze nach unten gehalten, ihren Vorderleib bis zur haltenden Hand aufrichten können, Giftschlangen nicht, trifft auch auf die mir im Leben bekannten asiatischen Spezies zu. Die großen *Ptyas, Elaphe, Zaocys* heben sich frei bis zur Höhe der Hand, noch öfter klettern sie an ihrem eigenen Leibe nach oben. Von *Naja hannah*, die im Freien klettert, möchte man glauben, daß sie rein muskulös letzteres auch kann; sie kommt aber anscheinend „nicht auf den Gedanken", es zu tun, sondern versucht, wie die meisten *Elapinen* und *Viperiden* in gleicher Lage, sich seitlich werfend, den Gegner zu beißen. — Ob unter Froschfressern des gleichen Lebensraums eine Spezialisation eingetreten ist, wissen wir nicht. Frosch nahezu aller ökologischen Formationen im südlichen China und eine Hauptnahrung der kleineren *Natrix* (*stolata, subminiata*) dieser Gebiete ist *Rana limnocharis* Wiegm.

Natrix piscator L. und *Ptyas mucosus* (L.) nehmen in der Hauptsache *Rana guentheri* Blngr., letztere sah ich auch mit *Rana tigrina* Daud. und *R. limnocharis* im Maule, bei *Trimeresurus gramineus albolabris* Gray (juv.) fand ich *Microhyla pulchra* (Hall.) und bei *Trim. gr. stejnegeri* Schmidt (ad.) *R. spinosa* Dav. im Leibe. *Zaocys nigromarginatus* (Blyth) beobachtete ich auf der Jagd nach letzterem, *Psammodynastes* attackierte einen *Rhacophorus leucomystax* Grvhst. — Evertebraten- (Würmer-, Nackt- und Gehäuseschnecken-, Insekten-, Myriopoden-) und Eifresser scheinen hinsichtlich ihrer Nahrungswahl im einzelnen unspezialisiert. Sie sind inaktiv, selbst von den 700—900 mm großen *Holarchus* wurde Beißen oder Drohen gegen Menschen nicht, von den ebenso großen *Liopeltis* nur selten beobachtet. Sonderanpassungen an Einahrung hinsichtlich der Bezahnung oder der Ausscheidung von Schalenresten (wie bei *Dasypeltis*) sind unter chinesischen Schlangen ebensowenig bekannt geworden wie etwa solche an Gehäuseschnecken als Nahrung.

Nach der von ihnen vorwiegend[1]), fast ausschließlich oder ausschließlich gewählten Nahrung lassen sich unter den nicht meeresbewohnenden chinesischen Schlangen 9 Hauptgruppen unterscheiden. Unsere Kenntnis über die Ernährungsart ist aber bei sehr vielen Spezies nur auf recht vereinzelte Fälle begründet, so daß möglicherweise

[1]) Ich möchte, wie aus diesem Worte hervorgeht, wenn ich z. B. im folgenden *Helicops* als Batrachierfresser bezeichne, nicht sagen, daß sie nicht auch Fische frißt, oder, wenn ich eine Spezies als Eidechsenfresser bezeichne, daß sie nur Eidechsen annimmt und verhungert, wenn sie solche nicht findet oder erhält. Wahrscheinlich lassen sich vertraut gewordene und nicht ausgesprochen chemotaktisch spezialisierte Arten in Gefangenschaft auch zur Annahme von Nahrung bewegen, die ihnen im Freien unbekannt war. Einzelheiten finden sich in Kap. 3 und im gleichzeitig erscheinenden speziellen Teile dieser Arbeit.

bei vergrößerter Erfahrung manche Arten anders gruppiert werden müssen.

1. Großwarmblütlerfresser[1]) (ausschließlich nächtlich: *Python*).

2. Kleinwarmblütler-, in erster Linie Muridenfresser [a) tagjagende Formen: die meisten *Elaphe*, b) nachtjagende Formen: *Vipera*, *Trimeresurus*, *Agkistrodon acutus*).

3. Warm- und Kaltblütlerfresser [a) tags jagend: *Ptyas*; b) tags und abends jagend: *Naja naja*, *Trimeresurus gramineus*; c) nachts jagend: *Agkistrodon*[2])].

4. Batrachierfresser [ausschließlich tags jagend, a) Batrachierfresser: *Natrix*, *Helicops*, b) Großbatrachierfresser: *Zaocys*, *Macropisthodon*].

5. Batrachier- und Eidechsenfresser [a) tags jagende Tiere: *Pseudoxenodon*, *Psammodynastes*, b) nachts jagende Tiere: *Dinodon rufozonatum*, *Boiga*[3])].

6. Eidechsen-, seltener Schlangenfresser [a) tagjagende Bodentiere: *Coluber spinalis*, *Sibynophis*; b) tagjagende Busch- und Baumkletterer: *Chrysopelea*, *Rhadinophis*, *Dendrophis* (= *Ahaetulla*), *Dryophis*; c) nachtjagende Haus- und Baumkletterer: *Lycodon*, *Dinodon*].

7. Schlangenfresser [alle nächtlich jagend, a) Großschlangenfresser: *Naja hannah*, *Bungarus*; b) Kleinschlangenfresser: *Calliophis*, *Hemibungarus*?].

8. Evertebraten- und Eifresser [a) subterrane Insekten- und Wurmfresser: *Typhlops*, *Rhabdops*, *Trirhinopholis*; b) Wasser- und Wasserrandbewohner: *Opisthotropis*, *Tapinophis*; c) tagmuntere Bodenbewohner: *Natrix nucha-*

---

1) In China dürften auch sie sich — gezwungen — überwiegend von Ratten nähren.

2) Siehe auch S. 105.

3) Es wurden auch einzeln Nestvögel in ihrem Leibe gefunden.

Verteilung dieser ernährungs-
großen kontinentalen ost-

Geogr. Gebiet	Gesamtzahl der Spezies[1]	Groß-warm-blütler-fresser		Kleinwarm-blütlerfresser		Warm- u. Kalt-blütler-fresser	
		Spezies	Anteil in %	Spezies	Anteil in %	Spezies	Anteil in %
Britisch Indien	274	2	0,7	22	8,0	32	11,7
Nordindien	131	2	1,9	15	11,4	15	11,4
Südliches China	66	1	1,4	8 (7 ?)	12,2	6	9,1
Südliches Mittelchina . . .	32 (34)	—	—	6[2] (8)	18,7 (23,5)	5	15,6
China nördl. vom Yangtse .	12	—	—	5	41,6	2	16,6
Westchina	46	—	—	9	19,6	5	10,8

lis und *sauteri*, *Liopeltis*, *Calamaria*; d) nachts jagende Bodentiere: *Achalinus*; e) kletternde nächtliche Schneckenfresser: *Amblycephalus*; f) vorwiegend tags muntere Eifresser: *Holarchus*, *Trimerodytes* ?].

9. Fischfresser [a) tags jagende: *Elaphe rufodorsata*, *Natrix annularis* — auch *N. percarinata* und *aequifasciata* ?; b) nachts jagende: *Enhydris* — *Opisthotropis kuatunensis* ?]

Monophag im Sinne dieser Zusammenstellung sind alle Schlangenfresser, manche Batrachierfresser, die fischfressenden *Enhydris* (d. h. alle außer *plumbea*), vielleicht auch manche der nächtlich jagenden Eidechsenfresser. Die muridenfressenden *Elaphe* (*dione* u. a.) und *Trimeresurus* sind es wohl wenigstens im geschlechtsreifen Stadium (vgl. Kap. III, S. 137).

[1]) Die hier genannten Gesamtzahlen beziehen sich nur auf Spezies, über deren Ernährung Angaben bekannt geworden sind.

[2]) Die im Mo kan shan gefundenen *Elaphe porphyracea* und *Trimeresurus monticola* sind nicht mitgezählt, weil ich den Mo kan shan als nordöstlichen Eckpfeiler der Osthimalayana und nicht als mittelchinesisches Gebiet betrachte. Will man sie einbeziehen, so ergeben sich die Zahlen in Klammern.

biologischen Gruppen auf die
und südasiatischen Erdräume

Batrachierfresser		Batrachier- u. Eidechsenfresser		Eidechsen- u. Schlangenfresser		Schlangenfresser		Evertebraten- u. Vertebratenfresser		Evertebraten- u. Eifresser		Fischfresser	
Spezies	Anteil in %	Spezies	Anteil in %	Spezies	Anteil in %	Spezies	Anteil in %	Spezies	Anteil in %	Spezies	Anteil in %	Spezies	Anteil in %
25	9,1	10	3,6	32	11,7	31	11,4	8	2,9	101	36,9	11	4,0
17	13	5	3,8	14	10,6	15	11,4	7	5,3	31	23,6	10	7,6
12	18,2	5	7,5	8	12,2	4	6,1	3	4,5	15	22,7	4	6,1
7	21,9	2	6,3	3	9,3	2	6,3	—	—	5	15,6	2	6,3
4	33,3	—	—	1	8,5	—	—	—	—	—	—	—	—
17	36,9	3	6,5	5	10,8	1?	2,4	—	—	6	13,0	—	—

Erläuterungen zur vorstehenden Tabelle. Man ist zunächst geneigt, anzunehmen, daß unter den hohen Spezieszahlen von Schlangen äquatornaher Gebiete Großtiere, die wiederum große Beutetiere fressen, überwiegen. Tatsächlich stehen die Kleinwarmblütler-, in erster Linie Muridenfresser, an sechster, die Großwarmblütlerfresser zahlenmäßig an letzter Stelle. Die vorstehende Tabelle zeigt, daß die bei weitem an Artenzahl stärkste Gruppe Südasiens die der Evertebratenfresser ist, das sind Tiere, die im allgemeinen unter 600 mm Gesamtlänge bleiben. Von den 274 Schlangenspezies Britisch-Indiens, über deren Nahrung Beobachtungen bekannt geworden sind, fressen 101 = 36,9% Evertebraten oder Eier; zieht man die beides, Evertebraten und Vertebraten, fressenden Formen hinzu, so steigt das Verhältnis auf 39,8%.[1]) Die

[1]) Ähnlich liegen die Verhältnisse — trotz ungenügender Durchforschung gerade hinsichtlich der kleinen und verborgen lebenden Evertebratenfresser — auf den Inseln der orientalischen Region; auf Ceylon sind unter 63 Spezies Landschlangen 22 = 34,9% Evertebratenfresser, auf Java von 88 Spezies nachgewiesener Landschlangen 36 = 40,9%,

Mehrzahl (63 %) davon sind subterrane Formen, die also dem nicht speziell auf ihren Fang ausgehenden Beobachter wenig zu Gesicht und so für das Freilandfaunenbild wenig in Betracht kommen. Ihre Artenzahl nimmt in horizontal und vertikal höheren Lagen stark ab: in Nordindien beträgt ihr Anteil nach 23,6, in Südchina 22,7, im südlichen Mittelchina 15,6, im hochgebirgigen Westchina 13 % der Gesamtzahl. Diese starke Abnahme kann drei Ursachen haben: a) solche des Wärmebedarfs; die betreffenden Formen scheinen stenotherm und fehlen schon in Gegenden mit ausgesprochener Trockenzeit, für die ja bekanntlich größere Tages- und größere Jahresschwankungen charakteristisch sind; b) solche mechanischer Art; die wurm- und insektenfressenden Mulmbewohner des tropischen Regenwaldes fehlen, wo im Walde mehr nördlicher Gebiete Grasnarben und Stauden den Boden bedecken und fest machen; c) Ernährungsschwierigkeiten der Eifresser; die Sexualperiode schwankt in Britisch-Indien bei manchen Reptilienspezies am gleichen Orte um 6—8 Monate, und es finden sich also Eier durch das ganze Jahr, bzw. die ganze Aktivitätsperiode der Tiere. Infolge einer beinahe winterlichen Trockenzeit der Wendekreisgegenden oder eines ausgeprägten Winters weiter nördlich ist die Sexualperiode dort enger begrenzt, meist auf die Zeit nach der Überwinterung beschränkt, und Eier finden sich im allgemeinen nur etwa von Juni bis Mitte August. In den Monaten Ende März bis Ende Mai und wieder von Mitte August bis Ende Oktober oder Mitte November müssen sich dort die Eifresser mit anderer Nahrung behelfen; Spezialisten für Einahrung würden und werden so ausgemerzt.

In weitem Abstande hinter den Evertebratenfressern folgen Tiere, die Warm- und Kaltblütler (11,7 %), vor-

auf Sumatra von 116 Spezies 41 = 35,3 %, auf den Philippinen von 104 Schlangenformen 37 = 35,6 % Evertebratenfresser.

wiegend Eidechsen (11,7%) und hauptsächlich oder ausschließlich Schlangen fressen (11,4%[1]). Die Zahlen der Schlangenfresser zeigen nach Norden zu eine ähnlich starke Abnahme wie die der Evertebratenfresser (in China im Durchschnitt von 11,5 auf 6,2%), wahrscheinlich deshalb, weil ihre Jungtiere sich vorwiegend von bodenwühlenden Evertebratenfressern nähren, deren Artenzahl — wie eben erwähnt — nach Norden zu sehr stark abnimmt und auch durch Individuenmenge der gebliebenen Formen (*Typhlops braminus*, *Calamaria septentrionalis*, *Achalinus*) nicht ausgeglichen wird. Die Zahl der Eidechsenfresser scheint im Süden und Norden etwa gleich groß. Vielleicht steht diese Erscheinung mit der anderen in Beziehung, daß zwar die Artenzahl der Eidechsen nach Norden zu stark abnimmt, dagegen aber die Individuenmenge mancher Spezies in horizontal höheren Lagen (*Takydromus septentrionalis*, *Eumeces elegans* in Mittelchina, *Eremias argus* in Nordchina) oder vertikal höheren Lagen (*Takydromus septentrionalis*, *Sphenomorphus indicus* in Süd- und im südlicheren Mittelchina) Lagen zu Zahlen anwächst, wie ich sie aus den tieferen Lagen Südchinas von keiner Spezies kenne, wobei allerdings die Armut an natürlichen Vegetationsformen eine nicht unbeträchtliche Rolle spielen mag.

Aus dem gleichen Grunde wie die Meeresbewohner (vgl. S. 78—79) lassen auch die nicht salzwassergebundenen Fischfresser eine prozentuale Zunahme nach Norden erkennen (Indien 4, Mittelchina 6,3%). Eine sehr starke Zunahme in horizontal und vertikal höheren Lagen zeigen die Gruppen der Batrachierfresser (Sumatra 7,6, Java 8, Ceylon 7,8, Indien 9,1, Nordindien 13, Südchina 18,2, Mittelchina 21,9, Nordchina 33,3, Westchina 36,9%) und

[1]) Das Verhältnis in den Philippinen ist 10,6, in Java, Sumatra, Ceylon = 8,0 bzw. 6,7 bzw. 6,4%.

der Muridenfresser (Indien einschließlich Ceylon 8, Nordindien 11,4, Südchina, 12,2, Mittelchina 18,7, Westchina 19,6, Nordchina 41,6%). Für die infolge ihrer Jugendstadien ans Wasser gebundenen Batrachier läßt sich gegenüber den Reptilien eine von Süden nach Norden steigende prozentuale Anteilnahme der Spezies an der Faunenzusammensetzung erkennen und als Grund für die gleichgerichtete Zunahme der batrachierfressenden Schlangen zum wenigsten wahrscheinlich machen. — Vergleichsreihe zur relativen Zunahme der Batrachier- gegenüber den Reptilierspezies von Süden nach Norden:

Gebiet	Geogr. Breite	Absolute Zahlen		Anteil d. Amphib. (A = ?/100R)
		Reptil.	Amphib.	
Deutschland	47,5—55° n. Br.	12	19	158 %
Mandschurei, Amurland.	etwa 45—50° n. Br.	6	9	150 %
China nördl. v. Yangtse.	31 —41° n. Br.	25	26	104 %
Hochgebirg. Westchina .	22 —32° n. Br.	79	43	54 %
Südl. China m. Hainan .	18 —25° n. Br.	128	53	42,4%
Philippinen	6 —18° n. Br.	204	66	32,3%[1]
Ceylon	6 —10° n. Br.	97	37	38 %
Sumatra	0 —6° n. u. s. Br.	116	48	41 %[2]
Java.	6,0—8,5° s. Br.	122	37	30 %

Der relative Anteil der Batrachierspezies steigt also gegenüber dem der Reptilierarten in der Faunenzusammensetzung Ostasiens vom Äquator bis zum 40. Grad n. Br. auf das Dreifache. Daraus läßt sich nur schließen, daß der erste lebenswichtige Faktor für Reptilien Wärme, für Am-

[1]) Viele Gegenden der Philippinen gehören zu den am wenigsten durchforschten Gebieten Südostasiens; die Zahlen werden sich also wohl beträchtlich erhöhen.

[2]) Die relativ hohe Zahl läßt sich vielleicht mit dem Hochgebirgscharakter der Insel in Beziehung setzen?

phibien Wasser ist, ganz abgesehen davon, daß die Spezieszahl allein keinen Schluß auf die Bedeutung einer Gruppe für Faunenbild, Ökologie oder Ökonomie eines Gebiets erlaubt.[1]) Da aber der Anteil der batrachierfressenden Schlangen in gleicher Richtung und Entfernung mit dem der Batrachier auf das 3,6fache steigt, so läßt sich wohl ein Zusammenhang beider Erscheinungen in Ostasien als sehr wahrscheinlich annehmen. Nördlich vom 40. Grad nimmt der relative Anteil der Batrachier weiter zu und steigt in Ostasien vom 45. Grad aufwärts auf 150, in Deutschland (47,5—55°) auf 158%, die Zahl der batrachierfressenden Schlangen sinkt jedoch, in Deutschland auf 16, in Ostasien auf 0%, und die Muridenfresser dominieren. Der Anteil der Muridenfresser unter den Schlangen steigt vom 5.—40. Grad n. Br. in Ostasien von 8 auf 41,6%, also auf das Fünffache, in Deutschland sind 3 von 6 Schlangenspezies (50%) Warmblütlerfresser, in Nordostasien 3 von 5 (60%), die übrigen sind Warm- und Kaltblütlerfresser.

Unter den relativ zahlreichen Amphibienarten dieser nördlichsten beiden Gebiete (19 bzw. 9) überwiegen zwar Formen, die im allgemeinen von Schlangen verschmäht werden (Molche, Kröten, Unken), und die Zahl der von Ophidiern bevorzugten Raniden beträgt nur 5 (Deutschland) bzw. 3 (Nordostasien), aber deren Individuenmenge sollte vermuten lassen, daß sie zur Ernährung mehrerer Schlangenspezies ausreichten. Wenn trotzdem nördlich von 45° Muridenfresser dominieren, so könnte das vielleicht mit der physiologischen Nötigung zur Zufuhr kalorienhaltigerer Nahrung auch für Kaltblütler kühlerer Erdräume zusammenhängen.

---

[1]) So gibt es in Deutschland z. B. 12 Arten Pieriden, aber 26 Spezies Aegeriiden, die letzteren verschwinden aber gegenüber den Pieriden hinsichtlich Individuenzahl und faunistischer, ökologischer und wirtschaftlicher Bedeutung.

Zur Untersuchung der Frage, ob auch die Zahlen der Muridenspezies von Süden nach Norden in ähnlicher Weise zunehmen wie die der sich von ihnen nährenden Schlangen, reichen meine Unterlagen zurzeit nicht aus. Für das mir genauer bekannte Südchina läßt sie sich bejahen: aus Ebene und Hügelland der indomalayischen Küstenzone kenne ich 7 Spezies Muriden, davon 2 durch Schiffsverkehr verschleppt und selten, aus den Hügel- und Bergländern der südchinesischen Osthimalayana 10 Spezies, das ist ein Verhältnis wie 7 : 10, recte wie 1 : 2. Die Häufigkeit der einzelnen Spezies mag im Norden (Bergland) und Süden (Tiefland) des Gebiets etwa gleich sein, ausgenommen in und um große menschliche Siedlungen, wo die Muriden (*M. flavipectus, griseipectus, norvegicus*) als Wohnungs- und Vorratsparasiten des Menschen sich so stark vermehren konnten, weil ihre Feinde ihnen vielfach dahin nicht zu folgen vermochten.

Wie finden Schlangen ihre Beute? *Python, Dryophis, Vipera, Trimeresurus* u. a. lauern, so lange der Hunger noch nicht zu fühlbar ist, und stoßen plötzlich mit großer Geschwindigkeit auf das in ihre Reichweite gelangte Tier. Bei stärkerem Hunger gehen wohl alle Schlangen auf Nahrungssuche. Die erste Feststellung von Beutetieren erfolgt, wahrscheinlich in höherem Grade bei nachtjagenden Formen, durch die chemischen Sinne, durch das Zusammenwirken von Zunge und Jacobsonschem Organ. Die so festgestellte Spur einer Beute wird bis zur optischen Wahrnehmung des Tieres verfolgt (über das Dominieren des stärksten Reizes vgl. man Kap. VIII, S. 239ff.). Wie erfahrene Kriminalisten gehen manche auf der Nahrungssuche das Gelände ab, bohren in jede Höhlung, unter jeden Stein und jedes Genist, züngeln durch das Pflanzengewirr am Bachufer (*Natrix, Ptyas, Zaocys, Naja hannah*), gleiten ruhig, kaum merklich, durch Binsen und Schilf im Teiche

(*Enhydris*) oder liegen in Deckung gepreßt, die Beute im Auge, bis sich Gelegenheit zum Näherpirschen und Vorstoße bietet (*Zaocys*).

Manche, wie *Naja*, *Elaphe*, *Ptyas*, streifen auf der Nahrungssuche weit umher. Andere, besonders nachtjagende Muridenfresser, haben einen geringen Aktionsradius und wohnen im allgemeinen im oder am Biotop ihrer Beute. So lebt *Vipera russellii* (Shaw) im Küstengebiete von Kwangtung in den Dornbuschrändern um Feld, Weg, Dorfmark, die das Vieh von den Feldern abhalten sollen, *Trimeresurus mucrosquamatus* (Cant.) in Wäldern Nordkwangtungs, *Trimeresurus monticola* (Gthr.) in Hochebenen Yünnans an den Rändern menschlicher Siedlungen, und sie folgen den Ratten auch vielfach in die Gebäude. Von etwa 35 *Trimeresurus mucrosquamatus* meiner Sammlung fanden wir[1]) nur ein Tier tags draußen im Walde zusammengeringelt am Fuße eines Baumstammes liegen, alle anderen an und in Gebäuden am Waldrande. — Beibehalten des gleichen Gebiets durch eine Aktivitäts- bzw. Sexualperiode oder auch länger ist wohl Regel, läßt sich aber infolge des allgemein in China gegen die Natur geführten Kampfes mehr ahnen als nachweisen. Wahrscheinlich bewohnt auch ein Reptil ein gewisses Gebiet so lange, wie es ausreichend Nahrung dort findet — ohne aber im einzelnen stets das gleiche Versteck zu bevorzugen — oder bis es durch Verfolgung aus ihm vertrieben wird. *Python* verstehen es trotz ihrer Größe meisterlich, sich unsichtbar zu machen, und der äußerste, zahlenmäßig nachweisbare Fall einer Platzbehauptung ist mir von einer solchen bekannt. Ich kannte und „besuchte" ein Tier von schätzungsweise 3,5 m Länge im gleichen, nicht großen, aber versteck- und rattenreichen Waldreste bei Kanton (Lung ngahn dung)

[1]) Meine chinesischen Sammler und ich.

fast genau 3 Jahre, bis es durch Soldaten als Küchenfleisch eingefangen wurde.

Die Verfolgung fliehender Beute wird mit einer, dem speziellen Temperamente entsprechenden Lebhaftigkeit betrieben. Die Geschwindigkeit von Schlangen ist — ebenso wie ihre Länge — im Freien stets überschätzt worden. Im allgemeinen läßt sich etwa sagen, daß die Höchstgeschwindigkeit fliehender oder jagender Schlangen weniger als die Hälfte von Menschen unter gleichen Umständen beträgt.[1]) Auch freie Sprünge von oben nach unten kommen vor, besonders bei supraterranen Schlangen mit ausgesprochenem Seitkiel der Ventralia (*Chrysopelea*, *Ahaetulla*). Ein von Flower gemessener Sprung einer mittelgroßen *Chrysopelea ornata* (Shaw) führte 2,50 m weit, andere beobachtete wurden auf 6—7 m geschätzt, und alle erfolgten vom Rundknäuel aus. Vor dem Absprunge einer in der Hand gehaltenen *Chrysopelea* fühlt man, wie die Schlange sich strafft, das zwischen den Seitkielen liegende Stück der Ventralia zur Hohlkehle einklappt, und dann schnellt sie, steif wie eine geschleuderte Lanze, hinaus in die Luft. Man möchte glauben, daß der Seitkiel der Ventralia das Wesentliche bei diesen Sprüngen ist, aber es spielen sicher auch nervöse Momente dabei mit; denn Baumschlangen mit Seitkante und zur Hohlkehle einklappbaren Ventralia (z. B. *Dryophis*) springen nicht, und manche grundbewohnende Spezies ohne Seitenkante (*Natrix*, *Zaocys*) tun es. Freies Hochschnellen des Körpers über den Boden als Abwehrreaktion oder Fluchtversuch ist häufig bei *Typhlops* (Mell), *Calamaria* (Mell, Pope) und kommt zuweilen auch bei flüchtenden *Natrix piscator* (Wall, Mell) und wütenden *Enhydris* (*chinensis*: Mell, Pope) vor.

---

[1]) Die erste Feststellung dieser Art stammt m. W. von Wall und bezieht sich auf *Ptyas mucosus*.

Große Sprünge sah ich bei einer mächtigen *Zaocys nigromarginatus* (Blyth), die den Riesen unserer bergbachbewohnenden Frösche, *Rana spinosa* Dav., verfolgte. Die Jagd ging im lichten Bambuswalde einen mit etwa 50 cm hohen Gras bestandenen steilen Hang hinab. Der Frosch prallte nicht in der unzweckmäßigen Art mancher von Schlangen verfolgter Frösche (*Rana limnocharis* Wiegm., *Polypedates leucomystax* Gravhst.) hoch und wieder in der Nähe der suchenden Schlange herunter, sondern raste in ungeheuerlich aussehenden, relativ flachen Sätzen die Lehne von etwa 60° hinab. Die annähernd 2 m lange *Zaocys* kam über eine hangwärts abgebrochene Kuppe steif wie eine mächtige, schwarze Lanze etwa spannenhoch über dem Grase durch die Luft geschossen, schlug 30 cm vor meinem Fuße auf die Erde, rollte sich in Sekundenschnelle zum Knäuel, bäumte hoch, hackte gegen mein Knie, schnellte, ihren Irrtum erkennend, zurück und schoß diesmal durch das Gras — und den Leib nur teilweise und nur wenig über dem Boden — weiter bergabwärts. Mit Hilfe menschlicher Schritte gemessen, betrug der Freisprung der *Zaocys* rund 5,75 m. — *Elapinen* verfolgen ihre Beute vielfach, vielleicht als Regel, auch *Viperinen* gelegentlich, allerdings meist mehr schleichend als frei hetzend.

Wie töten sie die Beute? Aglyphe („giftlose") Schlangen verschlingen wehrlose Beute (Frösche, Mäusebrut, Eier, Evertebraten) lebend. Aglyphe oder opisthoglyphe Warmblütlerfresser (*Elaphe*, *Ptyas*, *Python*, *Eryx*, *Boiga*) haben entweder einen lang ausgezogenen, schlanken Leib und langen Schwanz oder außergewöhnliche Muskelkraft, werfen ihren Leib oder Schwanz um das gepackte Tier und ersticken es. Dieser Umschlingungsreflex wird durch den Widerstand des gepackten Tieres, das natürlich aus dem Maule heraus und nach rückwärts strebt, ausgelöst und unterbleibt infolgedessen bei Fütterung mit toten Objekten in Gefangenschaft (*Python*). *Python* und die großen *Elaphe* bohren beim Umschlingen zuweilen den Kopf gegen die Vorderbrust des Beutetieres, was Verstärkung der Atmungsbehinderung zur Folge haben kann. Beim Stoße vom Baume nach unten reißen *Dryophis*, *Python*, wahrscheinlich auch andere Schlangen, die Beute in die Luft und entziehen ihr damit das Widerlager zur Abwehr. Von vogelfressenden *Boiga* wurde in Indien beobachtet, daß sie den lang ausgezogenen Schwanz um den Hals des mit dem Maule gepackten Vogels schlangen und auf diese Weise Erdrosselung herbeiführten. *Ptyas mucosus* verschlingt Frösche lebend, Mäuse, Ratten, bewegliche Vögel tötet sie durch Ersticken. Manchen *Ptyas*, die wohl überhaupt mehr Batrachier- als Rattenfresser sind, fehlt (individuell? lokal? in jüngeren Stadien?) die Fähigkeit, zwischen Fröschen und Ratten zu unterscheiden. Sie packen auch Muriden an dem zunächst erreichbaren Teile, das ist häufig der Schwanz, worauf sie kräftige Abwehrbisse von der Ratte erhalten und nach dieser Erfahrung nicht nur von dieser, sondern, soweit beobachtet werden konnte, überhaupt von Ratten ablassen.

Die europäische *Coronella austriaca* und der schlangenartig geformte, aber steife *Ophisaurus* besitzen anscheinend nicht die Fähigkeit, ihren Leib in Schlingen (*Ophisaurus*) oder nicht in so fest zusammengezogene Schlingen (*Coronella*) zu legen, daß Erstickung des Beutetieres eintritt. Sie rotieren zuweilen (mit wehrhaften Tieren) mit der gepackten Beute im Maule derartig wild und andauernd um ihre Längsachse, daß das Opfer wirblig und abwehrunfähig wird. Ähnliches ist also vielleicht von den chinesischen Gattungsverwandten beider Spezies zu erwarten.

Opisthoglyphen verhalten sich, wie schon oben angedeutet, im allgemeinen wie aglyphe Schlangen und halten die gepackte lebende Beute sofort fest, einmal, weil es für sie schwieriger ist, die Giftzähne zur Anwendung zu bringen, andererseits, weil die Wirkung ihres Giftes schwächer ist. Die wasserjagenden *Enhydris* pressen, wie kauend, ihre Kiefer in den gepackten Fisch und sinken ruhig mit ihm zu Boden; nach wenigen Minuten ist die Beute betäubt und wird dann zum Verschlingen am Kopfe gepackt. Giftwirkung ist unter chinesischen Opisthoglyphen bei *Dryophis*, *Psammodynastes* und *Enhydris* beobachtet, bei *Boiga* ist wohl der letzte Oberkieferzahn gefurcht, aber die massive Giftdrüse scheint nach Untersuchungen Walls zum wenigsten individuell funktionsunfähig, trocken; auch die oft recht langen Kämpfe zwischen *Chrysopelea*[1]) und *Gecko gecko* (L.) lassen von einer Wirkung ihres Giftes nichts erkennen.

Elapiden und Viperiden verschlingen nur tote Beute. Bei ihnen erfolgt ein Vergiftungsbiß, und zwar im allgemeinen als Hackstoß oder Hackhieb der Oberkiefer — ohne Gebrauch der Unterkiefer als Widerlager —, der einem Stechen recht ähnlich sehen kann, und nach ihm Rückschnellen in die alte Lage. Er kann mit einer so verwirrenden Geschwindigkeit erfolgen, daß man zuweilen an Augentäuschung glaubt (*Echis*, jüngste Tiere von *Vipera*, *Agkistrodon*, *Naja hannah* u. a.). Festhalten des gebissenen Tieres ist gelegentlich beobachtet worden; unter *Viperiden* sehr selten (eine große *Vipera russellii* blieb nach Wall[2]) an der Lippe des von ihr gebissenen Hundes hängen und ließ sich so von ihm einige Meter weit fortschleifen), mehr bei *Elapinen*, die zuweilen den Gegner mit dem Maule festhalten und förmlich kauend ihre Zähne in ihn hineindrücken (beide *Naja*, sehr wahrscheinlich auch andere Spezies). Der Grund liegt bei *Elapiden* in der breit koni-

---

[1]) Nach *Phisalix* hat *Chrysopelea* Giftstoffe in der Parotis.

[2]) Journ. Bombay Nat. Hist. Soc., XVIII, S. 1ff.

schen Form und relativen Kürze ihrer Fänge, die, wie die anderen Zähne, unbeweglich und am Orte festgewachsen sind. Ihre Größe wird also durch das Vertikallumen der Maulhöhle begrenzt. Bei chinesischen *Bungarus fasciatus* Schneid. liegen die Maxima der Giftzähne zwischen 3—3,5 mm; auch bei chinesischen *Naja naja* von 1000 mm und darüber sind Längen von 3,5 mm häufig, die äußersten bei chinesischen Tieren der Gattung gemessenen Zahlen sind 5 mm (*Naja naja* von 1240 mm Länge) und 5,5 mm (*Naja hannah* von 3100 mm), und bei beiden Arten finden sich gelegentlich so plump konische Gebilde, in einem Falle sogar einseitig 2 plumpe Pyramiden (*Naja naja*) hintereinander, daß Einführung in den Leib der Gebissenen nur durch starke Kaubewegungen möglich schien. Die bei indischen *Naja* festgestellten Maxima der Giftzähne waren nach Wall[1]) 7 (*Naja naja*) und 10 mm (*Naja hannah*) bei beobachteten Maximalgrößen der beiden Arten dort von etwa 2000 und 4000 mm. Vielleicht hängt es mit der Beschaffenheit der Fänge zusammen, daß trotz sehr großer Giftstärke etwa 30⁰/₀ der Kobrabisse nicht tödlich verlaufen.

Bei Viperiden sind die Fänge infolge ihrer Umlegbarkeit bedeutend länger, dazu auch schlanker und leicht bogig rückwärts geschwungen. Nach Wall[1]) hatte eine kleine *Echis* von 380 mm Länge solche von 5 mm, d. h. gleich chinesischen *Naja hannah* von 2900 und 3100 mm, eine *Trimeresurus anamallensis* (Gthr.) von 1017 mm Länge solche von 13 mm. Die äußersten, unter chinesischen Spezies festgestellten Maxima zeigten *Trimeresurus mucrosquamatus* (Cant.), nämlich 10 (♂, L = 870 mm) und 15 mm (♀, L = 1070 mm) (Figur 2), sowie *Agkistrodon acutus* (Gthr.) = 21 mm (♀, 1800 mm). Unter indischen

[1]) Wall, Journ. Bombay Nat. Hist. Soc., XXII, S. 143 ff und 550 ff.

Schlangen soll *Vipera russellii* (Shaw) die längsten Fänge besitzen; Maßangaben sind mir nicht bekannt geworden. Von größeren chinesischen Individuen fehlen auch Messungen, ein kleines Tier, L = 685 mm, hatte solche von 7,5 mm. Das ist ebensoviel wie bei gleich langen Tieren von *Trimeresurus jerdonii* (Gthr.) und *gramineus* (Shaw) und läßt vermuten, daß auch die Maße ausgewachsener

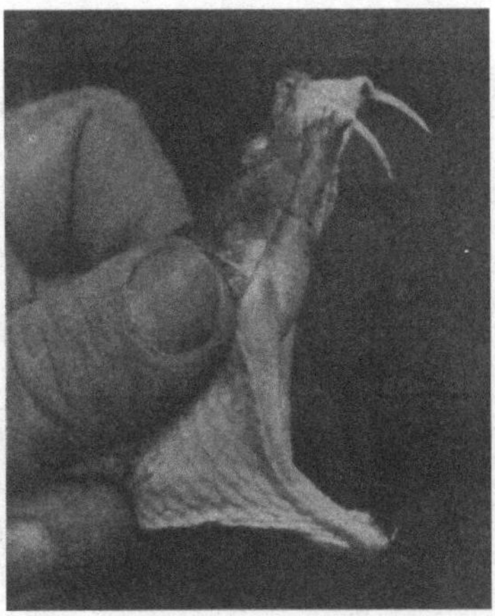

Fig. 2. Kopf einer soeben unter dem Waschbecken in der Hütte gefangenen *Trimeresurus mucrosquamatus* (Cant.); Nordkwangtung (M, 31. VII. 1915; ♀, L. = 1070 mm, Fänge 15 mm).

indischer Tiere nicht oder nur wenig über die von *Trimeresurus mucrosquamatus* (Cant.) hinausgehen, und daß *Agkistrodon acutus* (Gthr.) die Schlange Asiens mit den längsten Giftzähnen ist. Von einem Riesenexemplar (3,45 m) der tropisch-amerikanischen *Lachesis mutus* L. meldet Ditmars[1]) Fänge von 34,9 mm; ähnlich lang mögen die afrikanischer *Bitis* sein.

[1]) Ditmars, Reptiles of the World, 1926, S. 341.

Bei gähnenden Viperiden kann man sehen, daß die Fänge infolge der Kürze von Maxillare und Präfrontale nicht nur in einem Winkel von 45^0 aufrichtbar, sondern auch in geringerem Grade vor- und rückwärts verschiebbar sind. Das Aufrichten der in der Ruhe in Schleimhautfalten liegenden, nach hinten gerichteten Fänge kann unabhängig vom Öffnen des Maules und auf eine Oberkieferhälfte beschränkt bleiben oder in beiden Hälften

Fig. 3. Kopf einer soeben gefangenen *Trimeresurus gramineus stejnegeri* Schmidt mit auf beiden Kieferseiten ungleichen Fängen; Nordkwangtung (M, 23. VII. 1915).

abwechselnd erfolgen. Ungleiche Zahlen der Fänge in beiden Oberkieferhälften eines Individuums (auf einer Seite 2, auf der anderen 1) sind bei Elapinen selten (bei beiden chinesischen *Naja* je 1 Fall beobachtet), bei Viperiden häufig. Bei Viperiden gilt als Regel, daß in jeder Oberkieferhälfte 2 gleich große Fänge stehen, von denen der eine mit dem Ausführungsgange der Drüse in Verbindung, der andere Ersatzzahn ist. Der Giftzufluß wird durch eine Schleimfalte geregelt, die vom funktionierenden Fange so zur Seite gedrückt wird, daß sie den Zugang zum anderen verschließt. Hinter dem Reservezahn liegen 5—6 kleinere lose in der Schleimhaut, die nach außen-hinten an Größe abnehmen und von denen der nächste nach Verlust eines der beiden vorderen zu voller Größe auswächst und als Ersatzzahn nach vorn rückt. Theoretisch ist der Zahnersatz unbegrenzt. Bei etwa 50 lebend untersuchten chinesischen *Vipera* und *Trimeresurus* habe ich 2—2 Fänge nicht gesehen, meist 1—1, häufig 2—1 (Figur 3). — Bei *Vipera berus* (L.) gilt als Funktionsdauer eines Giftzahns etwa 6 Wochen; nach Ablauf dieser Zeit fällt er aus, und der Ersatzzahn tritt in Tätigkeit. Bei der indischen *Kobra* beobachtete Fayrer Ersatz eines abgebrochenen Zahnes nach 18 Tagen. Wie lange bei ihr ein Zahn in Funktion bleibt, läßt sich daraus nicht ersehen.

Von einigen afrikanischen Elapiden, insbesondere *Naja nigrocollis* Rhdt. und *Sepedon haemachates* Lacép., ist bekannt, daß sie die in der Maulspalte hängenden Gifttropfen durch heftigen Atemstoß wie mit einem Zerstäuber auf den Gegner, vor allem nach dessen Augen, spritzen, wo diese heftigen Schmerz und sofortige, wenn auch vorübergehende Blindheit erzeugen. Dieses Fortschleudern des Giftes ist gelegentlich auch bei anderen Schlangen beobachtet worden, so bei amerikanischen *Crotalus*, europäischen *Vipera berus*, indischen *Vipera russellii*, siamesischen *Naja naja* und wahrscheinlich auch anderen Arten. Von chinesischen Spezies ist mir nichts Ähnliches bekannt geworden. — Unterlassen des Vergiftungsbisses und sofortiges Einsetzen des Verschlingungsreflexes wurde bei der Elapidengattung *Bungarus* beobachtet (Kap. VIII, S. 245).

Die Herausbildung besonderer perforierter Zähne zur Einführung des Giftes in die Bißwunde ist nach Boulenger mehrmals in der stammesgeschichtlichen Entwicklung der Ophidier erfolgt. Nach seinen Darlegungen sind primitive Schlangen charakterisiert durch solide und annähernd gleichartige Zähne[1]) in allen zähnetragenden Knochen und eine kielartige Hypapophysis an der Bauchseite jedes Wirbels. Zuerst werden nun die Zähne im Prämaxillare unterdrückt (z. B. bei *Sibynophis*). Dann wird die Zahl der Oberkieferzähne vermindert, und es treten größere Verschiedenheiten unter ihnen auf bis etwa zum Typus der afrikanischen *Boodon*: vorderster Oberkieferzahn groß, fangartig, aber solid, ungefurcht, Vertebralhypapophyse noch vorhanden. Von Formen solcher Art etwa läßt sich der Elapidenzahn, entstanden durch Verkürzung des Oberkiefers und Furchenbildung, ableiten. Auch innerhalb der Elapiden sind Unterschiede in der Bezahnung, die Furche wird tiefer, der Randwall fließt zusammen, alle anderen Oberkieferzähne verschwinden.

Eine andere Entwicklungsreihe, die von den isodonten Aglyphen ausgeht, führt zur Vergrößerung des hinteren Oberkieferzahnes. Die anderen Zähne des Oberkiefers erfahren dabei eine Reduktion nach Größe und Zahl, bis außer dem soliden „Fang" nur noch 2—3 kleine Zähne vorhanden sind (z. B. bei der afrikanischen *Miodon*). Von da scheint der Weg bis zum perforierten Zahne nicht mehr weit, und bei diesen Opisthoglyphen ist die Vertebralhypapophyse verlorengegangen. Wahrscheinlich von dieser Reihe aus hat sich der höchst spezialisierte Typus des Giftzahns, der Viperidenzahn, entwickelt: das Maxillare

---

[1]) Generalisierte Eidechsen, die Vorfahren der Schlangen, sind untereinander in Ernährungsart und Bezahnung sehr verschieden und zeigen z. T. Parallelen zur Säugerbezahnung. So sind bei manchen Agamiden die Vorderzähne zum Abbeißen modifiziert, also Schneidezähne geworden (z. B. bei *Liolepis*) und die hinteren zum Mahlen umgebildet. Der primitive Schlangentypus der isodonten Aglyphen ist also entweder aus einer primitiven Stufe der Eidechsenbezahnung oder sekundär durch Rückbildung entstanden.

verkürzte sich mehr und mehr, bis es schließlich nur noch einen ausgehöhlten Block knöchernen Gewebes darstellte, in dem der Fang sitzt. Seine Aufrichtbarkeit, bzw. Umlegbarkeit ermöglicht eine viel größere Länge des Fanges, dessen Furchenränder zugleich so weit verwachsen sind, daß die Furche zum Kanal geworden ist.[1])

Eine der Parotis, der Ohrspeicheldrüse der höheren Wirbeltiere entsprechende Giftdrüse findet sich konstant bei Proteroglyphen, Opisthoglyphen und Viperiden. Sie ist von Phisalix[2]) und anderen auch bei einer Reihe aglypher Colubriden nachgewiesen worden, und zwar entweder bei gleichzeitiger Entwicklung der hinteren Maxillarzähne zu — ungefurchten — Fängen (z. B. *Dinodon, Lycodon aulicus, Macropisthodon, Xenodon*) oder ohne solche Fänge [z. B. *Natrix natrix* (L.), *N. viperinus* Latr., *N. piscator* (Schneid.), *N. stolata* (L.), *N. himalayana* (Gthr.), *N. subminiata* (Schleg,), *Ptyas mucosus* (L.), *Helicops schistosus* Daud., *Dendrophis pictus* Boie (= *Ahaetulla boiga* Lacép.), *Sibynophis collaris* (Gray), *Pseudoxenodon* pt., *Elaphe* pt., *Coronella austriaca* Laur., *Holarchus arnensis* (Shaw), *H. subgriseus* u. a. und auch bei *Amblycephaliden* (*Leptognathus*)]. Bei Boiden (*Eryx* 4 sp. u. a.) und Uropeltiden (*Rhinophis, Silybura, Plectrurus, Platy-*

---

[1]) Dieser nach Boulenger auf Zahnbildung und Reduktion der Vertebralhypapophyse begründete Entwicklungsgang der Ophidier läßt also die Viperiden als stammesgeschichtlich jüngste Gruppe erkennen. Andre Beobachtungen stützen die Gedankengänge Boulengers: die stammesgeschichtlich alte Querbänderung kommt bei Viperiden nur noch selten (*Azemiops*) vor, ferner ist Viviparität bei ihnen so weit entwickelt, daß es als Familienmerkmal gelten kann; schließlich fehlen sie in Australien, wo dagegen Elapinen derartig dominieren, daß sie $^4/_5$ aller vorkommenden Schlangenspezies ausmachen. Auch Anpassung, z. T. Spezialisierung für Warmblütlernahrung und Spaltpupille können als Zeichen fortgeschrittener Entwicklung gelten.

[2]) Phisalix, Animaux vénimeuses, 1922, II, S. 237ff.

plectrurus) wies die gleiche Autorin eine kleine, aber ein starkes Gift führende vordere Temporaldrüse nach, bei Ilysiiden (*Ilysias*, *Cylindrophis rufus* und *maculatus*) zwei Arten giftführender Drüsen, die normale Parotis und die vordere Temporaldrüse.

Die Parotis der Proteroglyphen und Viperiden besitzt ein zum Teil sehr geräumiges Lumen, das als Giftreservoir dient; bei allen anderen Schlangen sind die Drüsen massiv. Von jeder führt ein Kanal in die Mundhöhle, der sich bei den „echten Giftschlangen" als gefranste Öffnung der Basis des Fanges anlegt. Für Menschen ist im allgemeinen nur das Gift der Proteroglyphen und Viperiden tödlich. Die Giftwirkungen von Opisthoglyphen und Aglyphen sind verschiedentlich durch gelegentliche Beobachtungen an Tieren, überwiegend aber durch Tierversuche, in erster Linie durch die von M. Phisalix, bekannt geworden. Es wurden einzeln auch bei Menschen Vergiftungserscheinungen nach dem Bisse aglypher Schlangen (*Xenodon severus* L., *Lycodon aulicus* L.), ja sogar Todesfälle nach solchen (*Lycodon aulicus* L., *Holarchus arnensis* (Shaw)] beobachtet. Der Nachweis einer giftführenden Parotis auch bei ihnen läßt vermuten, daß die genannten ernsten Folgen nicht nur durch Schwäche, Schreck und Autosuggestion der gebissenen Individuen hervorgerufen wurden.

Die Gifte sind anscheinend größtenteils oder ausschließlich Eiweißstoffe und nach ihrer Wirkung hauptsächlich Nerven- oder Blutgifte. Bei Elapiden überwiegen im allgemeinen die ersteren, und der Tod tritt durch Lähmung nervöser Zentren, in erster Linie der Atmungszentren, insbesondere des Zwerchfells, ein. Im Gifte der meisten Viperiden ist auch etwas Nervengift vorhanden, aber hämo- und zytolytische Substanzen dominieren (die roten Blutkörperchen werden zersetzt, es tritt heftiger Brand ein, die Blutgefäßwände werden zerstört, und das

Blut tritt ins Gewebe u. a.). Amaral meint, daß die rapide Durchdringung des Körpers mit Gift nicht allein durch das Blutgefäßsystem erfolgt, sondern auch durch eine besondere Affinität, die zwischen manchen Komponenten des Gifts und den Geweben besteht. Absorption erfolgt z. B. auch sehr schnell durch die Bindehaut des Auges, aber nicht durch dessen unverletzte Schleimhaut. Vielleicht hängt mit der wesentlich verschiedenen Wirkungsweise der Gifte bei Elapiden und Viperiden auch die absolut und relativ so verschiedene Länge der Fänge bei beiden Gruppen zusammen. Bei dem Bisse der Viperiden muß das Gift, um schnell zu wirken, in die tiefer gelegenen arteriellen Gefäße gebracht werden, darum vielleicht ihre langen Zähne; bei Nervengiften genügt Einführung unter die Haut. Im Magen sind die Gifte meist harmlos und werden durch Verdauungssekrete zersetzt; unverändert hielten sich im Magen die Gifte altweltlicher Viperiden, sowie die von *Naja* und *Pseudechis*.

Das frische Gift ist eine meist klare, gelbliche, visköse Flüssigkeit, die leicht zu gelben Kristallen eintrocknet und, in trockenem Zustand unter Luftabschluß aufbewahrt, jahrelang — nach Wall[1]) bei der *Kobra* bis zu 15 Jahren — seine Wirksamkeit behält. Das Trockengewicht beträgt nach Phisalix 25—33, nach Wall 30—40, nach Barbour 25—50% des Frischgewichts. Die Menge des trocknen Giftes wechselt bei Proteroglyphen und Viperiden zwischen etwa 3 mg (manche Hydrophiinen) und 400 mg (die neotropische *Lachesis mutus*). Für asiatische Arten nennt Phisalix u. a. folgende Zahlen: *Enhydrina schistosa* 2,3—9,4 mg, *Vipera russellii* 150—250 mg, *Naja naja* 231—249—254 mg.[2]) Die Giftwirkung wechselt nicht nur

[1]) Journ. Bombay Nat. Hist. Soc. XXII, S. 556ff.

[2]) Austen, Journ. Bombay Nat. Hist. Soc., XXIV, Pt. 1, S. 210 bis 212, gibt 300—400 mg Trockensubstanz für *Naja naja* an, Phisalix, a. a. O., für die afrikanische *Naja haje* 31,1 mg.

mit den Spezies, sondern selbst bei der gleichen Art so, daß — nach Phisalix — die tödliche Dosis zwischen 1 und 100 schwankt. Eine Anzahl Beobachtungen scheinen darauf hinzudeuten, daß in manchen Fällen Kleinheit der Drüse und Giftstärke in umgekehrtem Verhältnis zueinander stehen. So ist z. B. bei der *Elapide* mit der — soweit bisher bekannt — kleinsten Parotis, *Enhydrina schistosa*, die kleinste für Menschen letale Dosis 3,5 mg, bei *Naja naja* 3—9mal so groß, nämlich 10—17, nach Fraser 31 mg. — Beziehungen zwischen Giftwirkung und Nahrung lassen sich wenigstens in einigen Fällen erkennen. Zahlenmäßige Belege gibt Barbour (nach Amaral?) für drei nahe verwandte südamerikanische *Bothrops*-Arten: *B. insularis* lebt auf der steilen, felsigen Insel Ilha de Queimada Grande; ihr alleiniges Beuteobjekt ist *Brachyspiza*, ein neotropischer Passeride. Das Gift muß sofort wirken, andernfalls fliegt der Vogel noch weg und ist für die Schlange verloren; dieser Voraussetzung gemäß ist es bei $^{4}/_{1000}$ mg (intravenös) bzw. $^{40}/_{1000}$ mg[1]) (intramuskulär) noch tödlich. Bei nahe verwandten Festlandsformen sind weit größere Dosen nötig, bei der kleinnagerfressenden *B. atrox* (L.) $^{10}/_{1000}$ mg (intravenös) bzw. $^{500}/_{1000}$ mg[1]) (intramuskulär), bei der froschfressenden *B. jararaca* $^{20}/_{1000}$ bzw. $^{700}/_{1000}$ mg[1]) nötig. Ein Zusammenhang zwischen Giftwirkung und Beutetier scheint auch bei Hydrophiinen (auch *Enhydris*?) insofern vorzuliegen, als ihr Gift, zum wenigsten auf Fische, fast momentan wirkt.

Über die Giftwirkung chinesischer Schlangen existieren nur wenig Beobachtungen. Junge, etwa 14 Tage alte gesunde *Naja naja* wurden gleich gehalten, hatten alle etwa 6 Tage nicht gebissen und erhielten in der gleichen heißen Zeit (Ende VIII, Anfang XI) frisch gefangene, un-

[1]) Die Zahlen sind immer auf eine Taube bezogen.

verletzte andere Schlangen, eine *Natrix piscator* (L = 440 mm), eine *Ptyas mucosus* (L = 462 mm), eine *Enhydris chinensis* (L = 480 mm). Alle Beutetiere erhielten den Biß in die Schnauze, die ersten beiden, weil sie Abwehrreaktionen unternahmen, die dritte durch Zufall (vgl. S. 239), alle hatten anscheinend sofort die Fähigkeit zur Ortsbewegung verloren, rotierten wild um ihre Längsachse und waren nach 15, bzw. 18, bzw. 15 Minuten tot. Ein von einer gleichen *Jungkobra* in Nase und Schulter gebissene Ratte (vgl. S. 267) zeigte keine Schmerzempfindung, bewegte sich wie sonst, fiel aber 9 Minuten nach dem ersten, 7 Minuten nach dem dritten Bisse tot um. Bei dem Warmblütler trat also trotz seiner viel bedeutenderen Größe der Tod schon in der Hälfte der Zeit ein. Ein von einer 2700 mm langen *Naja hannah* gebissener Hund, ein ausgewachsener, gesunder Kantonspitz, starb nach 53 Minuten (A. m. F.).

Die giftstärksten chinesischen und südasiatischen Schlangenspezies sind unter den Elapiden beide *Naja*, unter den Viperiden *Echis* und *Vipera*. Todesfälle bei Menschen durch Bisse von *Trimeresurus*-Arten sind mir weder aus Indien noch China bekannt geworden; Maxwell (China Medic. Journ. 1912, p. 244) meldet solche aus China, hervorgerufen durch *Tr. mucrosquamatus* (Cant.) und *gramineus* (Shaw.); *Tr. flavoviridis* (Hallow.) von den Riu kiu ist als auch für Menschen gefährlich verschrien. Über die Giftwirkung der größten und langzähnigsten ostasiatischen Viperide *Agkistrodon acutus* (Gthr.) fehlen Angaben.

Die Gifte werden im allgemeinen durch Elektrizität, Radium und Temperaturen[1]) zwischen 65—120° C zerstört; manche zeigen aber auch beachtliche Widerstandsfähigkeit gegen Hitze. Das Sekret von *Ptyas mucosus*, 3 Minuten

[1]) Phisalix, Animaux vénimeuses, 1922, S. 232ff.

bei + 72° gehalten, erzeugt im Tierversuch noch stundenlang dauernde Atmungsbehinderung, das von *Coelopeltis monspessulana* Herm., 15 Minuten in einer Pipette bei fast 100° C gehalten oder 20 Minuten an der Luft gekocht, behält seine volle Wirkung. Der chinesischen Gepflogenheit, Schlangen nur enthauptet als Nahrungsmittel zu verwenden, liegen also vielleicht Erfahrungen zugrunde. Blut und Geschlechtsstoffe der Tiere, die ja auch giftig sind, werden beim Ausnehmen entfernt.

Verschlingen der Beute. Da der Nahrungsballen ganz verschlungen wird, stehen Verschiebbarkeit der Gesichts-, insbesondere der Unterkieferknochen und Entwicklung der Kehlfurche mit der relativen Größe der Beutetiere in Beziehung und fehlen bei Anpassung an sehr kleine Nahrung (*Typhlopiden*: Insekten; *Amblycephaliden*: Schnecken). Froschfresser packen im Vorstoße die Opfer im allgemeinen an dem ihnen nächsten Körperteile. Ist der Kopf gepackt, so rollt der Verschlingungsakt sehr schnell ab. Eine *Natrix stolata* (L.) verschlang so eine *Rana limnocharis* Wiegm. von 4 cm Länge in 4 Minuten, eine *Natrix piscator* (Schneid.) eine *Rana guentheri* Blngr. von 6 cm Länge in 7 Minuten. Häufig kommt es vor, daß ein Frosch an einem Hinterbeine gepackt wird, dann „klettert" die Schlange dieses aufwärts bis zum Rumpfende und preßt dabei das Bein bis fast zur Lähmung. Dann zieht sie, weit geöffneten Maules, plötzlich ihren Kopf bis zu den Zehenspitzen des gepackten Beines zurück und sucht die Zehen des zweiten Hinterbeines ins Maul zu bekommen. Gelingt das, so geht sie, nunmehr beide Beine im Maule, aufwärts und bei kleineren Objekten glatt über das Becken weg. Kürzester in dieser Art beobachteter Schlingakt: 10 Minuten (*Natrix piscator* — *Rana guentheri*).

Häufiger scheint der Fall und Regel gegenüber größeren Fröschen, daß die Schlange, nachdem sie beide Hinterbeine gleichzeitig zwischen den Kiefern halb lahm gepreßt hat, plötzlich in Sekundenschnelle mit weit geöffneten Kiefern die Beine ganze freigibt und den Frosch vom Kopfe her packt und verschlingt (*Natrix piscator* — *Rana guentheri*; *Natrix subminiata* — *Rana ricketti* Blngr.). Die längste zum Verschlingen eines Frosches nötige Zeit beobachtete ich in folgendem Falle. Ein Frosch klagte stark, und ich fand eine *Natrix piscator* mit einer *Rana guentheri*, die sie am linken Hinterfuße gepackt hatte. Die Schlange stieg schnell das Bein hoch und war bald am Becken. Da lag aber der kritische Punkt: Rumpfende und 2. Oberschenkel zusammen waren viel breiter als das Maul der kleinen, 500 mm langen Schlange. Die Schlange quälte sich und den Frosch, der jetzt ohne Laut und so gut wie ohne Gegenbewegung alles über sich ergehen ließ. Plötzlich zog sie ihren Kopf rückwärts, daß das arg zerbeulte Froschbein frei lag. Ehe der Frosch einen merkbaren Sprung machen konnte, hatte sie den 2. Hinterfuß gepackt, zog ihn an den anderen, halb lahm gepreßten heran — der Frosch klagte wieder —, nahm beide in das Maul und kletterte nun abwechselnd rechts und links über beide Beine bis zum Leibesende. Aber — der Frosch hatte mit dem Rumpfende gegen einen dünnen, aber harten Palmschößling gesessen, der nun zwischen die Oberschenkel gepreßt war. Die Schlange versuchte rechts und links am Schößling vorbeizukommen, ging bis zu den Tibiotarsalgelenken zurück und riß — vergeblich. Da ging die *Natrix* ganz zurück, der Frosch machte einen kläglichen, verzweifelten Hupf von 10 cm: da stieß die Schlange wieder zu, drückte ihn nieder, drehte ihn und packte ihn diesmal am Kopfe. Nur ein paar halberstickte Klagelaute, und schon ist er im Maule. Nun ringelt sich die Schlange dicht zusammen und stößt mehrmals kräftig den Frosch gegen den Boden, nach dem 4. Stoße sind die nach vorn gewinkelten, starren Vorderbeine nach hinten gedrückt, und nach im ganzen — 2 Stunden 6 Minuten ist das Opfer verschwunden. — Elapiden und Viperiden beginnen mit dem Verschlingen erst, wenn die Beute tot ist, und nach den Beobachtungen an *Jungkobras* scheint es, als ob Eintreten des Verschlingungsreflexes und Giftwirkung in einer gewissen Beziehung zueinander stehen, indem der erstere auftritt, nachdem die Giftwirkung zum Tode der Beute geführt hat (vgl. Kap. VIII, S. 243).

Die Menge der auf einmal genommenen Nahrung richtet sich wohl im allgemeinen nach Größe und Hunger des Jagenden und nach der Größe der Beuteobjekte. Bei *Natrix stolata* wurde stets nur 1 Frosch im Magen gefunden. Ein *Pseudoxenodon dorsalis melli* von 440 mm Länge dagegen hatte eine junge *Sphenomorphus indicus* und 2 Jungfrösche, alle anscheinend vor sehr kurzer Zeit gefangen, im Leibe (6. IV.), eine *Enhydris chinensis* (L = 480 mm) 3 gleich frische Fische, jeden etwa von der Länge eines männlichen Zeigefingers. Im Magen einer südchinesischen *Kobra* von etwa 1100 mm fanden sich drei sicher gleichzeitig gefressene Eier von *Phasianus colchicus torquatus Gm.*, eine indische *Kobra* tötete ein brütendes Haushuhn und verschlang 6 von 15 Eiern des Geleges. Eine indische *Ptyas mucosus* hatte nach Wall 1 große Kröte, 1 Mabuia, 1 junge Trionyx und den 38 cm langen Schwanz einer Calotes im Leibe, eine andere 6 Frösche, und Ferguson meint sogar, daß eine große Schlange der Art 22 mittlere Frösche für eine ausreichende Mahlzeit zur Sättigung brauche.

Es ist vielfach nicht leicht oder sogar schwierig, alt eingefangene Schlangen zur Futterannahme zu bringen.[1])

[1]) In vielen Fällen empfiehlt es sich, Schlangen, die nicht fressen wollen, zwangsweise zu füttern; man öffnet ihnen das Maul und läßt durch einen eingeführten Trichter den Inhalt eines zerbrochenen frischen Eies möglichst tief ins Verdauungsrohr hineinlaufen, um Wiederausbrechen durch die Schlangen zu verhindern.

Unsere Kenntnis der ernährungsbiologischen Verhältnisse bei Schlangen ist deshalb auch gering, und nur aus einigen indischen Museen und Gärten liegen ein paar Angaben über den Jahreskonsum von Schlangen vor. Drei in Madras gehaltene *Natrix stolata* fraßen in einem Jahre 131, bzw. 130 Kröten, bzw. 91 Frösche. Bei 4 indischen *Python molurus* betrug die Jahresrate 23 Ratten, 3 Hühner, 3 Krähen, 1 Eudynamis (Bombay), bzw. 82 Jerboas (Madras), bzw. 59 Jerboas, 8 Eichhörnchen, 3 Wachteln (Madras), bzw. 1 Damhirsch, 11 Hühner (Travancore).

Wasser: Von sehr beachtlicher Bedeutung für Vorkommen und Wohlergehen von Schlangen, insbesondere von solchen heißerer Gebiete, ist Wasser. Im südlichen China leben — abgesehen von den Hydrophiinen — 4 *Enhydris*, 3 *Opisthotropis* ausschließlich, 3 *Natrix* (*piscator, percarinata, aequifasciata*) vorwiegend im Wasser, 2 *Natrix* (*vibakari, sauteri*), *Tapinophis* (auch *Achalinus*?) vorwiegend am Wasser, auch *Naja, Bungarus, Python, Trimerodytes, Elaphe* (*taeniura, radiata*) und andere findet man vielfach in oder an Gewässern. Die meisten Schlangen, insbesondere Kaltblütlerfresser, findet man bei warmem leichten Regen oder nach Regen. So beobachtete ich am 3. VII. 1928 in einem Grashange des Ding wu shan, in dem ich in 10 Jahren keine Schlange gesehen hatte, im Laufe von etwa 20 Minuten 13 *Trimeresurus gramineus albolabris* (Gray). Es hatte die ganze Nacht gegossen und regnete am folgenden Morgen noch ganz leicht, deshalb verwandte ich den Vormittag zum Suchen von *Microhyla* in dem Grashange und fand, infolge ihrer Fülle und Unsichtbarkeit durchaus nicht gern, die *Trimeresurus* als starke Konkurrenz. Manche Schlangen (*Dryophis*) lecken Wassertropfen wie Eidechsen; wenn genügend Wasser vorhanden ist, stecken wahrscheinlich alle Ophidier den Unterkiefer in die Flüssigkeit und trinken wie Säuger in Schlucken, die an der Kehle sichtbar sind. Sie baden auch sehr gern, Gefangene liegen viel im Wasser, und Baden bedeutet für sie Häutungserleichterung. Eine nicht geringe Zahl von Todesfällen gefangener Tiere dürfte auf Häutungsbehinderung infolge Wassermangel zurückzuführen sein. Wall[1]) sagt recht hübsch, daß man sich in sehr vielen Fällen das Herz einer Schlange gewinnen kann, indem man ihr Wasser anbietet. Wüstenschlangen (*Eryx, Echis, Cerastes*) trinken ebensowenig wie Wüsteneidechsen und scheinen ihren Wasserbedarf allein aus der Nahrung zu gewinnen.

Aktivitätsperiode. Im allgemeinen läßt sich sagen, daß auch Reptilien, wie die meisten Tiere, dann auf Nahrung ausgehen, wenn sie Hunger haben. Durch meteorologische (Sonnenstrahlung, Wärme, Feuchtigkeit), biologische (Feinde, Beute), zum Teil auch anatomische (Besonderheiten der Pupille) Faktoren veranlaßt, haben sich viele an besondere Tageszeiten oder Helligkeitsverhältnisse angepaßt (man vgl. auch S. 107 und S. 116). So sind reine Wasserbewohner (*Acrochordinae, Homalopsinae, Hydrophiinae*) im allgemeinen Dämmerungs-[2]) oder Nachttiere, eine Erscheinung, die wohl zum Teil in der starken Spiegelung der sonnenbestrahlten Wasseroberfläche, zum Teil im Augenbau der Tiere (alle Hydrophiinen haben Rundpupille) ihren Grund hat. Starke Empfindlichkeit gegen direktes Licht scheint auch *Bungarus* zu ausgesprochenen Nacht- und *Calliophis* zu Dämmerungstieren zu machen (vgl. S. 233). Anpassung an die Tagesperiode ihrer Nahrungstiere zeigen die nachtjagenden, geckonenfressenden *Lycodon*- und *Dinodon*-Arten, sowie die muridenfressenden Viperiden (*Vipera, Trimeresurus,*

[1]) Journ. Bombay Nat. Hist. Soc. XX, S. 603ff.

[2]) Als Dämmerungstiere haben auch Seeschlangen zu gelten, die sich tags in tieferem, bei trübem Himmel auch in weniger tiefem Wasser umhertreiben.

Agkistrodon). Doch zweifle ich nicht, daß die abseits von menschlichen Siedlungen lebenden Hochgebirgstiere unter den letzteren (*Agkistrodon strauchi, monticola, Trimeresurus jerdonii*) durch Nachtkühle und fast regelmäßige nächtliche Nebelbildung in ihrem Lebensraume gezwungen, wieder gelegentliche oder ausschließliche Tagtiere geworden sind. Andererseits sind alle mir im Freiland bekannten batrachierfressenden Colubriden (*Natrix, Zaocys, Ptyas*) Tagtiere, obwohl ihre Beute ausschließlich oder vorwiegend nächtlich lebt. Sie vermögen eben die Tiere, für die sie sich spezialisiert haben, auch in ihren Tagesverstecken aufzufinden. Das gleiche gilt von den tagjagenden und vorwiegend muridenfressenden großen *Elaphe*, die im Aufspüren ihrer Nahrungstiere zum Teil Baum- und Hauskletterer (*Elaphe taeniura*, auch *Ptyas mucosus*) und Höhlenbewohner (*Elaphe grabowskyi*) geworden sind. Arten ohne Spezialisierung hinsichtlich der Nahrung scheinen auch hinsichtlich der Tagesperiode unspezialisiert (*Naja naja* jagt tags und nachts, im ganzen von etwa 12—22 Uhr). Direkte grelle Sonne[1]) meiden im Süden alle Arten, und Tiere, die sich freiliegend sonnten, habe ich in Südchina nur während der kalttrockenen Zeit gesehen (*Natrix piscator, N. stolata, Naja naja*, XII—I). Den Grund lernt man an Gefangenen meist unfreiwillig kennen. Auf einer mehrwöchigen Landfahrt (Ende Juli) hatte ich gegen 100 Reptilien lebend gefangen und einzeln in große Bambusglieder verstaut, um sie für Vorträge in Kanton zu verwenden. Am Tage vor der Rückkehr legte sie der beaufsichtigende Kuli, nachdem er den Tieren Wasser gegeben hatte, früh $8^1/_2$ Uhr „zum Trocknen für die Reise" in die Sonne. Als ich 16 Uhr zurückkam, waren nicht nur alle Tiere tot, sondern — ohne zu riechen — schon so weich und stellenweise aufgerieben,

---

[1]) Man vergleiche auch den Schluß dieses Kapitels, S. 117.

daß sie auch für Alkoholzwecke nicht mehr verwendbar waren. Nun mögen 6—7 Stunden Julisonne unter gleichen Verhältnissen auch in Mitteleuropa tödlich wirken, aber auch viel kürzere direkte Einwirkungen tun das in Südchina. Ein Akkumulatorenkübel größten Formates mit einer ausgewachsenen chinesischen *Kobra* und ein etwa 40 cm hohes, weithalsiges Einmacheglas mit einer *Jungkobra* (etwa 420 mm) wurden am 30. V. auf einer Steinbank meines Gartens in die direkte Sonne gebracht. Das Jungtier lag nach 3, das Alttier nach 5 Minuten, mit gähnend aufgerissenem Maule nach Luft schnappend, auf dem Rücken, und nur die letztere erholte sich wieder, als beide sofort mit Wasser besprengt und in den Schatten gebracht wurden.

Über den Wechsel von Ruhe- und Aktivitätsperioden innerhalb 24 Stunden ist wenig bekannt. Die meisten südchinesischen Tagschlangen trifft man zwischen 9 bis 16 Uhr, und sie scheinen im allgemeinen monophasisch. Die kleinen, waldbewohnenden *Natrix*, wie *khasiensis* und *vibakari*, fanden wir meist morgens zwischen 7—9 und nachmittags zwischen 18—19 Uhr, und sie lassen sich also als diphasische Tagtiere bezeichnen. Daß *Naja naja* ihre ganze, etwa über 9—10 Stunden ausgedehnte Aktivitätsphase ohne Pause verbringt, ist bei der bekannten Trägheit fast aller alten Giftschlangen wenig wahrscheinlich. Auch die meisten Nachttiere haben zwei Hauptaktivitätsphasen, nach Sonnensinken und vor Sonnenaufgang, so die supraterranen südchinesischen Hausgeckonen, die fischfressenden *Enhydris chinensis* (beobachtet $18^1/_2$—$21^1/_2$ Uhr abends und gegen $5^1/_2$ Uhr morgens), die schneckenfressenden *Amblycephalus* (gefunden gegen 20 Uhr abends beim Ködern von Insekten und 6—7 Uhr morgens) u. a. Infolge innerer (Sättigung, Häutungsnähe u. a.) oder äußerer Umstände (Umweltfaktoren) kann die tägliche Aktivitätsperiode überschlagen werden. Der Übergang von Ruhe zur Aktivität ist bei manchen Arten nicht leicht (z. B. *Vipera russellii, Trimeresurus*); einmal erregt, sind sie aber von überraschender Aktivität, und daraus erklären sich die zum Teil sehr widersprechenden Urteile über ihr Temperament. Auch innerhalb der Aktivitätsphase scheint die Reizbarkeit verschieden (man vgl. auch S. 258).

Pupillenform. Reine Tagtiere haben im allgemeinen eine gut veränderungsfähige, runde Pupille. Arten mit wenig verengerungsfähiger Rundpupille (*Hydrophiinen, Bungarus, Calliophis*) scheinen obligatorische Dunkelheitstiere. Die nachtjagende *Lycodon* hat gleichfalls Rundpupille, die aber stark anpassungsfähig scheint; denn am Tage gestellt, schnappen *Lycodon* sehr schnell und sicher und unterscheiden sich dadurch sehr prompt von den ihnen im Freien äußerlich oft recht ähnlichen *Bungarus*. Auch Bodenwühler haben, soweit bisher bekannt, alle Rundpupille. Als fakultative Dunkelheitstiere lassen sich Arten mit stark veränderungsfähiger Hoch- oder Querspaltpupille bezeichnen. Sie können auch bei Tage sehen und werden im Freien auch gelegentlich oder nicht selten tags aktiv angetroffen; aber ihre Hauptbetätigungsperiode liegt in Anpassung an die ihrer Beutetiere nachts. Fakultative Dunkelheitstiere sind auch die ausschließlich tagjagenden Waldschattenbewohner *Dryophis* und *Psammodynastes*, erstere mit Quer-, letztere mit Hochspaltpupille. Beide kommen in der kühlen Zeit nicht gerade selten an besonnte, zum Teil an sehr besonnte Stellen. So sonnte sich die Fig. 23 bis 24 dargestellte *Dryophis* Ende März außerhalb des Hochwaldes auf den Restbüschen eines kahlgebrannten Hanges und zeigte infolge intensiver Sonnenstrahlung trotz starker Erregung (wir hatten sie umstellt) eine unverändert schmale Zickzackstrichpupille. Auch *Trimeresurus gramineus* mit ihrer violettroten Hochspaltpupille ist wohl als Busch- oder Baumschattentier anzusprechen und jagt tags, sowohl im lichten Walde bei heller Sonne (*Tr. gr. stejnegeri*, 28. VII. 1915, M.), als bei bewölktem, aber strahlend weißem Himmel auf offener Grasflur (*Tr. gr. albolabris*, 3. VII. 1919, Dw.).[1])

Die Pupillenform ist Gattungscharakter; im Bereiche größerer Familien schwankt sie. Die weniger spezialisierten Elapiden haben ebenso wie andere Colubriden mit Ausnahme weniger Genera (*Pseudelaps, Acantophis*) Rundpupille. Bei den phylogenetisch jüngeren Opisthoglyphen ist Spaltpupille häufig, bei den stammesgeschichtlich höchststehenden Viperiden herrscht sie bis fast zur Ausschließlichkeit: nur *Causus*, die primitivste, und *Atractaspis*, die einzige bodenwühlende Viperide, haben Rundpupille.

Bezüglich Färbung und Tagesperiode läßt sich sagen, daß die stammesgeschichtlich alte helldunkle Querbänderung (*Bungarus*, viele *Hydrophiinen*, *Lycodon*, *Dinodon*, manche *Boiga*) oder Reste von ihr (manche *Hydrophiinen*, *Amblycephaliden*) unter den rezenten Schlangen des Gebiets auf Dämmerungs- oder Nachttiere beschränkt scheint. Bei der meist tags, zum kleineren Teile abends jagenden *Kobra* findet sie sich meist nur noch beim Jungtier, bei 25% von aus dem Ei gezogenen Tieren der Kantonebene war sie schon nach 10—12 Monaten größtenteils unterdrückt; bei der nachts, bei trübem Wetter und leichtem Regen auch tags jagenden *Calliophis* sind außerdem breiten Schnauzenbande nur noch Spuren der hellen Querbinden vorhanden, und dunkle Ringbänder dominieren. Bei reinen Tagtieren sind die hellen Querbinden der Jungtiere im geschlechtsreifen Alter oder lange vorher ganz (*Ptyas* in der 1. Überwinterung; manche *Natrix*, insbesondere die der *annularis*-Gruppe in der 2. Überwinterung) oder fast

[1]) Auch Geckonen mit ihrer ausgesprochenen Querspaltpupille sind im Waldschatten nicht gerade selten (*Gecko gecko, Hemidactylus*) oder als Regel (die grünen madagassischen *Phelsuma*) tagmunter und tagjagend.

ganz (*Naja hannah*) unterdrückt. — Grün charakterisiert Tagschlangen (*Dryophis, Liopeltis, Rhadinophis, Elaphe prasina*), schon von diesem Gesichtspunkte aus lassen sich die grünen *Trimeresurus* als Tagtiere ansprechen.[1]) Alle grünen Spezies sind weiter Baum- und Buschkletterer (*Dryophis, Rhadinophis, Elaphe, Trimeresurus gramineus stejnegeri*) oder Grasbewohner (*Liopeltis, Trimeresurus g. albolaris*), und keine von ihnen ist im Momente des Schlüpfens oder Geborenwerdens grün. Am schnellsten tritt das Grün bei *Liopeltis, Trimeresurus* und — wahrscheinlich — auch *Dryophis* durch (zum Teil schon vor der ersten Überwinterung, sicher nach ihr), relativ sehr spät, nach der 2. Überwinterung (also etwa nach der 8. Häutung), bei *Radinophis* und *Elaphe,* was wohl auf stammesgeschichtlich relativ späte Anpassung an kletternde Lebensweise bei ihnen zu deuten ist.

Feinde von Reptilien[2]), insbesondere von Schlangen. Hauptfeind der Reptilien, wie aller Lebewesen, ist der Mensch. In China ist er es in besonderem Grade, einmal infolge es allgemeinen Kampfes gegen die natürlichen Vegetationsformen, andernteils, weil sehr viele Reptilien als Nahrungs- und Stärkungsmittel (beide *Amyda, Cyclemys trifasciata, Varanus, Gecko gecko, Python, Naja naja, Bungarus fasciatus, Ptyas mucosus,* zum Teil auch *Pt. korros*) oder Arznei (*Gecko japonicus* und andere kleine *Geckonen, Elaphe moellendorffii,* gelegentlich auch andere große *Elaphe, Draco, Trimeresurus monticola, Tapinophis,* Schalen verschiedener Schildkröten) verwandt werden. Unbedeutend ist demgegenüber der Verbrauch für sonstige

---

[1]) Auch die grünen madagassischen Geckonen sind — allein im ganzen Familienbereiche — reine Tagtiere.

[2]) F. Wall, The Snake and its Natural Foes, Journ. Bombay Nat. Hist. Soc., XVIII, p. 375—396, kommt für indische Verhältnisse zu fast gleichen Ergebnissen.

Zwecke (Schalen von *Geoclemys* als Orakel, Schwänze von *Takydromus* als Vogelfutter u. a.). Dazu kommt der Haß des Menschen gegen Schlangen, der in China ebenso groß ist wie anderswo.

In dem mir genauer bekannten Südchina kommen als äußere tierische Feinde von Reptilien, insbesondere Schlangen, in erster Linie folgende Tierspezies in Frage.

a) Säuger; häufigster Schlangenfeind ist die Hauskatze, von der sich nicht wenige Individuen für den Fang von Wassertieren (Fische, Frösche, Schlangen) spezialisiert haben und selbst mit der *Kobra* fertig werden (vgl. Kap. VIII, S. 267). Es läßt sich demnach wohl annehmen, daß gelegentlich auch wilde Katzenarten Schlangen fressen, angegeben wird das von *Felis viverrina* Benn., sowie vom Tiger, in dessen Leibe gelegentlich Reste großer Schlangen (*Python*) gefunden wurden. *Viverra ashtoni* Swinh., die große Zibetkatze, hatte wiederholt Schlangen im Magen, und wahrscheinlich fressen alle Viverriden gelegentlich oder vielfach Reptilien. Sicher tut das der rotstirnige Mungo (*Herpestes rubrifrons* Allen), der zum wenigsten noch auf Hainan häufig ist. Aus Indien wird berichtet[1]), daß *Herpestes* systematisch in Scharen oder Familienverbänden nach Schlangen jagen und wahrscheinlich dabei die Jungen anlernen. Vermutlich frißt auch der chinesische Dachs (*Meles chinensis* Gray) gelegentlich Schlangen. Unter *Insectivoren* erwies sich *Pachyura swinhoei* Blyth, die große Moschusratte, als gefährlicher Feind junger Ophidier und überraschend gewandter Bekämpfer selbst der giftigsten unter ihnen (vgl. S. 268). Auch Muriden zeigten in einer Reihe von Fällen nicht nur keine Furcht vor Schlangen, sondern bissen sich in deren Nacken oder Rücken fest und töteten[1]) sie, in einem Falle tötete eine Ratte sogar eine

---

[1]) Nach Wall.

große *Ptyas mucosus* (L.), in einem anderen eine Maus[1]) eine *Sepedon haemachates* Merr., also eine *Elapine*! Auch Huftiere, wie Hirsche, Ziegen[2]), Schweine, Rinder, attakkieren nicht selten Schlangen und töten sie durch Zerstampfen (vgl. Kap. VIII, S. 269ff.), Schweine fressen sie auch.

b) Vögel; regelmäßige Schlangenfresser sind die großen Raubvögel, besonders die Küsten und Niederungen bewohnenden, also *Haliaetus* (*albicilla* L., *leucogaster* [Gm.]), *Spilornis cheela ricketti* Sclater (vgl. Kap. VIII, S. 265), *Circus* [*melanoleucus* (Forst.), wahrscheinlich auch die anderen Spezies], *Milvus lineatus* (Gray), *Haliastur indus* (Bodd.), *Ketupa zeylonensis zeylonensis* [(Gm.); vgl. Kap. VII, S. 266], wahrscheinlich auch *K. ketupa flavipes*, *Buteo*, *Butastur indicus* (Gm.), *Bubo bubo swinhoei* Hart. und gelegentlich noch andere Arten. Auch Krähenvögel [*Corvus torquatus* Less., *C. coronoides colonorum* Stresem., *Urocissa c. erythrorhyncha* (Gm.), *Dendrocitta formosae sinica* Stresem.], Würger (*Lanius schach schach* L.), Reiher (*Ardea*, *Egretta*, *Nycticorax*) fressen zufällig aufgespürte Schlangen und Eidechsen. Die großen Fischer [*Halcyon p. pileata* (Bodd.) und *H. smyrnensis fusca* (Bodd.)] fressen nicht selten Eidechsen (Geckonen) und füttern ihre Jungen zu einem nicht unbeträchtlichen Teile mit ihnen (außer Geckonen anscheinend auch *Calotes* u. a.). Von *Centropus s. sinensis* (Steph.), dem großen Fasankuckuck, wurde beobachtet, daß er junge *Bungarus fasciatus* fraß. Die großen Hühnervögel (Pfauen, Fasane, vgl. Kap. VIII, S. 265) töten nicht nur Schlangen, Pfauen fressen sie — nach indischen Angaben — sogar gern.

---

[1]) Nach Wall.

[2]) Daß der Name Markhur = Schlangenfresser für *Capra falconeri* Wagn. sich auf ähnliche Beobachtungen bezieht, ist zum wenigsten wahrscheinlich.

c) Reptilien; *Varanus salvator* Laur. frißt, was er bewältigen kann, und ein großes Tier der Art wurde mit einer mehr als meterlangen *Kobra* im Maule beobachtet.[1]) Über eidechsen- und schlangenfressende Ophidier vgl. man Kap. II, S. 77, und III, S. 130 u. 135. Zu den Feinden der Eidechsen und wahrscheinlich auch Kleinschlangen gehören weiter die eierfressenden *Holarchus*.[2])

d) Andere Kaltblütler; daß viele Schlangen sich von Fröschen nähren, ist allgemein bekannt, als Ausnahme kommt auch das Umgekehrte vor. Ein *Rana tigrina* Daud. wurde im Freien beobachtet, wie er sich bemühte, eine gegen 60 cm lange Schlange zu verschlingen. Beide Tiere fielen im Kampfe in eine Zisterne, so daß das Ende nicht abzusehen war.[3]) Ein anderer großer Frosch der gleichen Art hatte bei der Sektion eine junge *Natrix piscator* im Magen. — Ein großer *Polypedates dennysi* (Blfd.) monatelang mit mehreren *Dryophis prasinus* Boie im gleichen Käfig gehalten, wurde eines Tages gefunden, wie er eine rund 1500 mm lange Schlange der Art so weit hinuntergewürgt hatte, wie es ihm möglich war, das Tier so erstickt und an Kopf und Hals auch bereits zersetzt hatte. — Cantor gibt an, daß nach Perons Bericht Haie zu den natürlichen Feinden der Seeschlangen zu gehören scheinen.

e) Arthropoden; im Journ. Bombay Nat. Hist. Soc. XV, pp. 135 und 356 sind zwei Fälle angeführt von Begegnungen eines großen Skolopenders (*Scolopendra Morsitans* L.) mit Schlangen. Im ersten Falle zeigt eine eingesandte

---

[1]) Andererseits liegen nach Wall aus Indien vier Fälle vor, daß *Naja hannah Varanus* tötete und fraß (Journ. Bombay Nat. Hist. Soc., 1921, p. 192).

[2]) Wer die bei waldbachbewohnenden Schildkröten (*Clemmys, Cyclemys*) relativ häufigen Fußverstümmelungen erzeugt, ist mir unbekannt geblieben.

[3]) Nach Aitken, Journ. Bombay Nat. Hist. Soc., IX, p. 500.

Photographie, wie ein Tier der Art an einer zweimal so langen Schlange kaut, im zweiten wird berichtet, wie ein anderer dieser großen Myriopoden eine *Zamenis ventrimaculatus* (Gray) attackiert und tötet.

Untersuchungen über Binnenschmarotzer von chinesischen Schlangen liegen bisher nicht vor.

Hauptlebensräume Südchinas und ihre Besiedlung mit Reptilien

Der erste Eindruck zoologisch-botanischer Art, den auch der naturwissenschaftlich Unvorgebildete bei Übersiedelung in wärmere und heiße Klimate im allgemeinen erhält, läßt sich etwa in die Formel bringen: Stehen Wärme und Feuchtigkeit in harmonischem Verhältnis zueinander, so wachsen die Zahlen der Spezies und die Verschiedenheiten der Körperformen und Lebensweise, es wachsen absolute und relative Größe annähernd mit der Temperatur. So hat, um nur eine vorn gegebene Vergleichszahl zu wiederholen, Deutschland 12 Arten Reptilien, 19 Arten Amphibien, das horizontal und vertikal kleinräumigere Südchina (Kwangtung, Kwangsi) 124 Spezies Reptilien, davon 79 Arten Schlangen (einschließlich 33 Arten giftiger) und 37 Spezies Amphibien. Nach diesen Zahlen könnte die Vorstellung entstehen, daß das Gebiet überladen wäre mit Kaltblütlern, und daß man keinen Ausflug unternehmen könnte, ohne unfreundliche Zusammenstöße mit ihnen zu erfahren oder wenigstens einige von ihnen vor die Sinne zu kriegen. Die nachstehende Tabelle soll die Verteilung der nicht rein meeresbewohnenden Reptilien auf die Hauptlebensräume Südchinas zeigen: Namen in Klammern besagen, daß die Spezies in den betreffenden Lebensräumen selten sind, Fragezeichen hinter Namen, daß das Vorkommen in dem Gebiete fraglich ist. (S. Tafel 2).

Von den hier aufgeführten 13 großen Lebensräumen[1]) und vier großen Schichtstufen (Wasser, Erdinneres, Erdoberfläche, supraterrane Räume) sind zum wenigsten die Zahlen der ersteren sehr ergänzungsbedürftig. So sind die ungenügend bekannten Faunen des roten Sandsteins, des archaischen und tertiären Kalkes u. a. überhaupt nicht einbezogen. Die künstlichen Pflanzengenossenschaften, wie Cunninghamiaforste, Canariumpflanzungen u. a., konnten wegbleiben, da sie keine ihnen eigentümliche Vertebratenfauna und wahrscheinlich überhaupt keine eigentümlichen Tierformen besitzen. Trotzdem ist die Zahl der bisher feststellbaren Hauptlebensräume größer, die der an besondere Lebensstätten (Biotope) angepaßten ökologischen Typen (roh geschätzt 18) in Südchina viel größer als in Deutschland, wodurch sich die Menge der auf eine Lebensstätte kommenden Spezies stark vermindert.

Die bisher beobachteten Höchstzahlen der Spezies in südchinesischen Lebensräumen, 40, bzw. 33, bzw. 31, scheinen gegenüber europäischen Verhältnissen freilich noch sehr hoch; aber es ist zu bedenken, daß in der indomalayischen Küstenzone Südchinas viele südliche Spezies die Nordgrenze ihrer Areale erreichen. Das ist bei 17 bzw. 15 von den Spezies der Spalten 7 und 12 der Fall, die entweder sehr lokal (*Dryophis, Eumeces quadrilineatus, Clemmys bealii*) oder selten, bzw. sehr selten sind. Ihre an sich geringe Zahl wird verringert durch den Kampf der menschlichen Bewohnerschaft gegenüber den natürlichen Vegetationsformen. Durch das Zusammenwirken beider Umstände habe ich z. B. in der südchinesischen Küstenzone in einem Zeitraume von 13 Jahren von *Varanus* nur 4,

[1]) Gemeint sind die 13, die für sie charakteristische Lebensformen besitzen; die vielfach recht ins Auge fallenden Lateritschwellen, die in der Tabelle als häufiger geographischer Typus mit angeführt wurden, besitzen, soweit bisher bekannt, keine solchen.

Ökologische Gruppe	Schwemmlandebene					
	Brackwässer der Küstenzone	Wasserkulturen, Teiche, Gräben, Gärten d. Brackwasserzone; 0—40 m	Menschliche Siedlungen S und N	Trockenlandkulturen von 0 bis etwa 100 m S (indomal. R.)	Sandflächen 0—80 m S (indomal. R.)	Laterit- schwelle von 0 bis etwa 20 S (indo mal. R.
Wassertiere						
Froschfresser Tagj.	—	*Natrix piscator*	—	—	—	*Natrix piscator*
Fischfresser Tagj.	—	(*Natrix piscator*)	—	—	—	(*Natrix piscator*
Nachtj.	*Enhydris enh. Pelochelys Amyda tuberc.*	*Enhydris chinensis Amyda tuberc.*	—	—	—	*Enhydri chinensi*
Conchylienfresser; Nachtj.	*Pelochelys Amyda tuberc.*	*Amyda tuberc.*	—	—	—	—
Fleisch- u. Pflanzenfresser	—	*Damonia, Ocadia*	—	—	—	—
Evertebratenfresser?	—	—	—	—	—	—
Bodenwühler						
Insektenfresser	—	*Typhlops*	—	*Typhlops*	—	*Typhlop*
Vertebratenfresser	—	—	—	*Xenopeltis*	—	—
Bewohner der Erdoberfläche						
Pflanzenfresser Tagj.	—	—	—	—	*Liolepis*	—
Kleintierfresser						
a) Insektenfresser; Tagj.	—	—	—	(*Calotes versicolor*)	—	*Calotes ver color Leiolepis l. reeves Eumeces nensis Takydrom meridion Mabuy*
b) Meist Insektenfress. (Dämmerungsj.)	—	—	—	—	—	—
c) Wurmfresser (Dämmerungsj.)	—	—	—	—	—	—
d) Schneckenfresser (Dämmerungsj.)	—	—	—	—	—	—
e) Vorwiegend Eifresser; Tag- u. Dämmerungsj.	—	—	—	—	—	—

[1]) In stehenden oder ganz langsam fließenden Brackwassergebieten *E. chinensis*

Hügel- und Bergländer						
Urgestein) mit Gras, Fels, Stauden, usch und Einzelbäumen			Tropischer Regenwald, S (indomal. R.)		Subtropischer Montanwald von etwa 440—1100 m	
twa 300 m	von etwa 300—1200 m		von etwa 200—500 m			
N (Osthimalayana)	S (indomal. R.)	N (Osthimalayana)	Zusammenhäng. Geb.	Reste mit Busch	Mischwald	Bambuswald
Natrix piscator			*Natrix aequifasciata* (*Natrix piscator*)		*Natrix percarinata*	
—	—	—	(*Natrix aequifasciata*)		(*Natrix percarinata*)	
2 *Enhydris*[1])	*Enhydris plumbea*		—	—	*Enhydris plumbea*	
—	—	—	—	*Platysternon*	*Platysternon*	
—	—	—	*Cyclemys trifasciata* *Clemmys bealii* — *mutica*		(*Clemmys bealii* — *mutica*)	—
—	*Opisthotropis*	—	—	—	—	—
—	—	—	—	*Typhlops*	—	—
—	—	—	—	—	—	—
—	—	—	—	—	—	—
Calotes versicolor *Leiolepisma l. reevesi* *Eumeces chinensis*	*Tropidophorus sinicus* *Leiolepisma l. reevesi*	*Tropidophorus sinicus* *Eumeces elegans*	*Eumeces quadrilineatus* *Sphenomorphus indicus*		*Acanthosaura lamn.* *Sphenomorphus indic.* *Takydromus septentr.* *Eumeces elegans* *Tropidophorus sin.*	*Sphenomorhpus indic.* — *chinensis* *Takydrom. septentr.* *Lygosaurus*
—	—	—	—	*Calamaria* (2 sp.?)	*Calamaria septentrionalis*	
—	*Liopeltis major*			*Liopeltis major*	*Liopeltis major* *Tapinophis* *Achalinus*	*Liopeltis major*
—	—	—	—	*Amblycephalus*	*Amblycephalus*	—
—	*Holarchus violaceus* *Hol. purpurascens*		—	*Holarchus formosanus*	*Holarchus formosanus*	*Holarchus chinensis*

dem Süßwasser *E. plumbea*.

Ökologische Gruppe	Schwemmlandebene					
	Brackwässer der Küstenzone	Wasserkulturen, Teiche, Gräben, Gärten d. Brackwasserzone; 0—40 m	Menschliche Siedlungen S und N	Trockenlandkulturen von 0 bis etwa 100 m. S (indomal. R.)	Sandflächen 0—80 m. S (indomal. R.)	Lateritschwelle von 0 b[is] etwa 200 S (indo[mal.] R.)
Schlangenfresser Tagj.	—	—	—	—	—	—
Nachtj.	—	*Bungarus candidus*	—	*Bungarus fasciatus*	—	*Bungaru[s] fasciatu[s]*
Eidechsenfresser Tagj.	—	—	—	—	—	—
Eidechsen- u. Batrachierfresser Tagj.	—	—	—	—	—	—
Batrachierfresser a) Krötenfresser Tagj.	—	—	—	—	—	—
b) Froschfresser Tagj.	—	*Natrix piscat.*	—	(*Natrix stolata*)	—	*Natrix sto[lata]*
c) Kaulquappenfresser, Tagj.	—	—	—	—	—	—
Kalt- u. Warmblütlerfress. Tagj.	— — —	*Ptyas mucosus* — —	— — —	— — —	— — —	*Ptyas mucosus* — —
Tag- u. Abendj.	—	*Naja naja*	—	*Naja naja*	—	*Naja na[ja]*
Muridenfresser . Tagj.	—	*Elaphe radiata* *Elaphe taeniura*	—	—	—	—
Nachtj.	—	—	—	*Vipera russellii*	—	—
Großwarmblütlerfress; Nachtj.	—	—	—	—	—	—
Supraterrane Tiere Insektenfresser Tagj.	—	—	—	—	—	—
Nachtj.	—	*Hemidactylus* (3 sp.)	*Gecko japonicus*	—	—	—
Vertebratenfress. (Eidechsenfress.) Tagj.	—	—	—	—	—	—
Nachtj.	—	—	*Lycodon subcinctus*	—	—	—
	3sp (Nachtt.) 2 Ch.[1])	14 sp. (4 Tag-, 10 Nachtt.) 2 Ch.	2 (Nachtt.) 2 Ch.	7 sp. (2 Tag-, 5 Nachtt.) 2 Ch.	1 sp. (Tagt.) 1 Ch.	12 sp. (8 Ta[g-], 4 Nachtt[.])

[1]) Ch = Charaktertier.

Hügel- und Bergländer

…Urgestein) mit Gras, Fels, Stauden, …usch und Einzelbäumen			Tropischer Regenwald, S (indomal. R.)		Subtropischer Montanwald von etwa 440—1100 m	
…twa 300 m.	von etwa 300—1200 m.		von etwa 200—500 m			
N (Osthimalayana)	S (indomal. R.)	N (Osthimalayana)	Zusammenhäng. Geb.	Reste mit Busch	Mischwald	Bambuswald
—	—	—	*Naja hannah*		—	—
Bungarus candidus	*Bungarus candidus*		—	*Bungarus candidus*	*Calliophis*	—
—	*Sibynophis*		(*Sibynophis*)		*Sibynophis*	*Sibynophis*
—	*Pseudoxenodon angusticeps* *Psammodynastes*	*Pseudoxenodon sinensis*	*Psammodynastes*		*Pseudoxenodon melli, Psammodynastes*	*Pseudox. bambusicola*
—	—	—	—	—	*Macropisthodon*	—
…*stolata*	*Natrix stolata*		*Natrix subminiata* *Natrix vibakari popei*		*Natr. subminiata* *Natrix vibak. popei* *Natrix khasiensis* *Natrix craspedog.* *Zaocys nigrom.*	—
—	—	—	—	—	*Natrix sauteri*	—
—	—	—	*Ptyas korros*		*Ptyas korros*	—
—	—	—	—	*Physignathus*	—	—
—	—	—	—	*Varanus*	—	—
Naja naja *m. albolabr.*	*Naja naja* *Trimeres gram. albol.*		—	*Naja naja* *Trimeres, gram. stejneg.*	*Naja naja* *Trimeresurus gram. stejnegeri*	—
—	—	(*Elaphe mandarina*)	—	(*Elaphe porphyracea*)	*Elaphe porphyracea* *Elaphe mandarina*	—
—	—	—	—	—	*Trimeres. mucrosquam.* *Agkistrodon acutus*	—
—	*Python biv.*	—	*Python bivittatus*		—	—
—	—	—	—	—	—	*Platyplacopus kühnei*
—	—	—	*Gecko gecko* *Hemidactylus* (2 sp.)		(*Gecko gecko*) *Gecko melli* (*Hemidactylus*)	—
—	—	—	*Dryophis* (*Chrysopelia*)		—	*Rhadinophis*
…*imaculata*	—	—	—	—	2 *Dinodon*	—
11 sp. (7 Tag-, 4 Nachtt.),	16 sp. (10 Tag-, 6 Nachtt.) 1 Ch.	13 sp. (10 Tag-, 3 Nachtt.) 1 Ch.	19 sp. (15 Tag-, 4 Nachtt.)	33 sp. (24 Tag-, 9 Nachtt.)	40 sp. (27 Tag-, 13 Nachtt.)	18 sp. (16 Tag-, 2 Nachtt.)
…Ch.			9 Ch.		13 Ch.	6 Ch.

…zig.

von *Natrix aequifasciata*, *Liopeltis*, *Xenopeltis* je 2, von *Physignathus*, *Trimerodytes*, *Elaphe porphyracea*, *Natrix vibakari popei* je 1, von *Chrysopelea*, *Mabuya* 0 Stück gefangen und auch trotz ausgesetzter Prämien nicht erhalten. Anderen wird lokal (*Platysternon* im Südgebiete) oder allgemein (*Cyclemys trifasciata*, *Amyda steindachneri*) als Nahrungsmittel sehr stark nachgestellt, so daß man sie im Freien kaum noch zu Gesicht bekommt. Von den restlichen 14 bzw. 15 Spezies der Spalten 7 und 12 sind weiter 8, bzw. 11 Arten Nachttiere, so daß nur 6, bzw. 4 häufigere tagjagende Spezies in den bevölkertsten Räumen verbleiben, denen man im Freien zu begegnen rechnen kann — gegenüber etwa 5 in Mitteleuropa.

Aber auch sie treten im allgemeinen in bescheidener Individuenzahl auf und meiden direkte Sonne, und im allgemeinen glaube ich, wird ein nicht herpetologisch eingestellter Ausländer in Südchina und ein stadtbewohnender Südchinese in einem Zeitraume von 10 Jahren im Freien nicht mehr Reptilien zu Gesicht bekommen, als er an den Fingern beider Hände herzählen kann. Viel reicher an Individuen als Südchina sind einige weit nördlichere Gebiete, wie manche Mittelmeerinseln, z. B. das dalmatinische Arbe, in dessen Hügelland es bei zusagender Temperatur fast ein Kunststück ist, von einem Punkte aus nicht gleichzeitig 3 Eidechsen (der gleichen Art) zu sehen.

Zusammenhängende dunkle Waldgebiete sind arm an Formen (im Regen- und Montanwald je 1—2); am reichsten ist gebrochenes Gelände d. h. Baumbestände mit Buschdschangel, Grasland, Fels und Wasser, die genannten Höchstzahlen der Spezies, 40 — 33 — 31, fanden sich hier. Die artenreichsten Gebiete Südchinas sind nicht gebrochenes Gelände des Regen- (33), sondern des Montanwaldes (40), dessen Population sich aus Osthimalayadeszendenten und anpassungsfähigen indomalayischen und pazifisch palaearktischen Arten zusammensetzt. Die Bedeutung der Spezieszahlen im südchinesischen Regenwald (33) und Hügelland (31) wird, wie eben gesagt, weiter dadurch vermindert, daß viele Arten sehr lokal, bzw. selten oder sehr selten sind. Auch die Individuenzahl ist im Montan- und Bambuswald (18 Spezies!) größer als im Regenwalde.

Ebenso wie der Regenwald scheint das menschliche Haus als Biozönose herpetologisch in Südchina seinen Grenzen nahe. In Hainan-Hongkong finden sich (bzw. fanden sich bisher) noch Vertreter von drei großen Kaltblütlergruppen im Hause, Geckonen (*G. japonicus* u. a. in Stein-, *Hemidactylus* besonders in Holzbauten) als Hauseidechsen, die geckonenfressende *Lycodon subcinctus* als Hausschlange, *Polypedates leucomystax* als Hausfrosch. In der Küstenzone des Festlands tritt neben dem überall sehr häufigen *Gecko japonicus* stellenweise noch *G. gecko* als Hausbewohner auf, *Lycodon* fehlt (ausgerottet?); in manchen der subtropischen Waldgebiete (Lp) ist *Gecko* (*subpalmatus*?) *melli* Hauseidechse geworden und *Dinodon* ist „ihm zu Liebe" als Hausschlange gefolgt. *Polypedates leucomystax* ist in ganz Südchina, selbst inmitten der Großstadt Kanton, auch im Hause häufig oder nicht selten.

Es ist natürlich kein Zufall, daß es nur supraterranen Nachttieren unter Reptilien und Amphibien gelungen ist, sich gegen den Willen des Menschen in seinem Hause und sogar in allen Stockwerken seines Hauses anzusiedeln. Auch in den unter intensiver menschlicher Behandlung stehenden Lebensräumen haben sich nur ausschließlich (Brackwässer der Küstenzone) oder überwiegend (Gebiet der Wasser- und Trockenlandkulturen je 71,4%) nachtjagende Tiere halten können. In den tieferen Hügelländern, die also noch viel von Menschen begangen werden, beträgt die Zahl der Nachttiere 42 und 40%, in höheren Hügel- und Bergländern 37,5 und 23,1% (N), in den in der

Tabelle angeführten Waldgebieten 32,5, bzw. 27,3, bzw. 21, bzw. 11,2%. Die Zahl der Tagtiere steigt also umgekehrt mit der Entfernung von menschlichen Siedlungen und mit der Unübersichtlichkeit des Geländes von 0—88,8%. Die Gewöhnung an Tag- oder Nachtleben kann mit der Intensität der Sonnenstrahlung zusammenhängen, trotz menschlicher Nähe: *Amyda tuberculata* ist nach Kreyenberg[1]) am Kaiserkanal (Shantung) Tag-, in Südchina ausschließlich Nachttier; das einzige Exemplar eines *Bungarus*, das ich bei hellem Himmel tags im Freien kriechend antraf (anscheinend eben e. o.), fand ich im Montanwald, dicht bei einer menschlichen Siedlung; auch *Holarchus* scheinen in Waldgebieten in der Regel tagjagend. Bei *Naja naja* möchte man annehmen, daß nächst der Sonnenstrahlung die menschliche Gegenwart ausschlaggebend für die Zeit ihrer Tagesperiode ist; man trifft sie in Hügelländern und gebrochenem Gelände als Regel tags im Freien, in der Nähe menschlicher Siedlungen auch in unübersichtlichem Gelände nur ganz ausnahmsweise.

---

1) *Amyda sinensis*, Blätt. f. Aquarien- u. Terrarienkunde, 1910, S. 7.

III. Dorsalschuppenreihen (Sq) und Nahrung bei Landschlangen.

Die Zahlen der Dorsalschuppenreihen der Leibesmitte schwanken bei chinesischen landbewohnenden Schlangen zwischen 72 (*Python*) und 13 (beide *Calamaria*), und man ist geneigt, Größe der Spezies und Zahlen der Sq als einander parallel laufend zu betrachten. Die Folgerung, daß die niedrigsten Zahlen der Sq sich bei den kleinsten und schlanksten Formen finden, trifft im ganzen zu, im einzelnen nicht, weil die Zahl der Schuppenreihen ja auch von der Größe der Schuppen bei den verschiedenen Spezies abhängt. So hat die zweitgrößte Schlange Ostasiens, *Naja hannah*, nur 15, die drittgrößte, *Ptyas mucosus*, 17, die 6 anderen Arten, die über 2000 mm Länge erreichen, haben 27 — 25 — 21 — 16 — 15 — 15 Sq; umgekehrt finden sich die nach *Python* überhaupt in Ostasien beobachteten Maxima der Sq: 29—31, bei einer Spezies von 850 mm äußerster Länge (*Vipera russellii siamensis* M. Smith). — Boulenger wies darauf hin, daß bei Schlangen des gleichen Genus Maximalgrößen und Zahlen der Sq für die einzelnen Spezies parallele Reihen bilden. Das trifft im ganzen bei Genera mit gleicher Ernährung zu, so bei *Python* und den chinesischen *Trimeresurus*. Es trifft nicht zu bei den chinesischen *Natrix*[1]),

---

[1]) 22 chinesische *Natrix* haben 19 Sq, aber Maximalgrößen zwischen rund 500 und 1300 mm.

Elaphe[1]), *Agkistrodon*[2]), *Naja*[3]), den asiatischen *Bungarus* u. a., auch bei der von Boulenger als Beispiel gewählten Gattung *Vipera* nach inzwischen bekanntgewordenen Zahlen nicht durchaus (*V. ammodytes* = 23 Sq, 900 mm Länge, *V. aspis* = 21—25 Sq, 600 mm Länge, *V. renardi* = 21 Sq, 720 mm Länge, *V. berus* = 21 Sq, 1000 mm Länge).

Dorsalschuppenreihen und Nahrung. Der Gedanke, eine Beziehung zwischen den Zahlen der Sq und der Nahrung konstruieren zu wollen, scheint im ersten Augenblicke unsinnig, im zweiten schon nicht mehr. Bei Tieren, wie Schlangen, die ihre Beute ganz verschlucken, müssen einerseits Größe des Nahrungsballens, andererseits lichte Weite und Dehnbarkeit des Verdauungsrohres, sowie Umfang und Dehnbarkeit des Leibes in Beziehung zueinander stehen. Es kann nun keinem Zweifel unterliegen, daß die absolute und relative Dehnbarkeit des Leibes bei Formen mit höheren Zahlen der Sq größer ist als bei solchen mit niedrigeren. Die Dehnungsfähigkeit der Körperhaut einer Schlange ist auf die nicht mit Sq belegten schmalen Hautlängslinien beschränkt. Nehmen wir an, von zwei Schlangen mit etwa gleichem Leibesumfang und gleicher Schuppengröße hat die eine 15, die andere 23 Sq. Bei der ersteren finden sich 16, bei der zweiten 24 schmale Hautlängsfelder mit Dehnungsfähigkeit, die bei der letzteren eine um 50% größere Ausdehnung

---

[1]) *E. dione* steht nach den Zahlen der Sq an 2., der Größe nach an 7. Stelle, *E. radiata* der Größe nach an 4., wahrscheinlich sogar an 3., den Zahlen der Sq nach mit an letzter (14.—16.) Stelle.

[2]) *Agkistrodon acutus* mit 1800 mm Höchstlänge hat ebenso viele Sq-Zahlen (21) wie *brevicaudus* (Länge bis 630 mm) und weniger als *intermedius* (Länge bis 760 mm, Sq 23—25).

[3]) *Naja hannah*, Maximalgröße 4,7 m, hat 15 Sq, *N. naja* mit 2,135 m beobachteter Höchstlänge (17—19—)21—25 Sq.

und demnach Verschlingen entsprechend größerer Beutetiere gewährleisten.[1]) Dem entsprechend sind nicht wenige Schlangen von unbedeutender Länge, aber relativ hohen Zahlen der Sq, charakterisiert durch eine Vorliebe für erstaunlich große Beutetiere (*Elaphe dione juv.* und *Trimeresurus gramineus juv.* fressen als Regel oder gelegentlich Muriden; man vgl. weiter hinten auch *Macropisthodon*). Die durch vielfach außerordentliche Dehnung des Leibes erzeugte Gefahr einer Reißung ist eine Hauptursache der Trägheit der Schlangen nach einem starken Mahle, und sind sie zur Bewegung gezwungen, so ist es keine Seltenheit, bei solchen Tieren eine Klaue, einen Schnabel oder ein Horn des verschlungenen Beutetieres an den am meisten gedehnten Stellen heraustreten zu sehen.

Vielleicht dient die folgende Tabelle, deren Zahlen aus Registratur an 106 Spezies und rund 4500 Individuen ostasiatischer Landschlangen gewonnen sind, dazu, Beziehungen zwischen Schuppenformel und Nahrung einleuchtend zu gestalten. Wie schon im vorigen Kapitel bemerkt wurde, besagt die Einstellung einer Spezies in eine der nachfolgend genannten ernährungsbiologischen Gruppen im allgemeinen nur, daß sie sich nach den bisher vorliegenden Beobachtungen überwiegend von Tieren der betreffenden Gruppe ernährt. Um ohne Einschieben einer weiteren Tabelle zu zeigen, daß Maximalgrößen und Zahlen der Sq nicht parallel gehen, wurde bei den größten ostasiatischen Genera, *Natrix* und *Elaphe*, insofern die

[1]) Um ein im ganzen verschlungenes Tier, z. B. eine Eidechse, trotz der sie einhüllenden, im allgemeinen unverdaulichen Epidermalgebilde in 11—8 Tagen (äußerste bei *Dryophis* beobachtete Zeiten) einschließlich der Knochen resorbieren zu können, sind höchst wirksame Verdauungssekrete erforderlich. Ob sich auf der relativ sehr großen Oberfläche des Verdauungsrohres auch eine entsprechend vergrößerte Zahl sezernierender Drüsen findet, bedarf weiterer Untersuchungen.

Gliederung durchbrochen, als sie im allgemeinen im Zusammenhange dargestellt und auch Tiere benachbarter Gebiete (*Elaphe*) und anderer ökologischen Gruppen (beide Genera) am gleichen Orte angeschlossen wurden. Die in Spalte 2 gegebenen Zahlen sind die bisher festgestellten Maximalgrößen; die Ernährungsart wurde zuweilen nur in einem Falle oder in wenigen Fällen, zuweilen in einer vielmals höheren Zahl von Fällen festgestellt, als Individuen gemessen wurden (Einzelheiten sind in der demnächst erscheinenden Arbeit „Biologie und Systematik der chinesischen Schlangen" gegeben). Zahlen der letzten beiden Spalten, die in Klammern stehen, besagen, daß sie bei höchstens 7% der untersuchten Tiere gefunden wurden, die kursiv gesetzten Zahlen der gleichen Spalten deuten ihr Überwiegen an.

Erläuterungen zur Tabelle (S. 122—128). Bis zu welchem Grade Nahrungswahl, d. h. hier in erster Linie Dicke des Beuteobjekts, und Beschuppung des Leibes bei Landtieren parallel gehen, zeigt die vorstehende Vergleichsreihe. Wie aus ihr ersichtlich ist, läßt sich unter Zugrundelegung der Nahrungswahl eine steigende, bzw. fallende Reihe der Sq aufstellen, bei der Warmblütlerfresser am oberen, Schlangen-, Evertebraten- und Eifresser am unteren Ende stehen. Bei den *Python*-Arten liegen besondere und gegensätzliche Verhältnisse vor. Es kombinieren sich einerseits geringere Größe der V (es ist also eine größere Fläche des Umfangs mit Rückenschuppen zu belegen) und Sq, andererseits große Leibesdicke und Neigung zur Wahl relativ großer Beute. Ergebnis sind 62—72, d = 66 Sq. Trotzdem *Python* im wild- und säugetierarmen Südchina überwiegend Rattenfresser sein muß, sind die hohen Zahlen der Sq geblieben. Bei den „normalen" Kleinwarmblütler-, genauer gesagt Muridenfressern Chinas finden sich 31—19, d = 23 Sq; das für die Gruppe mögliche Minimum scheint 19.

Tabelle der Sq und Spl landbewohnender chinesischer Schlangenspezies.

Name der Spezies	Zahl der unters. Tiere	Größte Länge in mm	Sq in Leibesmitte	Spl
1. Großwarmblütlerfresser:				
Python molurus bivittatus Schleg.	19	5000 (?)	62—72	10—13
2. Kleinwarmblütler- (Muriden-) Fresser:				
Vipera russellii siamensis M. Smith	8	850	27—29—31 (12,5%)	10—12
Trimeresurus mucrosquamatus (Cant.)	53	1439	23 (13,7%) —*25* —*27*(—29)	(9—)10—13
„ *monticola* Gthr.	87	977	21 (12,5%) —*23* —*25*(—27 = 7%)	8—11
„ *jerdonii* Gthr.	20	925	(19 = 5%)—21—23	7—8
Agkistrodon acutus (Gthr.)	29	1800	21(—20)	(6—)7
Elaphe moellendorffii (Bttgr.)	7	2150	27(—24)	10
„ *dione* (Pall.)	138	1104	23—*25*—27	8—9
„ *taeniura* (Cope)	109	2100	(21?)—23—*25*(—27)	(8—)9(—10)
„ *halli* (Blngr.)	2?	940	23—25	8
„ *climacophora* (Boie)	etwa 20	1365	*23*—25	8
„ *schrenckii* (Strauch)	29	1770	23	(6—7—)8(—9)
„ *davidi* (Sauv.)	1		23	8
„ *mandarina* (Cant.)	19	1543	23(22—21)	7
„ *carinata* (Gthr.)	48	2464[4])—1760	19—21—*23*	8(—9)
„ *osborni* K. P. Schmidt	1		21	8
„ *rufodorsata* (Cant.)[1])	etwa 50	755	21	7(—8)

Elaphe conspicillata (Boie)	16	830	21	7
„ *prasina* (Blyth)[2])	etwa 15	900	21—*19*	9
„ *radiata* (Schleg.)	„ 30	1845	19	8—9
„ *porphyracea* (Cant.)[4])	101	1060	19	7—8
„ *quadrivirgata* (Boie)[3])	59	1030	19	8
3. Warm- und Kaltblütlerfresser:				
Agkistrodon h. intermedius (Strauch) . . .	101	760	(21—)*23*—25	(6—7—)8—9
„ *strauchi* Bedr.	8	etwa 760	(19—)*21*—23	(6—)7
„ *h. brevicaudus* (Stejn.)	117	630	(19—)21—(23)	7
Naja n. atra (Cant.)	60	1280—1488	(19—)*21*(—23 = 4,4%)	7
Trimeresurus gramineus (Shaw)	122	870	19—21(—23 = 3%)	8—12
Agkistrodon monticola (Werner)	6	508	19	7—8
Ptyas mucosus (L.)	77	2460 (3583[5])	17	8(—9)
„ *korros* (Schleg.)	71	1600 (2198[5])	15	8
Xenopeltis unicolor Reinw.[6])	etwa 50	1220	15	8
4. Batrachierfresser:				
a) Wasserjagende Formen (auch Fischfresser)				
Helicops schistosus (Daud.)	etwa 30	870	19	9

---

[1]) Ist vermutlich Fischfresser; vgl. Vorbemerkungen zur Tabelle.

[2]) Wahrscheinlich werden auch Kaltblütler gefressen.

[3]) Wird als Fischfresser bezeichnet; vgl. Vorbemerkungen zur Tabelle.

[4]) Die Zahl liegt 700 mm über dem sonst bekannten Maximum der Art, so daß an einen Irrtum zu denken naheliegt.

[5]) Die Zahlen in Klammern sind die bei indischen Tieren gemessenen Maxima.

[6]) Die Einreihung von *Xenopeltis* scheint weitere Untersuchungen nötig zu machen.

Tabelle der Sq und Spl landbewohnender chinesischer Schlangenspezies (Fortsetzung).

Name der Spezies	Zahl der unters. Tiere	Größte Länge in mm	Sq in Leibesmitte	Spl
Natrix piscator (Schneid.)[1]	249	1000 (1290)		(8)—9
,, *aequifasciata* Barb.	8	1248	19	9
,, *annularis* (Hallow.)	etwa 62	1000		8—9(—10)
,, *percarinata* (Blngr.)	64	964		8—9
b) Landjagende Formen.				
Macropisthodon rudis Blngr.	19	910	23—25	7—8
Natrix baileyi Wall.	20	762		8
,, *stolata* (L.)[1]	244	786		(7—)8
,, *tigrina* (Boie)	154	1165		(6—)7
,, *parallela* (Blngr.)	etwa 100	790		(7—)8(—9)
,, *octolineata* (Blngr.)	19	783		(8—)9
,, *quadrilineata* (Blngr.)	1	435?[3])		7—8
,, *subminiata* (Schleg.)	79	1088		(7—)8
,, *modesta* (Gthr.)	15	630		9
,, *johannis* (Blngr.)	16	925	19	7—8—9
,, *pleurotaenia* (Blngr.)	16	740		8—9
,, *gastrotaenia* (Werner)	3	505?		7—8
,, *bitaeniata* Wall	3	etwa 700		8
,, *handeli* (Werner)	2	755?		7—8
,, *chrysarga* (Schleg.)	etwa 30	680		8—9
,, *khasiensis* (Blngr.)	,, 37	673		9
,, *craspedogaster* (Blngr.)	,, 34	690		8(—9)

Natrix vibakari (Boie)	64	560	19	7—8
„ *ornaticeps* (Werner)	2	840		9
Zaocys dhumnades (Cant.)	94	2363	16	8
„ *nigromarginatus* (Blyth)				
5. Batrachier- und Eidechsenfresser.				
Boiga multimaculata (Boie)	65	1153	19—17	(7—)8(—9)
Pseudoxenodon angusticeps (Blyth)	etwa 26	1283	19—17	8
„ *sinensis* Blngr.	„ 120	916	19—17	7(—8)
„ *dorsalis* (Gthr.)	„ 23[4])	725	17	8
Dinodon rufozonatum (Cantor)	108	1234	(19)—17	(7—)8
Psammodynastes pulverulentus (Boie)	131	629	(19—)17	8
6. Eidechsen- (seltener Schlangen-) Fresser				
Coluber spinalis Ptrs.	etwa 87	944	17(—16)	8—9
Taphrometopon lineolatum Brandt[5])	„ 30	870	17	9

[1]) K. P. Schmidt nennt als Ausnahme (0,7%) auch 18 und 17 für *piscator*, und 18 (1 Tier = 0,4%) für *stolata* aus Hainan (The Reptiles of Hainan, p. 434 und 435).

[2]) Bei 2 Tieren eine einseitige Reduktion auf 6.

[3]) Ein Fragezeichen besagt, daß wenig Tiere der Art bekannt und höhere Maxima zu erwarten sind.

[4]) Zieht man *Ps. striaticaudatus* Pope als geographische Form zu *dorsalis*, so wächst die Zahl der untersuchten Individuen auf 40, die Maximallänge auf 776 mm.

[5]) Da die Zahl der chinesischen (s. st.) Schlangenspezies, über deren Nahrung Positives bekannt wurde, nicht groß ist, wurde die turkestanische *Taphrometopon* mit einbezogen.

Tabelle der Sq und Spl landbewohnender chinesischer Schlangenspezies (Fortsetzung).

Name der Spezies	Zahl der unters. Tiere	Größte Länge in mm	Sq in Leibesmitte	Spl
Dinodon semicarinatum (Cope)	etwa 15	1100	17	8
,, *septentrionale* (Gthr.)	50[1])	1161	17	8
Lycodon fasciatus (Anders.)	35	1009	17	8—9
,, *subcinctus* Boie	etwa 30	etwa 1000	17	8
,, *aulicus* (L.)	,, 50	975	17	9
Chrysopelea ornata (Shaw)	,, 50	1120	17	9—10
Sibynophis collaris (Gray)	,, 120	791	17(—15)	(8—)9—10
Rhadinophis melli Vogt	6	1231	17—15	8—9
Ahaetulla boiga (Lacép.)	etwa 30	1220	15	(7—8—)9(—10)
Dryophis prasinus Boie	82	1885	15	9
7. Schlangenfresser.[2])				
Naja hannah (Cantor)	28	4700	15	7
Bungarus fasciatus (Schneid.)	72	2002	15	7
,, *multicinctus* Blyth	72	1620	15	(6—)7
Calliophis macclellandii (Reinh.)	41	812	(15—)13	(6—)7
8. Evertebratenfresser.[2])				
Natrix sauteri (Blngr.)	44	435	17	7
Rhabdops bicolor (Blyth)	etwa 10	676	17	5
Tapinophis latouchii Blngr.	19	473	17	8—9(—10)
Liopeltis major (Gthr.)	etwa 100	1051	15	8(—7)

Amblycephalus carinatus Boie	11	603	15	7—8
„ *moellendorffii* Bttgr.	53	350	15	6—8
„ *monticola* Cantor	17	705	15	7—8
Calamaria septentrionalis Blngr.	43	375	13	4
„ *pavimentata* (D. B.)	etwa 30	320	13	4
Typhlops braminus (Daud.)	„ 50	175	(20—7=) 13[1])	4
9. Spezies, über deren Ernährung keine Beobachtungen vorliegen.				
Achalinus spinalis (Ptrs.)	22	550	25—23	6
„ *rufescens* (Blngr.)	9	290	25—23	6
„ *meridianus* (M. Smith)	1	—	23	6
Boiga kraepelini (Stejn.)	9	1280	21	9—10
Trimerodytes balteatus (Cope)	7	840	19	9
Azemiops feae (Blngr.)	3	610	17	7
Natrix nuchalis (Blngr.)	etwa 120	902—842	(19—)17—*15*	4—5—6(—7)
Opisthotropis andersonii (Blngr.)	7	240	17	8
„ *maxwelli* (Blngr.)	1	305	17	7
„ *kuatunensis* (Pope)	16	666	19	15—16
Trirhinopholis styani (Blngr.)	13	etwa 300	15	6(—7)
„ *nuchalis* (Blngr.)	15	474	15	6

[1]) 25 *D. flavozonatum* inbegriffen.

[2]) Die acht übrigen indischen *Bungarus* (15 Sq, 1 sp. = 17, 1 sp. = 13) sind auch Schlangenfresser, ebenso die amerikanischen Elaps (15 Sq, Nahrung: Schlangen und schlangenartige Ringel- und Wühlechsen); auch *Hemibungarus* wird sich als solcher erweisen.

[3]) Um eine teilweise Wiederholung zu vermeiden, sind die hierher zu stellenden chinesischen *Holarchus* bei der Sondertabelle S. 130 angeführt.

[4]) Von der Gesamtzahl (20) sind die bei der Gattung die Versetzenden Sq-Reihen, etwa $^1/_3 = 7$, in Abzug zu bringen.

Vergleichsreihe
zu den Zahlen der Sq und Spl bei Landschlangen.

Ökologische Gruppen	Zahl der Spezies	Zahl der unters. Tiere	Größte Länge in mm	Sq in Leibesmitte	Spl
1. Großwarmblütlerfresser . .	1	19	5000 (?)	72—62, d = 66	(10—13, d = 11
2. Kleinwarmblütlerfresser .	20	etwa 823	755—2464, d = 1335	31—19, d = 23	13—7(6), d = 8,6
3. Warm- u. Kaltblütlerfresser					
a) Normal große	6	414	508—1488, d = 1049	25—19, d = 21,5	12—7—(6), d = 8
b) Riesen der Gruppe . .	3	etwa 200	1220—3853, d = 2112	17—15, d = 16	8
4. Batrachierfresser					
a) Normal große	24	etwa 1270	560—1248, d = 831	(25—)19, d = 19	(10—)9—7(—6) d = 8
b) Riesen der Gruppe . .	1	94	2363	16	8
5. Batrachier- und Eidechsenfresser	6	473	629—1283, d = 990	19—17, d = 17,7	(9—)8—7, d = 8
6. Eidechsenfresser	12	etwa 585	791—1885, d = 1109	17—15, d = 16,6	10—8, d = 8,8
7. Schlangenfresser	4	213	812—4700, d = 2284	15—13, d = 14,5	7(—6)
8. Evertebraten- u. Eifresser .	25[1])	etwa 550	175—1051, d = 484	17—13, d = 16,3	(10—)9—4 d = 6,7

[1]) Außer den eben genannten 12 noch 12 Arten mit rund 180 Individuen der Gattung *Holarchus* (vgl. Tabelle 3 Seiten weiter hinten).

Dabei ist zu bedenken, daß unter den Spezies mit 19 Sq nur für die große *E. radiata* ausschließliche oder weitaus überwiegende Warmblütlernahrung mit Sicherheit nachgewiesen ist, aber auch bei ihr in der Mehrzahl der Fälle nur Mäusebrut im Verdauungsrohr gefunden wurde. Es ist also wahrscheinlich, daß auch die anderen und weit kleineren Arten mit 19 Sq vorwiegend Mäusebrut oder auch kleine kaltblütige Vertebraten annehmen. Fischnahrung ist für *E. quadrivirgata* angegeben, für *rufodorsata* wahrscheinlich gemacht. Etwas verminderte Zahlen zeigen sich bei den Warm- und Kaltblütlerfressern der Gruppe 3a = 25—19, d = 21,5 Sq. Bei 23 von 24 Spezies der „reinen" Batrachierfresser finden sich ausschließlich 19 Schuppenreihen; diese Zahl kann also als die für diese Gruppe typische angesehen werden. Ein Beharren bei höheren Zahlen (25 und 23) zeigt allein *Macropisthodon*. Ob es Folge einer Spezialisation für relativ große Beutetiere (in 2 Beobachtungsfällen wurden große Kröten festgestellt) oder Ausdruck der für die Gattung typischen Erregungserscheinung, einer starken seitlichen Abflachung des ganzen Körpers ist, läßt sich infolge unzureichender Freilandbeobachtungen als beides gleich wahrscheinlich nur in Frage stellen. Eine Ausnahme bilden in den Gruppen 3 und 4 die Riesen mit durchschnittlichen Maximallängen von mehr als 2000 mm. Bei einem dieser Länge normalerweise entsprechenden Umfange können sie auch bei Verminderung der Zahlen der Sq jeden Frosch und jeden als Schlangennahrung in Betracht kommenden Warmblütler ihres Lebensraumes verschlingen und wir finden demgemäß bei ihnen 17—15, d = 16 Sq.

Bei Tieren durchschnittlicher Größe, die sowohl Batrachier als Eidechsen zu sich nehmen, vermindern sich die Zahlen von 19 auf 17, d = 17,7, bei „reinen" Eidechsenfressern auf 17—15, d = 16,6, und 17 kann als die für

Eidechsenfresser charakteristische Zahl angesehen werden. Bei *Sibynophis c. sinensis* (Gruppe 6), die gelegentlich Schlangen frißt, kommt als Ausnahme eine Verminderung der normalen Zahlen (17) auf die für Schlangenfresser typischen (15) vor. Bei *Rhadinophis* (Sq = 19—17—15—13), die sich für die schlangenhaft schlanke Lacertide *Platyplacopus kuehnei* (v. Denb.) spezialisiert hat, läßt sich bei Bekanntwerden größerer Materialien eine gelegentliche Reduktion auf 15 in der Leibesmitte erwarten. Die niedrigsten Zahlen (hinsichtlich Maximum und d) finden sich bei Schlangenfressern: 15—13, d = 14,5. Unter einer sechsmal so großen Zahl Evertebraten- und Eifressern schwankt die Zahl der Sq zwischen 17—13, d = 16,3.

Lassen sich innerhalb eines Genus Differenzierungen in der Ernährungsart nachweisen, die von entsprechenden Veränderungen in den Rückenschuppenzahlen begleitet sind? Nach unseren bisher durchaus ungenügenden Kenntnissen der Ernährungsbiologie asiatischer Schlangen am deutlichsten bei den Gattungen *Holarchus* und *Naja*.

Sq und Nahrung bei Tieren des Genus *Holarchus*

Spezies	Größte Länge in mm	Sq in Leibesmitte	Spl	Nahrung (Anzahl der beobachteten Fälle)
herberti (Blngr.). .	560	13	6	Eiinhalt, doch ohne Eischale (1 ×)
torquatus (Blngr.) .	292	15	7	Gr. braune Spinne (1 ×), braune Grillen[1]) (3 ×), Skolopender[2]) (2 ×), Reptilienei (1 ×)

[1]) Gemeint sind wohl *Gryllacriden*, große, langfühlerige, erdfarbene Heuschrecken, die im Dämmern und Dunkeln Laubdecke und Waldwege leben machen.

[2]) *Otostigmus*-Spez.

Sq und Nahrung bei Tieren des Genus *Holarchus* (Fortsetzung).

Spezies	Größte Länge in mm	Sq in Leibesmitte	Spl	Nahrung (Anzahl der beobachteten Fälle
musyi (Roux) . .	450	15	6(–7)	—
hamptoni (Blngr.) .	486	15	—	2 Reptilieneier im Magen, 4 leere Eischalen im oberen Darm
taeniolatus (Jerd.).	585	15	7	Reptilieneier (oft), auch Froschlaich
sublineatus (D. B.).	324	17–15	7	Reptilieneier (16 ×)
affinis (Gthr.) . .	342	17	7	Reptilienei (1 ×)
theobaldi (Gthr.) .	380	17	8	Braune Grille[1]) (1 ×), Gecko (1 ×)
cruentatus (Gthr.) .	387	17	8	Reptilienei (1 ×)
venustus (Jerd.) .	495	17	7	Reptilieneier, Froschlaich, geleg. Schnecken (Gehäuse mehr oder weniger intakt)
violaceus (Cant.). .	760	17(–16 –15)	(5–)8	Ungebrochenes Schneckengehäuse (etwa 10 mm d), Inhalt stark zersetzt (1 ×)
arnensis (Shaw). .	635	17	7	Reptilieneier (3 ×), Eiinhalt (1 ×), Haarbüschel in Kloake (1 ×)
chinensis (Gthr.) .	678	17	(7–)8 (–9)	—
taeniatus (Gthr.) .	(320)	17–19	—	*Microhyla ornata* (nach (Flower)
formosanus (Gthr.)	895	19(–17)	(7–)8	—
vaillanti (Sauv.). .	830	19	8	—
albocinctus (Cant.).	914	19	—	Maus (2 ×), Jungmaus (1 ×), Mäuseschwanz (1 ×), Reptilienei (1 ×), große, braune Grille[1]) (1 ×)
purpurascens (Schleg.). . . .	950	21–19–17	8	Kröte (1 ×), Reptilieneier (2 ×)

[1]) Vgl. Fußnote 1, S. 130.

Die Ergebnisse der vorn gegebenen allgemeinen Tabelle werden also durch die der Gattung *Holarchus* aufs genaueste bestätigt: von Tieren mit 13—17 Sq werden Evertebraten und Eier genommen, bei 17, der für Eidechsenspezialisation typischen Zahl, tritt zum ersten Male Eidechsennahrung, bei 17—19, der „Froschgrenze", Kleinfroschnahrung auf. Auch innerhalb des Genus scheint 19 die untere Grenze für Kleinsäuger, und Krötenfutter erfordert wie bei Gruppe 4b der Haupttabelle noch höhere Zahlen. Der Übergang von Ei- zur Kleinsäugernahrung ist wohl Gelegenheitsanpassung: beim Suchen nach den meist unter Steinen, in Löchern und Höhlungen abgelegten Reptilieneiern wurden an gleichen Orten befindliche Mäusenester gefunden und ausgenutzt, und das gleiche gilt von Kröten. Schulbeispiel bei kleinen Genera sind die beiden chinesischen Naja-Arten. Die Riesenkobra, *N. hannah,* mit 4,7 m Maximallänge ist im allgemeinen monophag für Schlangen und hat „demgemäß" 15 Sq. Die gewöhnliche asiatische Kobra, *N. naja,* frißt viele Arten Warm- und Kaltblütler und hat unter kontinentalen Rassen bei 2,135 m Maximallänge (19—)21—25 Sq.

Vielleicht spielt auch bei sonst gleicher Chemotaxis der Unterschied in der Größe der bevorzugten Beuteindividuen eine Rolle; denn bei der großen *Elaphe radiata* (L = 1845 mm, Sp = 19) wurden bisher Nestlinge von Muriden und halbwüchsige Jungtiere im Leibe gefunden, bei der kleinen *E. dione* (L = 1104 mm, Sq = 23—27), sowohl wie bei der großen *E. taeniura* (L = 2100 mm, Sq = 23—27) relativ große, ausgewachsene Muriden. — In bezug auf Agkistrodon möchte man annehmen, daß, ähnlich wie bei der ökologischen Gruppe, zu der sie im allgemeinen gehören, und wie bei den Batrachierfressern auch bei ihnen im Geltungsbereiche eine Spaltung in chemotaktisch gleichartige Riesen und normalgroße Tiere eingetreten ist. Riesen (*Agk. acutus*, L = 1800 mm, Sq = 21) können auch bei niedrigeren Zahlen der Sq Beutetiere von gleichem oder sogar höherem Volumen verschlingen als kleine Tiere mit höheren Zahlen (*Agk. h. intermedius*, L = 760 mm, Sq = 23—25; *Agk. strauchi*, L = etwa 760 mm, Sq = 21—23).

Die Zahlen der Spl scheinen insofern zur Nahrungsaufnahme in gewisser Beziehung zu stehen, als eine größere Zahl von ihnen ein seitliches Ausweichen auf den Druck von Kiefer und Quadratbein (beim „Überklettern" der Beute im Schlingakte) hin erleichtert, vielleicht darf man sagen ermöglicht. Ihre Zahlen sinken gleichsinnig mit der Reihe der Sq von 13—10, d = 11, auf 9—4, d = 6,7. Sie lassen sich also auch zur Nahrungswahl in Beziehung setzen, und ähnlich wie bei den Zahlen der Sq zeigen sich auch bei den innerhalb der Tabelle und Vergleichsreihe unterschiedenen Gruppen weitere Gliederungsmöglichkeiten. Die 4 Spezies der kleinen nachtjagenden Warmblütlerfresser besitzen 13—7, d = 10, die 16 Sepzies der meist viel größeren tagjagenden aus leicht verständlichen physikalischen Gründen 10—7, d = 8 Spl. Eine aus biologischen Notwendigkeiten nicht deutbare Spaltung scheint auch bei den Batrachierfressern Platz gegriffen zu haben, bei 5 Spezies wasserjagender Formen finden sich 8—9, d = 9, bei 20 Spezies landjagender Formen 7—9, d = 8 Spl. Die für chinesische Schlangenfresser typische Zahl ist 7. Beiderseits 6 und weniger finden sich nur bei Evertebraten- und Eifressern, die in China beobachteten Minima (5 und beiderseits 4) mit Sicherheit nur bei Wurm- und Insektenfressern.

Bei den Eidechsenfressern ist die fallende Progression durch einen Sprung nach oben unterbrochen (10—8, d = 8,8), der sie den Durchschnittszahlen nach an zweite Stelle rückt. Grund scheint die Schlankheit vieler, insbesondere kletternder Spezies, die sich auch auf die Kopfform erstreckt. Ein Hindurchzwängen der Beute durch diese auch unter Schlangen außergewöhnlich enge Passage ist ermöglicht durch eine größere Beweglichkeit der Kiefer- und Lippenpartien, der jedem, der z. B. *Dryophis* im Käfig hielt, aufgefallen ist. Eine in ihrer Reihe ungewöhnlich hohe Zahl der Spl besitzt auch die durch einen auffallend kleinen Kopf bei relativ voluminösem Leibe gekennzeichnete *Tapinophis* (—8—9—[10]), über deren Nahrungswahl bisher nur eine Beobachtung vorliegt (Magen- und Darminhalt: der erdig-wässerige Brei, der auf Wurmnahrung schließen läßt). Auch bei ihr dient wohl die hohe Zahl der Spl dazu, die Hemmungen, die der kleine Kopf der Nahrungsaufnahme bereitet, zu mildern. Sie führt — kombiniert mit dem Körpervolumen — weiter zu dem Schlusse, daß *Tapinophis* auch größere Beutetiere als Würmer (Nackt- und Gehäuseschnecken) aufnimmt. Ohne Beziehung zur Nahrungsaufnahme steht wohl der Zerfall der Spl in 15—16 kleine Schilder bei der wasserbewohnenden *Opisthotropis kuatunensis*.

Im allgemeinen läßt sich die Neigung für eine bestimmte Ernährungsart als Gattungscharakter ansprechen, aber im einzelnen werden sich — und wahrscheinlich nicht nur bei größeren Genera — wohl stets durch Hunger, Gelegenheit und Spezialisation hinsichtlich des Biotops erzeugte Sondererscheinungen herausgebildet haben. So zweifle ich — wie schon vorn gesagt — nicht, daß die kleinen *Elaphe* mit 21 und 19 Sq auch Kaltblütler fressen. Für die relativ sehr kleine, feuchtlandbewohnende *E. rufodorsata* (L: 755 mm, Sq: 21, Spl.: 7) wird angegeben, daß sie, wie die japanische *E. quadrivirgata*, Fischfresser geworden ist. In dem nur wenige Arten umfassenden Genus *Dinodon* scheint eine noch schärfere Spaltung erfolgt zu sein: 2(3?) Arten sind waldbewohnende und vorwiegend kletternde Eidechsenfresser, eine dritte — *rufozonatum* — ist Feuchtlandbewohner und nährt sich dort wahrscheinlich von Batrachiern oder Fischen. Damit steht in Übereinstimmung, daß im Genus bei ihr allein neben den typischen 17 auch 19 Sq vorkommen. Ein fast klassisch zu nennendes Beispiel chemotaktischer Differenzierung ist das S. 132 erwähnte der beiden *Naja*.

Bei Schlangenfressern liegt die Beute langgestreckt im Leibe, und es läßt sich wohl schließen, daß diese infolge der geringen Dehnungsfähigkeit des Körpers (d = 14,5 Sq) das weniger expansionsfähige Verdauungsrohr ganz ausfüllt. Dieser Schluß wird dadurch unterstützt, daß Schlangenfresser nach Aufnahme der Beute im allgemeinen weniger oder kaum erkennbar anschwellen und daß bei ihnen allein (*Bungarus*) Fälle beobachtet wurden, daß die zu lange Beute finger- bis fußlang aus dem Maule heraushing, weil der zu enge Leibesraum Umlegen der Beute nicht gestattete. Trotzdem wurde sie nicht — wie sonst Schlangen mit zu großer Beute tun — wieder ausgewürgt, sondern die Verdauung begann, und der heraushängende Schwanz der Beute verschwand mit dem Fortschreiten des Prozesses. Schlangenfresserei bei höheren Zahlen der Sq (als 15) zeigt, wie zu erwarten, abgeänderte Gewohnheiten, wahrscheinlich deshalb, weil der Reiz engster Berührung der Beute mit der sezernierenden Darmfläche instinktiv erstrebt wird und sein Eintritt eine gewisse Befriedigung auslöst. Chinesische *N. naja* nehmen trotz ihrer 21 (—19) Sq in Gefangenschaft vielfach, zum Teil überwiegend Schlangen. Es könnte erwidert werden, daß sie das vielleicht notgedrungen oder infolge Gefangenschaftszustandes veränderter Chemotaxis tun. Entscheidend scheint, daß es auch frisch geschlüpfte Tiere tun, und daß in den von mir beobachteten Fällen die gefressene Schlange im Leibe der *Kobra* zu einem U-Bogen umgelegt war, ja, soweit Beobachtung möglich[1]) war, schon in Gestalt eines solchen verschlungen wurde, auch dann, wenn der Leibesraum der *Kobra* zur Aufnahme der Beute in gestrecktem Zustande ausgereicht hätte, ein Verhalten, das sich wohl nur im Sinne der eben versuchten Deutung auslegen läßt. Es ist also zu folgern, daß es auch Schlangenfresser mit höheren Zahlen als den eben genannten geben kann, die ihre Beute im Leibe umlegen. Aus Asien sind mir außer *Naja* bisher *Boiga dendrophila* (Boie), Sq = 21—20, und *Cylindrophis*, Sq = 19—21 als solche bekannt geworden.

Ob die Entwicklungstendenz einer Spezies oder Gattung auf Vermehrung oder Verminderung der Sq gerichtet ist, bedarf für jeden Fall spezieller Untersuchung. Im allgemeinen scheint, da die Zeit der Riesenentwicklung der Reptilien weit zurückliegt, das letztere annehmbar. Sollte Anpassung an voluminösere Beute erfolgen, so mußte wohl eine Vermehrung der Sq-Zahlen vor sich gehen, und etwas Derartiges scheint bei *Naja naja*, vielleicht auch bei *D. rufozonatum* vorzuliegen. Wenn für 1 von 10 asiatischen *Bungarus*-Spezies 17 Sq als Regel (*walli* Wall), für zwei andere (*candidus* [L.] und *multicinctus* Blyth) als Ausnahme gemeldet werden, so möchte man bei diesen generalisierten Formen an Konservativismus, an Beibehaltung stammesgeschichtlich alter Charaktere denken. Anpassung an kleinere bzw. weniger umfangreiche Objekte kann eine Verminderung der Zahlen der Sq zur Folge haben, und bei „plastischen" Formen wird sie das auch (vgl. unten *Natrix sauteri* und *nuchalis*), besonders dann, wenn Verminderung der Körpergröße und der Schuppen-

[1]) Dieser Verschlingungsmodus wurde nur in zwei Fällen beobachtet, weil die Schlangen durch menschliche Gegenwart leicht irritiert sind und nicht fressen.

zahlen parallel gehen. Da aber Beibehaltung höherer Zahlen der Sq bei Umstellung auf kleinere Beute nichts Artschädliches bedeutet, muß sie das nicht, und wir finden eine ganze Reihe Evertebratenfresser mit höheren Zahlen der Sq als Schlangenfresser (*Natrix sauteri*, *Rhabdops*, *Tapinophis*, sehr wahrscheinlich gehören auch *Opisthotropis*, *Achalinus* u. a. hierher).

Bei Evertebraten-, Schlangen-, Eidechsen- und Froschfressern scheinen sich im allgemeinen Jungtiere von den gleichen Tiergruppen zu nähren wie geschlechtsreife Exemplare. Bei gelegentlichen oder ausschließlichen Warmblütlerfressern ist das vielfach (meist?) nicht der Fall: junge *Agkistrodon* fressen Eidechsen, junge *Vipera russellii* ihre eigenen Geschwister, junge *Vipera renardi* Eidechsen und Heuschrecken, junge *Kobras* ausschließlich oder vorwiegend Schlangen. Wollte man das biogenetische Gesetz auf diese Erscheinung anwenden, so würde sich daraus ergeben, daß Anpassung an Warmblütlernahrung letzte Entwicklungsstufe des Ernährungsganges bei Schlangen ist, was ja durch das erdgeschichtlich jüngste Auftreten der Warmblütler bestätigt wird. Besonderheiten des Lebensraums scheinen bei *Vipera renardi* zu einem Beibehalten der jugendlichen Ernährungsart zu führen. Daß Differenzierungen in der Nahrungswahl zur Artbildung beigetragen haben, läßt sich nur in einem Falle als wahrscheinlich hinstellen. *Natrix vibakari* und *N. sauteri* sind sich so ähnlich, daß noch bis in die Gegenwart in den größten Museen Verwechslungen der beiden Arten vorgekommen sind, und daß die eine wahrscheinlich als unmittelbarer Absproß der anderen anzusehen ist. Sie sind aber nicht geographische Rassen, bzw. Vikarianten, sondern leben in Südchina (Lp) nicht nur in der gleichen Region, sondern im gleichen Biotop nebeneinander. *N. vibakari* (L: 560 mm, Sq: 19, Spl: 7[—8]) ist nach unserer bisherigen Kenntnis Froschfresser, vermutlich Jung- und Kleinfroschfresser, im Leibe von zwei *N. sauteri* (L: 435 mm, Sq: 17, Spl: 7) fanden sich Nahrungsballen, die ich in einem Falle für eine Nacktschnecke, im anderen für eine Kaulquappe ansprach. Da unter 24 chinesischen *Natrix* bei 22 Spezies stets 19, einer weiteren gelegentlich 19 Sq auftreten, läßt sich *N. sauteri* als stammesgeschichtlich jüngster chinesischer Sproß der Gattung ansehen, bei dem Anpassung an Kleintiernahrung und Reduktion der Sq-Zahlen parallel gehen, und bei der vermutlich chemotaktische Spezialisation Anlaß zu artlicher Differenzierung geworden ist.[1]) Eine nach unserer gegenwärtigen Kenntnis noch nicht bis zur artlichen Differenzierung fortgeschrittene Sonderung scheint bei *Natrix swinhonis* (L: 902 mm, Sq: [19—]17—15, Spl: [7—]6—5—4) vorzuliegen. Unter etwa 100 mir in Westyünnan zu Gesicht gekommenen Tieren der Art waren ausschließlich Individuen von knapp 500 mm Länge, Sq: 15, Spl: 5—4, schwacher Kielung, fahlgrauer Farbe. In Nordwestyünnan (Li kiang, Wu ting chow), in Chang yang, ebenso in Tongking und Birma finden sich Tiere von 650—900 mm Länge, Sq: (19—)17, Spl: (4—5—)6, stärkerer Kielung und dunklerer Färbung. Wahrscheinlich handelt es sich hier um die Herausbildung zweier nach Biotop und Ernährung verschiedener Formen. Die größere Form ist anscheinend Bewohnerin der feuchten, moosreichen Bergwälder — ihre melanistisch dunkle Färbung steht damit im Einklang — und nährt sich wahrscheinlich von den dort häufigen Kleinfröschen (*Bombinator, Hyla*), während die andere im offenen Gelände lebt und nach der

---

[1]) Vermutlich haben ursprünglich beide die Süd- und Südostchina vorgelagerten Inseln bewohnt, aber in Formosa hat sich aus Ursachen, die wir nicht kennen, nur die kleintierfressende Form mit 17 Sq, 7 Spl erhalten, in Hainan nach unserer gegenwärtigen Kenntnis nur die froschfressende (19 Sq, 8 Spl).

Kombination von Sq: 15, Spl: 5—4 als Evertebraten-, wahrscheinlich Wurmfresser angesprochen werden muß. Auch hier ist die größere Form (Sq: 19; charakteristischer roter Nackenfleck vieler Jungtiere des Genus *Natrix* stärker und länger erhalten als bei den anderen) die ursprünglichere.

Läßt sich mit Hilfe der Zahlen der Sq und Spl ein Schluß auf die Ernährungsart der Spezies aus Gruppe I, 9 tun, also der Schlangenform Ostasiens, über deren Nahrung bisher noch nichts bekannt geworden ist? Über *N. swinhonis* vergleiche man das oben Gesagte. Die *Achalinus*-Arten halte ich im Hinblick auf geringe Leibeslänge und die Zahlen der Spl (6) für Kleintierfresser (Nacktschnecken, Würmer, Insekten). Die relativ sehr hohen Zahlen der Sq (25—23) sind einesteils durch geringe Schuppengröße bedingt, andernteils können sie als Relikterscheinung gedeutet werden; sie brauchten, weil sie nicht artschädlich wirkten, bei der wahrscheinlich stattgehabten Größenreduktion der Formen nicht vermindert zu werden.[1]) Auch die relativ hohen und sehr hohen Zahlen der V + Sc bei *Achalinus, Opisthotropis* (*Natrix vibakari-sauteri*) u. a. möchte ich als Konservativismen, als Relikterscheinungen ehemals bedeutenderer Größe deuten. *Trirhinopholis* (15 Sq, 6 Spl) lassen sich mit großer Wahrscheinlichkeit zu den Evertebratenfressern stellen, die tümpelbewohnenden *Opisthotropis* fressen vermutlich Wasserinsekten, *O. kuatunensis* vermutlich auch Jungfische. *Boiga kraepelini* und ihre festländische Vikariante *sinensis* möchte ich für Warm- und Kaltblütler- (Kleinvögel- und Eidechsen-) Fresser halten, *Trimerodytes* hinsichtlich seiner Nahrungswahl den *Holarchus* von ähnlicher Größe und

---

[1]) Bei Spezies, die zur Verminderung der Sq-Zahlen neigten, wurde dieser Neigung durch die Größe der Beutetiere oder Beuteindividuen eine Grenze gesetzt.

entsprechenden Zahlen der Sq gleichstellen, *Azemiops* als Reptilien-, insbesondere Eidechsenfresser ansprechen.

Die Zahlen der Dorsalschuppenreihen können auch, abgesehen von der Nahrung, in Beziehung stehen zu Gewohnheiten der Tiere (Aufblähung von Nacken: *Naja*, oder ganzem Körper: *Macropisthodon*) oder können geringen Schwankungen nach dem Geschlechte unterworfen sein (vgl. S. 180). Eine Veränderung in den Beschuppungsverhältnissen während des individuellen Lebens ist mir nicht bekannt geworden.

IV. Zahlen der Ventralia und Subcaudalia und geographische Variation bei Festlandtieren.

Die Epidermalgebilde an der Unterseite des Körpers, die Ventralia (V), sind viel größer als die Sq des Rückens und der Seiten, die der Schwanzunterseite, die Subcaudalia (Sc), sind das zum wenigsten im großen basalen Teile derselben. Die V liegen in der Einzahl hintereinander, selten — als Folge nicht eingetretener Verwachsung im Embryonalstadium — ist bei manchen Individuen da oder dort ein unregelmäßiges Paar. Das äußerste, was ich in dieser Richtung bei chinesischen Schlangen sah, war eine *Elaphe rufodorsata,* bei der die ersten 6 V paarig vorhanden waren. Die Sc sind in der Regel paarig und unter chinesischen Schlangen nur bei *Bungarus*, *Achalinus* und zwei Eryx-Formen unpaarig angelegt. Bei manchen Arten sind als Regel unpaare Sc eingeschoben, bei *Agkistrodon acutus* übertreffen sie meist die Zahl der paarigen, bei *Naja hannah* finden sie sich an der Schwanzbasis, ein Fall, der auch gelegentlich bei anderen Spezies vorkommt (gemeldet von *E. schrenckii* und *Trim. monticola*).

Die Durchschnittszahlen der Epidermalgebilde der Leibesunterseite, als die Summen aus den d der V + Sc, schwanken bei in China vorkommenden Spezies zwischen 137—402; der naheliegende Schluß, daß die Zahl mit der Länge der betreffenden Tiere in Beziehung steht, trifft im ganzen zu, und so finden sich im allgemeinen die Maximalgrößen bei langen, die Minima bei den kleinen Formen. Die unter ostasiatischen Spezies beobachteten durchschnittlichen Minima der V + Sc finden sich bei *Trirhinopholis styani* = 137 (♀)—140 (Art)—142 (♂), bei *Tr. nuchalis* = 155 (♂)—160 (Art)—165 (♀), bei *Enhydr. plumbea* = 158 (♀, Archipel)—160 (Art, Archipel)—162 (♀, Ostasien), bei *Trimeresurus monticola* = 162 (Art, mal. Gebiet), bei *Agkistrodon monticola* = 171, bei *Calamaria septentrionalis* = 174 (♂)—180 (Art)—184(♀), bei *Agkistr. brevicaudus* = 178 (Art)—179 (♂)—181 (♀), bei *Pseudoxenodon dorsalis* = 180 (♀)—182 (Art)—186 (♂), bei *Enhydr. chinensis* = 183(♂), bei *Trimeresurus monticola* = 186 (Gesamtareal), bei *Natrix nuchalis* = 188 (Yünnan). Diese Arten sind alles kleine und kleinere Formen. Es gibt aber kurzleibige Spezies von rund 500 mm maximaler Länge und weniger, die über 200 V + Sc haben: *Natrix sauteri* = 202, *Achalinus rufescens* = 210, *Tapinophis* = 212, *Achal. spinalis* = 212—223, *N. vibakari* = 215; die knapp 300 mm lange *Opisthotropis andersonii* hat sogar 220. Diese Verhältnisse der V-Sc lassen ebenso wie die der Sq bei diesen Tieren vermuten, daß wir es mit Reduktionsformen zu tun haben, die in den Zahlen der Epidermalgebilde noch zum Teil ursprüngliche Verhältnisse bewahrten. Ein Schluß allein aus den Zahlen der V oder V + Sc auf die Leibesgröße kann also nur recht allgemein gehalten sein. Die bei auch in China vorkommenden Spezies festgestellten d von mehr als 300 V + Sc ergeben folgende Reihe: *Dryophis prasinus* = 402 (Archipel; Südchina = 374), *Boiga kraepelini* = 385, *E. taeniura* = 372 (Riu kiu; Südchina = 365), *E. moellendorffii* = 369 (♂, Südchina), *Naja hannah* = 365 (Malayana; Südchina = 329), *Rhadinophis melli* = 358 (Südchina), *Elaphe radiata* = 330 (Nordindien; Südchina = 326), *Pt. mucosus* = 329 (Südindien; Ostasien = 308), *Zaocys nigromarginatus* = 327 (Nordkwangtung), *Pt. korros* = 327 (Nordindien; Ostasien = 285), *Dinodon septentrionale* = 326 (Formosa), *Boiga multimaculata* = 326 (Nordindien; Südchina = 284), *Python m. bivittatus* = 324 (Südchina), *Elaphe prasina* = 310 (Nordindien; China = 298), *Elaphe carinata* = 309—304 (♂, Art, Ostchina).

Läßt sich unter Tiergruppen, die in engerem verwandtschaftlichen Verhältnis zueinander stehen, eine Beziehung zwischen den Zahlen der V + Sc und der Körpergröße feststellen? Unter den ostasiatischen und recht verschieden spezialisierten Formen (Grasland-, Wald-, Tiefland-, Hochgebirgs-, Wasserbewohner; Frosch-, Fisch-, Kleintierfresser u. a.) des artenreichsten Schlangengenus, *Natrix*, wie zu erwarten, nur insoweit, als die niedrigsten Zahlen der V (128) sich bei der kleinsten Spezies finden. Bei enger zusammengehörigen Gruppen der Gattung lassen sich eher solche Beziehungen erkennen.

Wasserjagende *Natrix*:

annularis:	V 151,	Sc 64,	V + Sc 215,	Max.-L. = 1000 mm,
aequifasciata:	,, 147,	,, 72,	,, ,, ,, 219,	,, = 1248 ,,
percarinata:	,, 140,	,, 74	,, ,, ,, 214,	,, = 964 ,,

Man möchte nach den Zahlen annehmen, daß die Max.-Längen von *annularis* noch nicht gemeldet sind. Nicht in diese Verwandtschaftsgruppe gehört die wasserjagende *Natrix* Indiens und Indochinas, *piscator*: V 133, Sc 76, V + Sc 209, Max.-L. = 1072 mm (alle Größen von Tieren der ostasiatischen Provinz des Areals).

Deutlicher sind die Beziehungen zwischen Gesamtlänge und den Zahlen der V bei Gattungsangehörigen von gleicher Lebensweise, z. B. den Vertebratenfressern der Gattungen *Elaphe* und *Trimeresurus*.

Vergleichsreihe zu den Zahlen der V, Sc und Max.-L. bei chinesischen *Elaphe* und *Trimeresurus*

Spezies	Zahl der unters. Tiere	V	Sc	V+Sc	Max.-Länge in mm
a) *Elaphe*					
rufodorsata	etwa 50	176	58	234	755
dione	57—55	193	66	259	1104
porphyracea	120—117	199	64	263	1060[1])
prasina	etwa 12	200	106	306	etwa 1000[1])
mandarina	16—15	216	68	284	1543
carinata	49—46	216	91	307	1760
schrenckii	—	217	69	286	etwa 1770
radiata	etwa 40	236	90	326	1845
taeniura	etwa 200	245	103	348	etwa 2000
moellendorffii	8	273	91	364	2150[1])
b) *Trimeresurus*					
monticola	5	153[2])	45	198	762[2])
gramineus	etwa 200	166	63	229	870
jerdonii	20—18	174	56	230	925
mucrosqamatus	59—56	206	83	289	1439

Die Zahlen der V und der Max.-L. bilden also im ganzen gleichlaufende Reihen; bei *Trimeresurus* tun das auch die V + Sc, bei *Elaphe* nicht. — Die bedeutsamste Rolle spielen die Schwankungen in den Zahlen der V oder Sc, bzw. V + Sc bei der geographischen Variation einer Art, also der subspezifischen Gliederung. Unter den in China vorkommenden Schlangenarten mit großräumigen Arealen lassen sich 86 Subspezies unterscheiden; 1 davon (*Elaphe schrenckii besenbruchi* Müller) ist überwiegend

[1]) Es sind noch größere Höchstlängen zu erwarten.

[2]) Die Max. chinesischer Tiere; das von Wall gemeldete Riesentier (Birma) ist nicht einbezogen.

Farbform, bei 4 andern (*Helicops schistosus yunnanensis* Anders.; neben Differenzen in Paarigkeit, bzw. Unpaarigkeit der Sc auch bei 3 *Eryx miliaris*-Formen) ergeben hauptsächlich Beschuppungsverhältnisse des Kopfes die subspezifischen Unterschiede. Bei 81 (94,2%) dieser Formen ist die Abtrennung allein, hauptsächlich oder wesentlich mitbestimmend[1]) durch Schwankungen in den Zahlen der V, der Sc oder beider Größen bedingt.

Anmerkungen zu Tabelle I. Bei jeder der 13 *Natrix* ist die Veränderung in der Beschuppung der Körperunterseite mehr oder weniger erkennbar, am wenigsten bei *modesta* und *parallela*, bei allen anderen deutlich, in auffallendem Grade bei *subminiata*. Die südchinesische Rasse der Art besitzt die höchsten Zahlen der V (Min., Max., d) und Sc. Bei Tieren von Tongking-Birma-Yünnan liegen die Zahlen der V (d) um 4, bei solchen von Assam-Sikkim um weitere 3 tiefer, auch Min. und Max. sinken entsprechend. Ein weiteres und starkes zahlenmäßiges Sinken der V erfolgt in Siam (Max. unter Min. der vorigen Gruppe), die niedrigsten Zahlen zeigen Tiere vom Archipel (Max. nahezu = Min. vom Kontinent). Sechs Tiere vom gebirgigen Teile Hainans, also von einer großen Insel, die dem Areal der maximalen Rasse vorgelagert ist, zeigen Zahlen, die im d über denen des tiefländischen Siam, drei Tiere von Hongkong solche, die unter Min., Max. und d der Archipeltiere liegen, d. h. im letzteren Falle Tiere einer kleinen Insel, die durch eine an ihrer schmalsten Stelle 2 km breite Wasserstraße von der Maximalzone der Art getrennt ist, schlagen unter die Schwankungsbreite der Rasse einer großen Insel, die rund 3000 km südlicher liegt. Das ist ein selten einprägsames, beinahe

[1]) Das ist auch bei den 3 chinesischen *Sibynophis* neben Unterschieden in Zahl und Anordnung der Spl der Fall.

I. Zahlen der V, Sc, V + Sc und Maximallängen der 13 chinesischen *Natrix* mit mittel- oder großräumigen Arealen.

Spezies und Gebiet	Zahl der unters. Tiere	Ventralia Grenzgrößen	Ventralia d	Ventralia Schwkg.	Subcaudalia Grenzgrößen	Subcaudalia d	Subcaudalia Schwkg.	V + Sc d	Maximalgrößen (mm) Äußerste Zahlen	Maximalgrößen (mm) d
a) *tigrina*[1])										
Japan	67-55-55-2	155—169	161	14	66—85	74	19	234	1027—(1103)	1065
China	73-62-62-2	144—164	155	20	50—71	60	21	215	945—1165	1055
Gesamtareal	140-117-117-4	144—169	158	25	53—85	70	32	—	—	—
b) *vibakari*										
Korea	14	146—152	149	14	55—65	62	10	211	560	—
Japan	41-35-35-1	137—152	145	15	58—83	70	25	215	520	—
Südchina	6-4-4-1	130—137	133	7	68—86	77	18	210	435	—
Gesamtareal	61-53-53	130—152	145	22	55—86	70	31	—	—	—
c) *sauteri*										
Nordkwangtung	4-4-4-3	126—135	132	9	63—80	73	17	205	405—440	423
Formosa	37-37-37-3	125—133	128	8	65—88	74	23	202	385—440	417
Gesamtareal	41	125—135	128	10	63—88	74	25	—	—	—
d) *annularis*[2])										
Ostchina	35—27	137—167	154	30	51—76	62	25	216	♀ = 837	—
Formosa	9-8-8-3	139—153	144	14	54—76	68	22	212	860—1000	923
Gesamtareal	44-35-35-3	137—167	151	30	51—76	64	25	—	—	—

e) *percarinata*										
Südfukien-Tongking . .	*12–12–12–2*	*138—148*	*144*	*10*	*72—91*	*79*	*19*	*223*	♂ = *700*, ♀ = *964*	*832* (?)
Sonstiges China .	53–48–48–3	133—143	137	10	52—79	72	27	209	♀ = 688—830	745
Gesamtareal. . .	65–60–60–5	133—148	140	15	52—91	74	39	—	—	—
f) *parallela*[3])										
Sikk.-Assam . . .	5	163—167	165	4	73—80	76	7	241	—	—
SW-Yünnan . .	*12—9*	} *160—175*	*167*	*15*	*78–95(–110)*	*88*	*17(–32)*	253 }	—	—
Birma	*3*							—	♀ = *711*	—
NW-Yünnan. .	*57—45*	*160—178*	*168*	*18*	*60—79*	*71*	*19*	239 }	♀ = *595*, ♂ = *630*	*612*
Szechwan . . .	5	160—173	166	13	72—90	80	18	246 }	2 ♀♀ = 700–790	745
Gesamtareal. . .	82—65	160—178	167	18	60–95–110	75	35–50	—	—	—
g) *modesta*										
Osthimalaya. .	*11–8–8–4*	*148—177*	*159*	*29*	*104—122*	*112*	*18*	*271*	2 ♂♂ = *571–587*	*579*
									2 ♀♀ = *583–630*	606
Nordsiam	4–4–4–2	151—163	155	12	97—130	115	33	270	1 ♀ = 605	—
Gesamtareal. . .	15—12	148—177	159	29	97—130	112	33	—	—	—
h) *johannis*										
Yünnan	6	*161—175*	*168*	*14*	*78—89*	*85*	*11*	*253*	♀ = *925*	—
Südannam . . .	10	149—159	154	10	83—98	88	15	242	♀ = 614	—
Gesamtareal. . .	16	149—175	160	26	78—98	87	20	—	—	—

[1]) Es sind größere Längendifferenzen zwischen Tieren beider Gebiete zu erwarten.
[2]) Es sind höhere Maximallängen von Festlandstieren zu erwarten.
[3]) Die Zahlen der Sc bei Tieren von Südszechwan lassen vermuten, daß diese Individuen nicht zu der Art gehören.
Kursive Ziffernreihen = Maximales Areal der betreffenden Art.

Zahlen der V, Sc, V+Sc und Maximallängen der 13 chinesischen Natrix mit mittel- oder großräumigen Arealen (Forts.).

Spezies und Gebiet	Zahl der unters. Tiere	Ventralia			Subcaudalia			V + Sc	Maximalgrößen (mm)	
		Grenzgrößen	d	Schwkg.	Grenzgrößen	d	Schwkg.	d	Äußerste Zahlen	d
i) *swinhonis*[1])										
Hupe	4	154—165	160	11	46—50	48	4	208	679	—
Szechwan . . .	5—4	152—158	155	6	46—61	56	15	211	♀ = 842	—
Westyünnan. . .	52	136–146–157	143	21	37–54–60	45	23	188	3 ♂♂ = 551–576	562
M- u. SO-Yünnan	16—15	138—156	149	18	43—63	50	20	199	3 ♀♀ = 714–755	734
SW-Yünnan . .	6	145—155	152	10	46–52(–64)	52	6 (18)	204	3 ♂♂ = 610–680	635
Tongking-Birma .	8—6	146—158	152	12	46—61	55	15	207	♀ = 902	
Formosa	14	138—165	149	27	52— 74	59	22	208	3 ♂♂ = 550–560	556
									3 ♀♀ = 630–700	653
Gesamtareal. . .	105—101	136—165	147	29	37—74	48	37	—	—	—
k) *khasiensis*[2])										
Assam	etwa 6	143—155	150	12	73—100	87	27	237	2 = 600–673	636
Birma	25	146—157	152	11	92—110	102	18	254	2 = 518–530	—
Nordkwangtung .	5—4	143—147	146	4	85—102	95	17	241	2 = 587–636	612
Gesamtareal. . .	37—36	143—157	150	14	73—110	98	37	—	—	—
l) *stolata*[3])										
Südind., Ceylon .	34—25	122—147	141	25	50—81	73	31	214	3 ♂♂ = 524–598	550
									6 ♀♀ = 528–568	
Nordindien . .	9	145–155(?)	151(?)	10	72—81	76	6	226	7 ♂♂ = 533–598	549 } 636
									6 ♀♀ = 610–(787)	722
Südl. China . .	174—120	143 —162	153	19	69—87	79	18	232	4 ♂♂ = 520–593	557 } 612
									7 ♀♀ = 635–726	670

Formosa	32—30	142—157	149	15	62—83	75	21	224	4 ♂♂ = 520–587 6 ♀♀ = 580–729	542 655 } 598
Gesamtareal . . .	247—182	(120–)122–162	150	42	50—87(89)	76	37(39)	—	—	—
m) *piscator*										
N-, Mittelindien	*13— 8*	*136—154*	*142*	*18*	*71—98*	*83*	*27*	*225*	*1220—1480*	*1307*
Indomalaya, Malayana . . .	25	126—147	138	21	55—91	75	36	213	—	—
Ceylon	18—12	131—146	135	15	64—90	82	26	217	—	—
Ostasien	198—149	122—145	133	23	64—88	76	24	209	♀ = 975–(1072)	♀ 1025
Gesamtareal . . .	254—194	122—154	137	32	55—98	78	33	—	—	—
n) *subminiata*										
Südl. China . .	*15—14*	*166—179*	*171*	*13*	*67—96*	*84*	*29*	*255*	*3 ♂♂ = 795–890 3 ♀♀ = 886–1088*	*915*
Yünnan-Tongking-Birma	23	160—174	167	14	74—96	84	22	251	2 ♂♂ = 740– 786 3 ♀♀ = *990–1080*	899
Assam-Sikkim . .	16	158—169	164	11	75—97	83	22	247	—	—
Siam	12	143—157	149	14	68—85	76	17	225	775	—
Hainan	6—3	149—155	153	6	69—73	71	4	224	—	—
Archipel	15—11	138—146	141	8	58—78	67	20	208	2 ♂♂ = 540–534 2 ♀♀ = 614–686	590
Hongkong	3	132—142	138	10	68—76	71	8	209	—	—
Gesamtareal . . .	90—82	132—179	160	47	58—97	79	39	—	—	—

[1]) Tiere von Westyünnan haben die niedrigsten Zahlen der V und Sq; von da steigen alle Größen nach Süden und Norden. Die Formosarasse deckt, wenn bei der Höchstzahl kein Druckfehler vorliegt, die gesamte Schwankungsbreite der Art.

[2]) Von Birmatieren sind die Längenmaxima zu erwarten.

[3]) Für Nordindien fehlen Zahlen der V und Sc; es sind etwa solche von gleicher Höhe wie in Südchina zu erwarten. Kursive Ziffernreihen = Maximales Areal der betreffenden Art.

II. Zahlen der V, Sc, V + Sc und Maximallängen von 13 Spezies verschiedener Genera mit mittel- oder großräumigen Arealen.

Spezies	Zahl der unters. Tiere	Ventralia Grenzgrößen	Ventralia d	Ventralia Schwkg.	Subcaudalia Grenzgrößen	Subcaudalia d	Subcaudalia Schwkg.	V + Sc d	Maximalgrößen in mm Äußerste Zahlen	Maximalgrößen in mm d
a) *Zaocys nigromarg.*[1])										
Osthimalaya	*14–13–13 bis etwa 30*	*190—205*	*196*	*15*	*123—137*	*130*	*14*	*326*	*2363*	—
Westchina	22—17	182—203	196	21	101—131	120	30	316	1915	—
Nordkwangtung	3—4	198—199	199	1	126—130	128	3	327	—	—
Formosa	*11—10*	*195—204*	*199*	9	*135—144*	*141*	*9*	*340*	*2110*	—
dhumnades										
Ostchina	43–28–28 bis etwa 50	186—199	192	13	96—126	114	30	306	1950	—
Gesamtareal	93–72	182—205	196	23	96—144	125	48	—	—	—
b) *Ptyas mucosus*[2])										
Südindien	*15–13–13 bis etwa 300*	*193—213*	*201*	*20*	*116—140*	*130*	*24*	*331*	*3583*	—
Himalaya	*7—6*	193—203	197	10	102—122	113	20	309	—	—
Birma	3—2	192—201	197	9	92—122	107	30	304	3083	—
Westhimalaya	4	192—201	195	9	95—105	100	10	295	—	—
Hainan	17	193—200	197	7	106—118	115	12	311	—	—
Ostasien	41	185—198	192	13	98—119	112	21	304	2490	—
Archipel	4	190—195	192	5	92—118	110	26	302	—	—
Gesamtareal	*91—87*	185—204	194	19	92—140	114	48	—	—	—

c) *Ptyas korros*[3])										
Nordostindien.	*9-7-7 bis etwa 70*	*177—191*	*183*	*14*	*135—147*	*144*	*12*	*327*	*2198*	—
Archipel	21-11-11 bis etwa 75	166—177	173	11	124—147	137	43	310	2365	—
Siam	6-5-5-50	161—175	171	14	133—140	137	7	308	1780	—
Hainan, Tongking	13-8-8	158—175	168	17	126—141	132	13	302	—	—
Ostasien	27—17	160—170	164	10	108—133	121	25	285	4 = 1530—1600	1555
Gesamtareal. . .	76—48	158—191	170	33	108—147	131	39	—	—	—
d) *Elaphe carinata*										
Formosa	10	211—217	214	6	87—97	91	10	305	3 = 1547—1740	1643
Ostchina . . .	*25*	*208—226*	*216*	*18*	*77—96*	*88*	*19*	*304*	3 (♀♀) = *1670 bis 1760*[4])	*1720*
Westchina . . .	15	199-216-223	206	17	73—95	85	22	291	3 = 1386—1486	1442
Gesamtareal. . .	50—47	199—226	211	27	73—97	88	24	—	—	—
e) *Elaphe porphyracea*[5])										
Formosa. . . .	„*Viele*“	*203—214*	*209*	*11*	*61—74*	*68*	*13*	*277*	*2 = 1006—1060*	*1033*
Südl. China . . .	7	191—199	196	8	55—71	63	16	259	3 = 870— 940	867

[1]) Osthimalaya und Formosa zeigen die Höchstzahlen der V, Sc und Gesamtlängen; von Formosa sind noch höhere Maximalgrößen zu erwarten.

[2]) Die Zahlen nehmen von Südindien aus zum Westhimalaya und nach Nordosten hin ab; die der Sc werden für Birmatiere bei Bekanntwerden größeren Materials steigen.

[3]) Die Zahlen sinken vom Himalaya aus nach Osten; bei Bekanntgabe weiteren Materials kann wohl mit ziemlicher Sicherheit erwartet werden, daß die Zahlen von Siamtieren zwischen solchen vom Osthimalaya und Archipel stehen. Die Höchstlängen von Nordostindien scheinen noch nicht bekannt.

[4]) Die gemeldete Riesenzahl von 2464 mm ist, wie schon in Kap. III, als wahrscheinlich irrig außer acht gelassen.

[5]) Vom südlichen China sind noch größere Maximallängen zu erwarten.

Kursive Ziffernreihen = Maximales Areal der betreffenden Art.

II. Zahlen der V, Sc, V + Sc und Maximallängen von 13 Spezies verschiedener Genera mit mittel- oder großräumigen Arealen (Fortsetzung).

Spezies	Zahl der unters. Tiere	Ventralia			Subcaudalia			V + Sc	Maximalgrößen in mm	
		Grenzgrößen	d	Schwkg.	Grenzgrößen	d	Schwkg.	d	Äußerste Zahlen	d
Hainan	2	198—202	200	4	75—79	77	4	277	—	—
Westchina . . .	43—42	175—198	187	23	48—68	57	20	244	4 = 828— 934	900
Nordindien . .	*33—32*	*188—218*	*205*	*30*	*57—76*	*67*	*19*	*272*	*3 = 889— 990*	*944*
Archipel	2	207—215	211	—	(74—)76	(75)	—	—	—	—
Gesamtareal. . .	etwa 100	175—218	199	43	51—79	67	28	—	—	—
f) *Dryophis prasinus*										
Archipel. . . .	*43–35–35 bis etwa 100*	*200—235*	*219*	*35*	*165—207*	*183*	*42*	*402*	*1885*	—
Indien	32–32–32 bis etwa 100	194—228	209	34	151—191	170	40	379	1702	—
Tongking, Südchina	7	188—204	198	16	167—183	176	16	374	1640	—
Gesamtareal. . .	82—74	188—235	213	47	151—207	176	56	—	—	—
g) *Naja hannah*[1])										
Südchina	5	238—244	241	6	80— 92	88	12	329	3100	3100
Indien	8–7–8 bis etwa 50	225—254	246	29	76— 95	88	19	334	4394—4700	4479

Sundainseln. .	*8–8–8 bis etwa 25*	*248—257*	*250*	*9*	*112—118*	*115*	*6*	*365*	*4020—4572*	*4397*
Südphilippinen	*6*	*246—267*	*257*	*21*	*101—112*	*105*	*11*	*362*	*4250*	—
Nordphilippinen .	2	249—252	251	—	90— 95	93	—	344	—	—
Gesamtareal. . .	28—27	225—267	249	42	76—118	98	42	—	—	—
h) *Trimeres. jerdonii*										
Hupe, Sze-chwan . . .	*7*	*176—188*	*184*	*12*	*54— 67*	*59*	*13*	*243*	*3 = 823— 925*	*882*
Yünnan.	9—8	160—173	166	13	44— 57	52	13	223	3 = 715— 768	734
Assam, Sikkim .	4—3	164—175	171	11	54— 60	57	6	228	2 = 827— 837	832
Gesamtareal. . .	20—18	160—188	174	18	44— 67	56	23	—	—	—
i) *Trimres. monticola*										
Assam, Sikkim .	58	137—152	144	15	32— 49	41	17	185	3 = 685— 740	718
Yünnan, Birma	*17*	*146—158*	*153*	*12*	*35— 57*	*45*	*22*	*198*	*1 = 977* 3 = 684— 762	— *808*
Fukien-Formosa .	9	135—155	145	20	33— 54	44	21	189		
Malay. Gebiet . .	4	132—135	134	3	16— 40	28	19	162	—	—
Gesamtareal. . .	89	132—158	145	26	16— 57	41	41	—	—	—
k) *Trimeres. mucrosq.*										
Riu kiu	14	182—191	187	9	65— 77	72	12	259	2 = 677— 922	800

[1]) Das von Wall festgestellte Höchstmaß indischer Tiere ist 4419 mm. 4700 mm ist die Höchstzahl Millards, von der W. sagt, daß sie authentisch sei. Sie ist also wohl durch Messung festgestellt, falls sie sich nicht auf die angeblich gleich lange, gestreckte Haut im Museum Kuala Lumpur bezieht. Im letzteren Falle würden etwa 470 mm von 4700 mm abzuziehen sein = 4330 mm. Sollte die Zahl 4700 mm zu recht bestehen, so wären von malayischen Tieren noch höhere Maße zu erwarten.

Kursive Ziffernreihen = Maximales Areal der betreffenden Art.

II. Zahlen der V, Sc, V + Sc und Maximallängen
von 13 Spezies verschiedener Genera mit mittel- oder großräumigen Arealen (Fortsetzung).

Spezies	Zahl der unters. Tiere	Ventralia Grenzgrößen	Ventralia d	Ventralia Schwkg.	Subcaudalia Grenzgrößen	Subcaudalia d	Subcaudalia Schwkg.	V + Sc d	Maximalgrößen in mm Äußerste Zahlen	Maximalgrößen in mm d
Formosa. . . .	*30*	*200—219*	*210*	*19*	*76—95*	*87*	*19*	*297*	*3 = 1185—1439*	*1268*
Ostchina	13	200—215	207	15	76—91	84	15	291	3 = 910—1070	983
Gesamtareal. . .	57—56	182—219	206	36	65—95	83	30	—	—	—
l) *Agkistrodon halys*[1])										
Turkestan-Chingan . . .	*74*	*152—181*	*167*	*29*	*32—53*	*42*	*21*	*208*	2 ♂♂ = *757—760*	*759*
Chingan-Küste. .	30	145—163	155	18	36—48	42	12	197	2 ♀♀ = 705—742	724
Chingan-Yangtse.	100	135—151	142	16	28—46	36	18	178	2 ♂♂ = 503—595 2 ♀♀ = 618—630	586
Japan	16	132—146	141	14	45—55	49	10	190	♂ = 513	—
Gesamtareal. . .	220	132—181	153	49	28—55	40	27	—	—	—
m) *Dinodon rufozon.*[2])										
Riu kiu	7	178—195	189	17	73—87	82	14	271	—	—
Formosa	33	189—216	200	27	61—87	79	26	279	3 = 1020—1030	1024
Shansi-Korea . .	17	188—208	197	20	60—75	69	15	266	1063—1234?	—
Kiangsu, Anwhei	24—22	185—205	197	20	57—84	69	27	266	—	—
Kiangsi, Hunan	*13*	*200—220*	*209*	*19*	*61—86*	*74*	*25*	*283*	*1130—♀ 1190*	*1160*
Szechwan	2	204—207	205	2	70—72	71	—	276	—	—

Westyünnan. . .	12	187–193–201	191	14	61–77–84	71	23	262	2 = 846—855	850
Gesamtareal. . .	108—107	178—220	199	42	57— 87	74	30	—	—	—
n) *Dinodon septentr.*[3])										
Assam, Sikkim .	8	201—221	210	20	73—111	85	38	295	2 ♂♂ = 843—1087 3 ♀♀ = 957—1161	1012
Ostchina	4	197—218	208	21	77— 97	85	20	293	3 = 832— 980	886
Formosa. . . .	*13—11*	*212—233*	*223*	*21*	*97—116*	*103*	*19*	*328*	*2 = 880—1030*	955
Gesamtareal . . .	25—23	197—233	217	36	73—116	93	43	—	—	—

—

[1]) Sind die Höchstlängen japanischer Tiere (*blomhoffi*) unter denen chinesicher und mittelchinesischer (*brevicaudus*), so scheinen die Zahlen der Sc ohne Bedeutung für die Schätzung der Gesamtlänge.

[2]) Die einzige pazifisch-paläarktische Art, bei der scharf ausgeprägt die Höchstzahlen der V unter kontinentalen Rassen nicht an der Küste, sondern inland liegen. Die niedrigsten Zahlen der V finden sich bei einer Inselform (Riu kiu), bei Tieren im hochgebirgigen Westen und im Norden. Die der Hochgebirgsrasse benachbarte der Chengtuebene hat hohe V-Zahlen. Wenn das von Kreyenberg angeblich aus Tsingtao gesandte, größte ♀ wirklich von da stammt und nicht von Krs. Hauptfangplatz (Kiangsi), so sind von Mittelchina noch größere Maximallängen zu erwarten.

[3]) Die Zahlen der V, V + Sc und Maximallängen stimmen nicht zusammen; indische Stücke haben die niedrigsten Zahlen der V und V + Sc, aber die Höchstlängen. Entweder sind also höhere Zahlen der V in Indien oder größere Höchstlängen am Pazifik zu erwarten oder die Inder sind spezifisch verschieden.

Kursive Ziffernreihen = Maximales Areal der betreffenden Art.

unwahrscheinliches Beispiel zur Wirksamkeit der klimatischen Faktoren kleiner Inseln, zu dem mir eine ähnlich illustrative Parallele aus anderen Gruppen der chinesischen Tierwelt nicht bekannt geworden ist. — Die Schwanzlänge und damit die Zahlen der Sc sind bei *subminiata* konstanter als die der V. Bei den Tieren der drei ersten geographischen Gebiete sind die Zahlen der Sc gleich, bei Archipeltieren liegen sie soweit unter denen der kontinentalen Rassen, daß auch allein nach ihnen eine subspezifische Trennung beider erfolgen könnte. Hongkonger Tiere mit Ausschlägen in die von der Art überhaupt bekannten äußersten Minima der V bleiben in den Zahlen der Sc über Archipeltieren, wenn auch tief unter kontinentalen Stücken.

Tabelle II zeigt die Empfindlichkeit der V — Sc gegenüber klimatischen Faktoren an ebenso vielen Tieren verschiedener anderer Verwandtschaftsgruppen [*Ptyas*, *Zaocys*, *Trimeresurus*, *Ågkistrodon*[1]), zwei typischen *Elaphe*, zwei chinesischen *Dinodon* mit großräumigen Arealen, *Naja hannah* und *Dryophis* als Sonderfällen). *Naja hannah* vom Kontinent müssen nach den ungenügend etikettierten Fängen bisher als eine Rasse betrachtet werden; im Archipel bildet die Art wenigstens 3 geographische Formen (Sundainseln, Süd-, Nordphilippinen), von denen die der großen Sundainseln („Malayana“ der Tabelle, weil vermutlich Tiere von Siam, Annam, Malakka auch dazugehören) die Max. der Sc, die der Südphilippinen die Höchstzahlen der V aufweist. Am ausgeprägtesten auf horizontal kleinem Raume ist die Schwankung bei Tieren im hochgebirgigen Westen, *Trimeresurus jerdonii* bildet dort 3 geographische Rassen,

---

[1]) *Tr. gramineus* ist nicht einbezogen, weil unsere gegenwärtige Kenntnis bei ihr — ebenso wie bei *Naja naja* — zur Entscheidung der Frage, welche der zu ihr gezählten Formen als eigene Arten zu führen sind, nicht ausreicht.

bei *Natrix parallela* und *swinhonis* lassen sich 4, bzw. 6 Lokalitäten mit verschiedener Schwankungsbreite erkennen. Eine größere Empfindlichkeit gegen klimatische Faktoren zeigt unter den pazifisch palaearktischen Tieren der Tabellen nur *Dinodon rufozonatum*, und auch sie nur auf viel größerem Raume. Bei ihr finden sich 3 Rassen mit Niedrigzahlen der V an der Nord-, Ost- und Westgrenze des Areals, in Shansi—Korea, auf den Riu kiu und im hochgebirgigen Westyünnan. Ausschläge in die ursprünglicheren Verhältnisse günstigerer Lebensräume kommen bei den beiden kontinentalen dieser Formen vor. Rassen mit den Höchstzahlen der V finden sich in niedrigen Hügelländern (300—500 m) weit voneinander entfernter Gebiete, nämlich in Hunan, Kiangsi (Höchstzahlen) — Szechwan — Formosa. Tiere vom Bergstocke des Ku ling (1800 m) bei Kiu kiang, also in der Höchstzone der V, zeigen Reduktionen ähnlich wie im Norden des Gesamtareals.

Bei 8 von 26 (30,7%) der Arten variieren die Zahlen der V und Sc gleichsinnig (*Pt. korros, E. porphyracea, Trim. monticola* und *jerdonii, Natrix tigrina, percarinata, khasiensis, stolata*), bei 5 (19,2%) entgegengesetzt (*N. vibakari, annularis, modesta, johannis, Trimeresurus mucrosquamatus*), zuweilen im ganzen gleichgerichtet und in einem Areal gegensinnig (*Agkist. halys* in Japan, *Natrix swinhonis* in Formosa, *Dryophis prasinus* in Südchina, *Naja hannah* in den Südphilippinen). Zuweilen sind die Zahlen der Sc bei schwankenden Zahlen der V konstant (*Natrix sauteri*), oder sie verändern sich ohne erkennbar feststehende Beziehungen zu denen der V (*Natrix piscator* und *parallela, Dinodon, Zaocys*). Im allgemeinen scheint es, wie schon oben bei *N. subminiata* gesagt, daß Ausschläge in den Zahlen der Sc weniger leicht und weniger regelmäßig erfolgen.

Es liegt die Frage nahe: ist die Größe der V und Sc bei einer Spezies konstant oder annähernd konstant, oder schwankt sie in irgendeiner Beziehung zur Zahl? Die relative Schwanzlänge, also die Schwanzlänge, ausgedrückt in Hundertteilen der Kopfleibeslänge, schwankt, wie aus den Tabellen des etwa gleichzeitig publizierten speziellen Schlangenteils zu ersehen ist, nach Rasse, Geschlecht, zum Teil auch Individuum, gleichsinnig mit den Zahlen der Sc. Daraus geht hervor, daß die Größe der Sc als artspezifisch und annähernd artlich konstant betrachtet werden kann. — In der letzten Spalte der Tabellen I—II der S. 146ff. sind die bisher bekanntgewordenen Höchstlängen der betreffenden Spezies und Rassen eingetragen. Sie sind zum großen Teile sehr ungenügend bekannt, einmal, weil tabellarisch aufgezeichnete Körperlängen in der herpetologischen Literatur fast nur in den letzten englisch-amerikanischen Arbeiten (z. B. Smith, Taylor, Schmidt) angeführt sind, zweitens, weil große Tiere einer Spezies als Spiritusverwüster bisher von den meisten Herpetologen als unerwünscht bezeichnet und deshalb nicht gesammelt wurden. Die nur lückenhaft bekanntgewordenen Maximallängen geographischer Rassen genügen immerhin zur Erkenntnis, daß sie im allgemeinen parallel den Zahlen der V steigen und fallen, daß also höhere Zahlen der V größere Rassen anzeigen und umgekehrt (*Natrix tigrina*, *vibakari*, *sauteri*, *percarinata*, *johannis*, *stolata*, *piscator*, *subminiata*, *Zaocys*, *Ptyas*, *Elaphe*, *Dryophis*, *Trimeresurus jerdonii*, *monticola* und *mucrosquamatus*, *Agk. halys* u. v. a.), daß also auch die Größe der V als artspezifisch und annähernd artlich konstant bezeichnet werden kann.

Wo finden sich die durch höhere Zahlen der V (und meist auch V + Sc) charakterisierten größeren Rassen chinesischer Spezies?

1. Bei sibirisch palaearktischen Arten, dazu gehören

von den in den Tabellen genannten *Elaphe dione*[1]) und *Agkistrodon halys* in den nördlichen Provinzen ihrer Areale, auf dem 40. Grad n. Br. oder nördlich von ihm.

2. Bei pazifisch palaearktischen Tieren in Ostasien (s. str.). Darunter verstehe ich das Gebiet zwischen rund 40—24⁰ n. Br. und 140 bis etwa 112⁰ ö. L. Bei manchen Spezies der Gruppe finden sich die Maxima der V und Länge bei der Rasse der östlich vorgelagerten Inselflur (z. B. *Natrix tigrina* und *Trimeresurus mucrosquamatus*), bei anderen in der kontinentalen Küstenregion (z. B. *Natrix annularis* und *Elaphe carinata*), selten hinter ihr (*Dinodon rufozonatum* und anscheinend auch *Agkistrodon acutus*).

3. Bei Ost- und zum Teil auch Prähimalayaformen liegen sie in den Mittel- und Hochgebirgen zwischen Sikkim (—Assam—Birma) bis Yünnan und den unmittelbar nördlich und südlich anschließenden, zum Teil auch in den östlich davon ausstrahlenden Bergzügen.[2]) Dazu gehören von den in den Tabellen genannten Spezies *Natrix parallela, subminiata, khasiensis, modesta, johannis,* vielleicht auch *stolata, Zaocys nigromarginatus, Ptyas korros, Elaphe porphyracea, Trimeresurus monticola.*

4. Bei einigen wenigen Arten befinden sie sich im Süden oder anderen Teilen Indiens außerhalb der in 3 genannten Gebiete (*Ptyas mucosus, Naja naja, Vipera russellii, Naja hannah* pt.?).

5. Bei indomalayischen Tieren bewohnen sie das malayische Gebiet („Malayana"), also das malayische Festland (Annam, Siam) — ausgenommen den gebirgigen Norden —, die malayische Halbinsel bis zum Isthmus von Krah) und den Archipel. Dazu gehören z. B. *Dryophis* (A.), *Naja hannah* (A. pt.?), *Enhydris plumbea* (F.) u. a.

---

[1]) Im biologischen Teile der demnächst erscheinenden Arbeit über chinesische Schlangen.

[2]) Man vgl. auch Kap. I, S. 47—49.

Wahrscheinlich wird sich bei Bekanntwerden größerer Daten aus diesem Gebiete eine weitere Aufteilung (Festland, Macro-, Micromalayana, Philippinen) als notwendig erweisen.

Es läßt sich daraus folgern, daß, wie man voraussetzen konnte, die Bergmannsche Regel über die Größenzunahme von Warmblütlerrassen in den kalten Teilen ihres Lebensraumes auf die untersuchte Tiergruppe nicht übertragen werden kann. Eine Verbreitungsregel für diese müßte etwa lauten: Reptilien und wahrscheinlich poikilotherme Lebewesen überhaupt erreichen ihre Maxima im Gebiet ihrer größten Häufigkeit, in der optimalen Region ihres Areals.

Die Lage der optimalen Region ermöglicht in einer Reihe von Fällen einen Schluß auf die Herkunft einer Spezies, auch wenn diese abseits vom gegenwärtigen Verbreitungszentrum der Gattung abgesproßt ist. In China finden sich unter 24 *Natrix*-Arten 13 Spezies mit Arealen, die groß genug sind, um geographische Differenzierung zu ermöglichen. Nach ihrer gegenwärtigen Verbreitung müssen 2 von ihnen als indische (*piscator*, *stolata*), 5 als pazifisch palaearktische Arten, 6 als Osthimalayadeszendenten bezeichnet werden. 11 von ihnen, die 2 indischen eingeschlossen, erreichen ihre Maxima (V und Länge) und haben mithin ihre optimalen Regionen in der nördlichsten Provinz ihrer Lebensräume, die 12., *khasiensis*, mit einem schmalen, west-östlichen Gürtelareal, im höheren Teile desselben. Die 13. Art, die bergbachbewohnende *percarinata*, hat sie nach unserer gegenwärtigen Kenntnis im Süden und Westen, den bei weitem gebirgigsten Teilen ihres Lebensraums. Es läßt sich also sagen, daß sicher 92,3%, vielleicht sogar alle diese *Natrix* ihre Optima in den nördlichsten, bzw. kühlsten Teilen ihrer Areale haben, und man kann aus diesem Befunde schließen, daß die Gattung *Natrix* ein Sproß mäßig temperierter Gebiete ist. Der Schluß wird durch die nachstehende Übersichtsreihe zur Verbreitung dieser größten Ophidiergattung bestätigt.

Bisher bekannte Spezies der Gattung *Natrix*		Davon zeigen Beziehungen zu mäßig temperierten Gebieten
Nearktisch (südlich bis Mittelamerika)	24	24
Atlantisch palaearktisch	3	3
Mediterran afrikanisch	10	10
Ost- und südasiatisch	55	39
Papuanisch (Molukken-Australien)	7	—
Australisch	1	—
Zusammen	100	76 = 76%

Die Herpetologie besitzt also in den Maximalzahlen der V und der am schnellsten mit ihrer Hilfe zu ermittelnden Lage der optimalen Regionen[1]) ein außergewöhnlich brauchbares Hilfsmittel zur natürlichen geographischen Gliederung ihrer Untersuchungsobjekte. Die hier versuchte, in erster Linie auf die Lage der optimalen Regionen begründete und deshalb wohl natürliche geographische Gliederung der chinesischen Schlangen- (Reptilien-?) Fauna läßt, wie vorn gesagt, in der Hauptsache 6 Elemente unterscheiden: das sibirisch palaearktische, das pazifisch palaearktische Element, die Prä- und Osthimalayaformen, das indische, bzw. indoafrikanische und indomalayische Element.

Zur Klärung der Frage, ob sich eine Beziehung zwischen den Zahlen der V und Sc und der Lebensweise feststellen läßt, soll die nachstehende Tabelle der chinesischen Schlangenspezies mit Durchschnittszahlen der V und Sc über 300 dienen.

[1]) Zur Feststellung der optimalen Region einer Art wurden außer den Maxima der V und damit der Gesamtlänge auch Häufigkeit, Färbung, zum Teil auch Vermehrungsstärke benutzt.

Spezies	d der V + Sc bei ostasiat. Tieren d. Art	
	Absolute Zahlen	Auf 1 mm Länge
1. Supraterrane Tiere		
a) Baum- und Buschbewohner		
Dryophis prasinus	389	0,26
Boiga kraepelini	385	0,30
Rhadinophis melli	358	0,34
Chrysopelea ornata	347[1]	0,31
Ahaetulla boiga[2]	323[1]	0,27
Elaphe prasina	310	0,30
Dinodon septentrionale	310	0,27
Boiga multimaculata	305	0,26
d für 8 spec.	343	0,29
b) Hauskletterer (nicht spreizklimmend)		
Lycodon fasciatus	281	0,27
,, *aulicus*	274[1]	0,28
,, *subcinctus*	274[1]	0,27
c) Nicht mehr kletternde Verwandte von Kletterschlangen		
Dinodon rufozonatum	274	0,22
2. Kletterfreunde unter Erdbewohnern.		
Elaphe moellendorffii	364	0,17
,, *taeniura*	348	0,17
,, *radiata*	326	0,18
Zaocys nigromarginatus	326	0,14
Python m. bivittatus	324	0,06
Ptyas korros	312	0,15
,, *mucosus*	308	0,12
Elaphe carinata	304	0,17
d für 8 spec.	326	0,14

[1]) Da Angaben über chinesische Tiere nicht vorliegen, sind solche von Archipeltieren eingesetzt.

[2]) = *Dendrophis pictus.*

Die 8 Spezies der supraterranen chinesischen Schlangen (Gruppe 1a) gehören 7 Genera an, und alle haben im Durchschnitt über 300 V + Sc. Von den Kletterfreunden (Gruppe 2) werden *Python* und die beiden *Ptyas* mehr auf Baum und Busch als auf der Erde angetroffen, und ihre Seitlinie der V läßt vermuten, daß sie wohl ursprünglich Baumtiere waren. Ausgesprochene Kletterfreunde sind die 3 *Elaphe*. Über die Lebensweise der restlichen 2 von Gruppe 2 (*Zaocys* und die letzte *Elaphe*) ist zu wenig bekannt; doch sprechen ihre verwandtschaftlichen Beziehungen zum wenigsten nicht dagegen, sie als Kletterfreunde einzureihen. Von 16 chinesischen Schlangenspezies mit mehr als durchschnittlich 300 V + Sc sind also

supraterrane Baum- und Buschbewohner .	8 = 50%
ursprünglich kletternde Formen, die sich dem Boden anzupassen im Begriff sind .	3 = 18,7%
ausgesprochene Kletterfreunde	3 = 18,7%
vielleicht Kletterfreunde.	2 = 12,6%

Chinesische Schlangenspezies mit durchschnittlich mehr als 300 V + Sc lassen sich also als Baumtiere oder Kletterfreunde bezeichnen. Die supraterranen Tiere der Gruppe 1a mit Maximalgrößen chinesischer Tiere von rund 1000—1600, d = 1200 mm, haben 305—389, d = 343 V + Sc, die Kletterfreunde der Gruppe 2 mit Maxima chinesischer Individuen von 1543—5200 (*Python*), d = 2500 mm, haben 304—364, d = 324 V + Sc (die nur mittelgroßen supraterranen Tiere haben also 0,26—0,34, d = 0,29, die großen und sehr großen Kletterfreunde 0,06—0,19, d = 0,16 Epidermalgebilde auf der Flächeneinheit). Es zeigt sich also, daß die spreizklimmende Fortbewegung der Baum- und Buschbewohner und die

Höchstzahlen der V + Sc in Beziehung zueinander stehen. Das ausgesprochene Moment zur Vergrößerung der Kletterfähigkeit dürfte die Körperlänge sein, und erst in zweiter Linie wirken Zahl und Sonderform der Hautgebilde als Erleichterungs- und Beschleunigungsmittel.

Zeigt sich ein Unterschied in den Zahlen der V + Sc bei kletternden und nicht oder weniger kletternden Spezies einer Gattung? *Boiga multimaculata* wird nachts vielfach auf dem Boden angetroffen, was von *B. kraepelini* nicht bekannt ist. Die Maximalgrößen beider Arten verhalten sich wie 1153 : 1280 mm, die Durchschnittszahlen der V + Sc = 305 : 385, d. h. *B. multimaculata* hat 46 Einheiten weniger, als sie ihrer Größe und den Gattungsverhältnissen nach haben sollte (351). Die baum- und huskletternde *Dinodon septentrionale* hat 310, die größere, aber nicht kletternde *D. rufozonatum* 274 V + Sc. Da letztere die im allgemeinen für Klettertiere charakteristische Bauchkante hat, dürfte die Anpassung an Erdleben bei ihr als sekundär anzusehen sein. Bei beiden Genera zeigt also die mehr, bzw. ausschließlich erdjagende Spezies die wesentlich niedrigere Zahl der V + Sc, trotz größerer Länge. Ob diese niedrigeren Zahlen Ursache oder Folge der nicht kletternden Lebensweise sind, muß dahingestellt bleiben. — Bei den drei nicht spreizklimmenden Hauskletterern der *Dinodon* sehr nahestehenden Gattung *Lycodon* sind die absoluten Zahlen der V + Sc (d = 276) deutlich unter 300, die relativen Zahlen (0,273) nicht niedriger als bei *Boiga, Dinodon, Ahaetulla* (= *Dendrophis*), *Dryophis*.

Die bei auch in China vorkommenden Spezies beobachteten äußersten Schwankungsbreiten in den Zahlen der V sind bei:

53 *Call. macclellandii* . 62
153 *Naja naja* 56
65 *Boiga multimaculata* 52
20 *Holarchus purpurascens* 50
220 *Agkistrodon halys* . 49
83 *Dryophis prasinus* . 47
93 *Natrix subminiata* . 47
120 *Elaphe porphyracea* 43
129 *Dinodon rufozonatum* 42
28 *Naja hannah* . . . 42
247 *Natrix stolata* . . 42

Die maximalen Schwankungsbreiten in den Zahlen der Sc zeigen:

Dryophis prasinus . . . 56
Ptyas mucosus 48
Zaocys nigromarginatus 48
Elaphe taeniura 46
Dinodon septentrionale . 43
Naja hannah 42
Natrix chrysarga . . . 42
Trimeresurus monticola. 41
Boiga multimaculata. . 41

Die maximalen Schwankungen in den Zahlen der V + Sc finden sich bei:

83 *Dryophis prasinus*. 103
65 *Boiga multimaculata* 93
153 *Naja naja* 87
93 *Natrix subminiata*. 86
28 *Naja hannah* . . . 84
53 *Call. macclellandii* . 83
99 *Elaphe taeniura* . . 89
20 *Holarchus purpurascens* 81
247 *Natrix stolata* . . 77
27 *Dinodon septentrionale* 75
220 *Agkistrodon halys* . 76
129 *Dinodon rufozonatum* 72
75 *Ptyas korros* . . . 72
95 *Zaoc. dhumnades* . 71

Das sind, wie vorausgesetzt werden konnte, alles Tiere mit großräumigen Arealen; der relativ hohe und sehr hohe Anteil der Elapiden und Klettertiere ist deutlich; nur eine Spezies ist sibirisch palaearktisch.

Liegt die bei einer Art beobachtete größte Schwankungsbreite in ihrem optimalen Areale? Das ist, soweit sich nach dem vielfach ganz unzulänglichen Materiale dazu etwas sagen läßt, anscheinend der Fall bei: *Natrix subminiata* (Birma, Yünnan), *Natrix modesta* (V), *N. annularis* (V), *Pseudoxenodon sinensis* (V), *Holarchus violaceus* und *purpurascens*, *Ptyas korros* (V), *Dryophis prasinus*, *Enhydris plumbea* (V), *Calliophis macclellandii*, *Trimeresurus gramineus*, *Vipera russellii*.

Es trifft nicht zu bei *Natrix tigrina, stolata, parallela, vibakari, piscator, Liopeltis, Zaocys dhumnades, Ptyas mucosus, Elaphe taeniura, radiata, Lycodon fasciatus, Boiga multimaculata, Psammodynastes*, beiden *Naja*, beiden *Bungarus, Trimeresurus* (außer *gramineus*), *Agkistrodon acutus*. — Bei *Natrix stolata, piscator, vibakari, Bungarus* liegt die größte Schwankung im Süden der Areale (die Optima im Norden), bei *N. sauteri* auf dem Kontinent.

V. Beschuppungsverhältnisse der Leibesober- und -unterseite bei Wassertieren.

Bei Wasserbewohnern sind zur Darstellung der Verhältnisse der Rückenbeschuppung einige Spezies in Tabelle und Vergleichsreihe einbezogen, die gelegentlich für die südliche Küste angegeben wurden, für die aber Belegstücke aus chinesischen Gewässern bisher nicht vorliegen, wenn auch ihr Vorkommen in Hainan und vielleicht auch in Hongkong als möglich angesehen werden muß.

Tabelle der Sq und Spl bei Wasserbewohnern.

Spezies	Zahl der unters. Tiere	Größte Länge in mm	Sq in Leibesmitte	Spl
1. Reine Meerestiere				
Acrochordus javanicus Hornst.[1]	etwa 30	etwa 2500	120—150	—
Chersydrus granulatus (Schneid.)	„ 30	1220	etwa 100	—
Thalassophina viperina (Schmidt)	„ 50	925	37—50	7— 9
Enhydrina schistosa (Daud.) .	„ 400	1398	49—66	7— 8
Hydrophis spiralis (Shaw) .	„ 100	1830–2745	29(33?)–38	6— 8
— *cyanocinctus* Daud. . . .	„ 140	1885–2135	37—47	7— 8
— *melanocephalus* Gray . .	„ 30	1230	33—41	(6–)7–8
— *obscurus* Daud.	„ 20	1220	29—37	6— 7

[1]) Man vgl. die Fußnote auf S. 169.

Tabelle der Sq und Spl. bei Wasserbewohnern (Fortsetzung).

Spezies	Zahl der unters. Tiere	Größte Länge in mm	Sq in Leibesmitte	Spl
Hydrophis ornatus (Gray)	etwa 40	950–1245	33—55	7—8
— *fasciatus* (Schneid.)	„ 100	1110	39—58	(5–)6–7
Acalyptophis peronii (D. B.)	„ 5	1230	23—29	6—7
Lapemis hardwickii (Gray)	„ 300	860–915	25—41	7—8
Astrotia stokesi (Gray)	„ 10	1600	47—59	8—10
Pelamis platurus (L.)	„ 200	880	49—67	7—8
Microcephalophis gracilis (Shaw)	„ 50	1025	30—43	(5—)6
2. Meerestiere, die die Ruhezeit am Lande verbringen				
Laticauda laticauda (L.)	etwa 40	1070–1093	19	7
— *colubrina* (Schneid.)	„ 30	1420–1525	21—25	7—8
— *semifasciata* (Reinw.)	„ 20	1305	21—23	7
Aipysurus eydouxi (Gray)	18	910	17(—16)	6
Emydocephala ijimae Stejn.	17	840	17—19	3
3. Bewohner von Landgewässern				
a) Tiere, die das Wasser nicht verlassen				
Homalopsis buccata (L.)	etwa 20	1310	37—47	10—12
b) Solche, die nicht selten an Land gehen				
Enhydris chinensis (Gray)	46	690	(25—)23	7—8
— *enhydris* Schneid.	etwa 20	992	(23—)21	8
— *benettii* (Gray)	11	530	21	7—8
— *plumbea* (Boie)	79	560	19	8

Vergleichsreihe dazu:

Ökologische Gruppe	Zahl der unters. Tiere		Größte Länge in mm		Sq in Leibesmitte		Spl.	
	Spez.	Individ.	Grenzgröße	d	Grenzgröße	d	Grenzgröße	d
1 a) Reine Meerestiere[1] .	15	etwa 1495	860—2745	1428	23—150	49	10— 5	7,4
b) Ans Land gehende Meerestiere.	5	„ 125	840—1525	1167	16— 25	20	8— 3	6,3
2 a) Reine Landgewässertiere .	1	„ 20	1310	—	37— 47	42	12—10	11
b) Ans Land gehende Formen	4	„ 156	530— 972	693	19— 25	22	8— 7	7,7

Als erstes und augenfälligstes Moment gegenüber Landschlangen ergeben sich die hohen, zum Teil außerordentlich hohen, sowie stark schwankenden Zahlen der Sq, als zweites die variablen und zum Teil sehr niedrigen Zahlen der Spl.

Wasserschlangen sind nahezu ausschließlich Fischfresser (für einige Spezies oder Rassen wird Neigung für Tintenfische angegeben); sonst ist im einzelnen über die Nahrungswahl der verschiedenen Spezies noch weniger bekannt als über die landbewohnenden Arten, so daß eine weitere Gliederung nach den bei Landschlangen gewählten Gesichtspunkten undurchführbar erscheint. Beziehungen zwischen Nahrung und Schuppenformel werden sich bei Wassertieren — auch bei vergrößerter Kenntnis ihrer Gewohnheiten — in weit geringerem Grade als bei Landtieren feststellen lassen. Die meisten Hydrophiinen haben nämlich einen kleinen, schmalen Kopf, der Mittel zum leichten Durchschneiden des Wassers sein kann, anderer-

[1]) *Acrochordus*, überwiegend Grundbewohner im Brackwasser, ist bei einer Zweiteilung in Landgewässer- und Meerestiere zu letzteren zu zählen.

seits aber die Aufnahme größerer Beutetiere unmöglich macht, ganz besonders dann, wenn der Verkleinerung des Kopfes eine Verringerung der Zahlen der Spl (auf 5 bzw. 3) parallel geht. Unsere geringe Kenntnis der Nahrungsbiologie der Wasserschlangen liefert immerhin ein Beispiel, daß auch bei ihnen Beziehungen zwischen Nahrungswahl und Schuppenformel erkennbar sind. Die meisten Seeschlangen bevorzugen infolge ihrer verkleinerten Maulspalte aalartig gebaute Fische (*Muraenichthys* u. a.), die Tiere der Gruppe 1b der Vergleichsreihe, also die mit den niedrigsten Zahlen der Sq (17—25) haben sich, soweit wir wissen, für solche spezialisiert. Für *Enhydrina schistosa*, also eine Spezies mit hohen Zahlen der Sq (49—66), wird angegeben, daß sie an manchen Teilen der malayischen Küste Siluriden (Welse) frißt.

Tiere mit normal großem Kopfe und hohen Zahlen der Spl (*Homalopsis*) oder ausgesprochen bulldoggenhaftem Kopfe, Auflösung der Spl in Plättchen[1]) von der Größe der Mosaikschuppen des Leibes (*Acrochordus, Chersydrus*), können, unterstützt durch Leibesvolumen und hohe (37—47), ja, die im ganzen Schlangenbereiche äußersten Zahlen der Sq (100—150) auch die riesigsten *Rana tigrina*, auch große und hochgebaute Fische, wahrscheinlich auch junge Schildkröten verschlingen.

Aale, aalartig gebaute Fische und Schlangen entsprechen einander nach ihrem Volumen und demnach den Raumansprüchen, die sie an das Verdauungsrohr ihrer Verschlinger stellen, durchaus. Trotzdem haben Schlangenfresser unter Landtieren 13—15, „Aalfresser" unter Wassertieren 17—25 Sq, also im Extrem fast doppelt soviel bei gleicher oder viel geringerer Körperlänge.

---

[1]) Ist z. T. auch bei der bergbachtümpelbewohnenden *Opisthotropis kuatunensis* Pope erfolgt, vgl. Kap. III, S. 134.

Es müssen also andere Momente sein, die die soviel höheren Zahlen der Sq bei Wassertieren erzeugen helfen. Die rezenten Wasserschlangen sind Abkömmlinge landbewohnender Formen. Diejenigen Spezies beider Gruppen, die gelegentlich oder regelmäßig noch an Land gehen, zeigen noch die meisten Beziehungen zu den Verhältnissen bei Festlandsbewohnern. Die Zahlen ihrer Sq sind gegenüber denen ihrer nächsten landbewohnenden Verwandten relativ unbeträchtlich erhöht. Bei Meeresbewohnern der Gattungen *Aipysurus, Emydocephalus* und *Laticauda*, die tags am Ufer ruhen und im allgemeinen nur nachts auf Beute ins Meer gehen und nur an dessen Oberfläche jagen, finden sich 17—25, d = 20, bei den vielfach nachts an Land gehenden, dann auch kleine Strecken über Land wandernden Brack- und Süßwasserbewohnern der Gattung *Enhydris* 19—23—(25), d = 21 Sq. Bei *Enhydris* zeigt sich weiter, daß die am meisten an Land gehende und an Land ruhende, sowie froschfressende *E. plumbea* (Boie) die niedrigsten Zahlen der Sq (19) in der Gattung besitzt, während die das Wasser selten verlassenden *benetti* (Gray) und *chinensis* (Gray) höhere Zahlen [21 und 23 (—25)] haben, obwohl sie, soweit bisher bekannt, ausschließlich schlanke Fische fressen.

Bei Arten, die freiwillig das Wasser nicht verlassen, die auch tauchend jagen oder, auf der Oberfläche treibend, ruhen und schlafen, tritt die Erhöhung der Zahlen der Sq viel stärker in Erscheinung. Ein passives Flottieren auf der Wasseroberfläche in der Ruhe ist nur bei Lebewesen denkbar, die spezifisch leichter sind als Wasser. Auf Konto einer Dehnbarkeit des Körpers zwecks Luftspeicherung ist wohl eine Zunahme der Zahlen der Sq erfolgt.[1]) Ferner

---

[1]) Manche Seeschlangen ruhen und jagen auch stundenlang unter Wasser; es sind Beispiele bekannt, daß an Grundangeln gefangene „die ganze Nacht", d. h. also 8—12 Stunden, ohne Sauerstoffaufnahme aus

werden bei den meisten rein marinen Formen die V infolge Nichtgebrauchs mehr oder weniger stark rückgebildet, bei manchen bis zum Schwund, und der von ihnen ursprünglich beanspruchte Raum, d. i. roh geschätzt 25—30% des Leibesumfangs, wird von Körperschuppen eingenommen, was eine weitere Steigerung der Zahl zur Folge haben kann. Nicht durch die Erfordernisse des Mediums erklärbar sind die außerordentlichen Schwankungen in den Zahlen der Sq und zum geringeren Teile in denen der Spl.

Vergleichsreihe zur Gesamtschwankung der Sq bei den Spezies ostasiatischer Wasser- und Landschlangen

Ökologische Gruppe	Zahl unters.		Zahlen der Sq			Spl	
	Spezies	Individuen	Grenzgröße	d	Schwksbreite	Grenzgröße	d
Reine Seeschlangen	15	etwa 1495	23—150	49	127	10—5	6,0
An Land gehende Seeschlangen . .	5	„ 125	17—25	20	8	8—3[1])	6,3
Reine Süßwasserschlangen . . .	1	„ 20	37—47	42	10	10—12	11
An Land gehende Süßwasserschlangen	4	„ 156	19–23(–25)	21	4(6)	7—8	8
Landschlangen . .	106	„ 3867	13—71	19	58	13—5(4)	8

Minima, Maxima und Gesamtschwankungsbreite der Sq sind also bei rein marinen Formen

der Atmosphäre zugebracht haben. Bei solchen Tieren wird wohl der größte Teil des benötigten Sauerstoffs dem Wasser durch das kiemenartig wirkende Zahnfleisch der Hydrophiinen entnommen.

[1]) Es wurden auch 2 und 1 Spl angegeben; Mlcm. Smith erwähnt diese Minima in seiner 1926 erschienenen Monographie der Seeschlangen nicht.

doppelt, im Durchschnitt 2,6mal so groß als bei einer 7mal so großen Zahl von Landschlangen.

Um die Schwankungsbreite der Sq in der Leibesmitte innerhalb einer Art zu vergleichen, sind in der folgenden Reihe die Spezies mariner und terrestrischer Schlangen zusammengestellt, von denen Untersuchungen an mehr als 10 Individuen vorliegen.

Ökologische Gruppe	Zahl der Spezies	Zahlen der Sq				
		Konstant	Schwkg. 1—4	Schwkg. 6—9	Schwkg. 10—20	Schwkg. 21—30
Reine Seeschlangen .	14	0	0	4=28,6%	8=57,1%	2=14,3%
An Land gehende Seeschlangen	5	1=20%	4=80%	—	—	—
Reine Süßwasserschlangen.	1	—	—	—	1	—
An Land gehende Süßwasserschlangen	4	2=50%	2=50%	—	—	—
Landschlangen . . .	85	65=76,5%	17=20%	3 = 3,5%	—	—

Die Schwankungsbreite der Sq bildet also von den rein marinen Formen bis zu den Landbewohnern eine fallende Reihe: bei den ersteren fehlen Konstanz und Schwankungen von 1—4 gänzlich, die minimalen Schwankungen liegen zwischen 6—9; bei den Landtieren dominiert Konstanz (76,5%), und die Schwankungsmaxima sind gleich den Minima mariner Spezies.

Die Belegzahlen dieser Tabelle verdichten sich zu Ergebnissen, wenn man die Schwankungsbreite der Ventralia land- und meerbewohnender Spezies, von denen 20 und mehr Individuen untersucht werden konnten, zusammenstellt:

Ökologische Gruppe	Zahl der unters. Spezies	Schwankungsbreiten der V-Zahlen	
		Grenzgrößen	d
Landschlangen	45	10— 62	31
An Land ruhende Meeresschlangen	3	35— 51	41
Rein marine Arten	10	67—206	105

Die Schwankungsbreite in den Zahlen der V nimmt also bei Anpassung an Meeresleben stark zu. Das bei 10 Spezies mariner Formen beobachtete Schwankungsminimum liegt über dem bei 45 Spezies terrestrischer Spezies festgestellten Maximum, und die durchschnittliche Schwankungsbreite ist bei nur 22,2% mariner Spezies 3,4mal so groß als bei Landtieren.

Noch auffallender ist, daß unter marinen Formen die bei Landbewohnern im allgemeinen spezifisch konstante Größe der V nach den Geschlechtern — vielleicht auch individuell — schwankt. Es lassen sich unter den nur 9 Arten, für die ausreichende Zahlen vorliegen (mehr als 20 untersuchte Tiere), nach der Schwankungsbreite der V folgende 5 Gruppen unterscheiden:

Spezies	♂ : ♀; Zahlen der			Allgemeine Bemerkungen
	V	V + Sc	Max. L. (d)	
a) Verhältnisse wie bei Landschlangen (♀ größer als ♂ und höhere Zahlen der V + Sc).				
M. gracilis . . .	272 : 284	308 : 324	838 : 985 mm	22,2% d. Fälle
L. colubrina . .	224 : 232	246 : 264	870 : 1400 „	
b) ♂ größer als ♀, aber Zahlen der V und V + Sc gleich.				
A. eydouxi . . .	136 : 137	167 : 164	640 : 538 mm	Der ♂ hat in 55,6% der Fälle größere V
D. cyanocinctus .	341 : 349	390 : 392	1465 : 1230 mm	

Spezies	♂ : ♀ ; Zahlen der V	♂ : ♀ ; Zahlen der V + Sc	♂ : ♀ ; Zahlen der Max. L. (d)	Allgemeine Bemerkungen
c) ♂♀ gleich groß oder ♂ größer, aber ♀ höhere Zahlen der V und V + Sc.				
L. hardwickii . .	136 : 175	170 : 208	670 : 680 mm	
H. ornatus . . .	232 : 261	274 : 301	762 : 752 „	(Vgl. b)
H. fasciatus. . .	451 : 470	504 : 517	875 : 875 „	
d) ♂ kleiner als ♀, aber Zahlen der V und V + Sc etwa gleich.				
T. viperina . . .	242 : 241	284 : 284	735 : 810 mm	Der ♂ hat in 22,2 % d. Fälle kleinere V
E. schistosa . . .	256 : 262	303 : 303	920 : 1268 „	
e) Die größere geographische Rasse einer Art hat niedrigere Zahlen der V und V + Sc, also bedeutendere Einzelgrößen der V.				
H. f. fasciatus .	451 : 470	504 : 517	875 : 875 mm	
H. f. atriceps . .	349 : 376	400 : 427	958 : 952 „	

Die außergewöhnliche Schwankungsbreite in den Zahlen der V und Sc ist ebensowenig wie die der Sq und zum Teil auch der Spl durch die Erfordernisse des Mediums bedingt. Die Zahlen der Sq können nach oben, die der Spl und V und Sc nach beiden Seiten theoretisch fast unbegrenzt schwanken, weil in den nicht tiefen Ufer- und Inselmeeren, in denen Seeschlangen mit Vorliebe sich aufhalten, keine Umweltsfaktoren wirken, die — wie bei Landschlangen — eine entstehende Variante der zur Betrachtung stehenden Größen als Unzweckmäßigkeit ausmerzen könnte. Es herrschen das ganze Jahr hindurch Temperaturen, die selten unter + 25° C sinken, Nahrung findet sich stets reichlich, Feinde gibt es wenig.[1]) Die

[1]) Nachgewiesen sind als solche meines Wissens nur große Seevögel, insbesondere Seeraubvögel (*Haliaëtus, Spilornis, Haliastus, Ketupa* u. a.), die auch dafür verantwortlich zu machen sind, wenn gelegentlich rein marine Hydrophiinen im Lande gefunden werden: die Vögel haben die Beute aus irgendeinem Grunde fallen lassen. Auch Haie

außerordentlichen Schwankungen in den Zahlen der Sq, Spl und V—Sc bei Seeschlangen sind Ausdruck der durch äußere Faktoren unbeschnittenen Variabilität in einem Gebiete des Areals, das fast als theoretisch mögliches Optimum angesehen werden kann.[1])

---

gelten (nach Cantor) als Feinde; daß sie als solche nachgewiesen sind, ist mir nicht bekannt geworden.

[1]) Vielleicht kann man andrerseits auch von vergleichsweise optimalen Anpassungen an dieses theoretisch optimale Areal sprechen (Ermöglichung des Schlafens im Wasser, der submarinen Atmung mit Hilfe des Zahnfleisches, der Tauchfähigkeit der Jungtiere vom Moment des Geborenwerdens an — man vgl. dazu S. 190 usw.

VI. Die Geschlechter.

Da die paarigen Geschlechtsorgane des ♂ von der Kloake nach hinten liegen, ist die Schwanzwurzel des geschlechtsreifen Männchens leicht rübenartig aufgetrieben, was besonders in der Bauchaufsicht erkennbar ist. Bei Seeschlangen ist infolgedessen beim ♂ die Schwanzbasis weniger seitlich abgeflacht, bei Landschlangen und den meisten wasserbewohnenden Arten der Schwanz etwas länger als beim ♀, umgekehrt sind Leibeslänge und Leibesraum beim ♀ nahezu aller Spezies zwecks Aufnahme der Vermehrungskörper etwas länger und größer als beim ♂.

Infolgedessen sind im allgemeinen die Zahlen der V beim ♀, die Zahlen der Sc und die relative Schwanzlänge beim ♂ größer. Das trifft unter den chinesischen Spezies, für die genügend Vergleichsmaterial vorliegt, anscheinend für folgende zu: *Natrix octolineata, modesta, johannis, craspedogaster, subminiata, nuchalis, piscator, percarinata, annularis, Helicops, Sibynophis, Coluber, Pseudoxenodon* (*dorsalis, sinensis*), *Liopeltis, Holarchus* (*chinensis, formosanus, violaceus*), *Calamaria* (*septentrionalis*), *Achalinus* (*rufescens*), *Dinodon* (*septentrionale*), *Lycodon* (*fasciatus*), *Elaphe porphyracea, radiata* (Sc: ♂♀ gleich?), *carinata* (Unterschiede sehr schwach), *Psammodynastes, Naja hannah* (*Naja naja*?: V: Unterschied gering, Sc gleich), *Bungarus fasciatus, B. multicinctus* (V gleich?), *Calliophis, Trimeresurus gramineus, mucrosquamatus, monticola* (V gleich?), *jerdonii* (Unterschiede sehr gering), *Vipera russellii, Agkistrodon acutus* und *h. brevicaudus*.

Es trifft wahrscheinlich nicht zu für beide *Ptyas* (bei südchinesischen *korros* V bei ♂♀ gleich). Bei den folgenden Arten liegen nach dem untersuchten Materiale auch die höheren Zahlen der V beim ♂: *Elaphe mandarina, Tapinophis*[1]), *Boiga multimaculata, Dryophis, Enhydris* (*benetti, chinensis, plumbea*).

Da die V wesentlich größer sind als die Sc, bedeuten höhere Zahlen der ersteren größere Gesamtlänge. Bei der weitaus überwiegenden Zahl chinesischer Schlangenspezies sind also die ♀♀ größer als die ♂♂, und bei den bisher untersuchten Arten besteht die Größendifferenz der Geschlechter schon von der Geburt, bzw. vom Schlüpfen an, ist also erblich fixiert. Es zeigt sich:

a) Die ♀♀ haben die größeren Zahlen der V, V + Sc und der Maximallängen: z. B. beide *Pseudoxenodon, Coluber spinalis, Calamaria septentrionalis, Elaphe porphyracea, schrenckii, dione, rufodorsata, Agkistrodon h. brevicaudus, Lapemis hardwickii, Hydrophis ornatus*.

b) Die ♀♀ haben die niedrigeren Zahlen der V, der V + Sc und L: *Elaphe mandarina*, sehr wahrscheinlich auch beide *Ptyas* und *Rhabdops bicolor*.[1])

c) Die ♀♀ haben die höheren Zahlen der V und L, aber nicht der V + Sc: *Natrix subminiata, stolata* (V bei ♂♀ fast gleich), *Dinodon septentrionale* (*Trirhinopholis styani*?).

d) Im einen Gebiet des Areals haben die ♀♀, im anderen nach den verfügbaren Zahlen anscheinend die ♂♂ die höheren Zahlen der V und L: *Lycodon fasciatus* (?).

---

[1]) Die Verhältnisse bei *Tapinophis* bedürfen der Nachprüfung: die maximalen Längen sind für das ♀, die höheren Zahlen der V und Sc für den ♂ angegeben.

Das Verhältnis zwischen den Zahlen der V und (oder) Sc bei ♂♀ kann sich sexualdimorph gestalten, d. h. also, die Minima beim einen Geschlecht liegen über den Maxima des anderen. Ein solcher Sexualdimorphismus ist unter chinesischen Schlangen ausgedrückt

a) durch Differenzen beider Größen: *Helicops, Pseudoxenodon fukienensis, Calamaria septentrionalis, Achalinus rufescens, Rhabdops bicolor, Holarchus chinensis, Amblycephalus moellendorffii* = 4,2% chinesischer Spezies;

b) durch Differenzen einer Größe: *Natrix modesta* (Sc), *Sibynophis collaris* (Sc), *Pseudoxenodon striaticaudatus* und *formosensis* (beide V), *Trirhinopholis styani* (Sc), *Trirhinopholis nuchalis* (V), *Coluber spinalis* (V), *Laticauda laticauda, colubrina* und *semifasciata, Emydocephalus ijimae* (alle = Sc) = 6,6%;

c) durch Differenzen einer Größe in nur einem Teile des Areals: *Natrix subminiata* (Sc, südl. China), *N. percarinata* (Sc, Süden), *N. piscator* (Ostasien: V und fast Sc, Indomalayana: Sc), *Lycodon fasciatus* (Sc, Yünnan), *Holarchus violaceus* (V, Indien), *Enhydris plumbea* (Sc, Ostasien und Hinterindien), *Hydrophis ornatus* (australische Gewässer), vielleicht auch *El. halli* (Sc) = 4,2%.

Sexualdimorphismus, ausgedrückt durch Differenzen in den Zahlen der V und Sc, findet sich also unter chinesischen Schlangen insgesamt bei 25 = 15%, unter süd- und südostchinesischen bei 14 = 16,2% der Spezies.

Die im allgemeinen bedeutendere Größe des ♀ kann auch Veranlassung sein zu einem Beibehalten höherer Zahlen der Sq. Bei Spezies mit schwankenden Zahlen der Sq an einem bestimmten Punkte des Körpers finden sich die höheren Zahlen allein (*Dinodon rufozonatum*, 5 ♀♀ = 19, *Calliophis macclellandii*, 1 ♀ = 15 u. a.) oder überwiegend (*Agk. halys, Elaphe dione, Tr. gramineus* u. a.) beim ♀, bzw. die als Ausnahme beobachteten niedrigeren Zahlen

(*Hol. purpurascens*) beim ♂.[1]) Bei Hydrophiinen sind diese Differenzierungen besonders entwickelt. Es finden sich:

bei *Enhydrina schistosa*,	am Halse: ♂, 40—52,
	in der Leibesmitte: 49—60 Sq,
,, ,, ,,	am Halse: ♀, 42—55,
	in der Leibesmitte: 51—66 Sq,
,, *Lapemis hardwickii*,	am Halse: ♂, 23—31,
	in der Leibesmitte: 25—37 Sq,
,, ,, ,,	am Halse: ♀, 27—35,
	in der Leibesmitte: 33—41 Sq,
,, *Hydrophis ornatus*,	am Halse: ♂, 28—37,
	in der Leibesmitte: 33—45 Sq,
,, ,, ,,	am Halse: ♀, 31—45,
	in der Leibesmitte: 39—55 Sq.

Bei einer geographischen Form der letzteren, der in australischen Gewässern vorkommenden *H. orn. ocellatus* Gray, hat sich aus diesen Verhältnissen ein Sexualdimorphismus der Sq (und V) entwickelt: Sq am Halse, ♂ = 33—45, ♀ = 37—42, in der Leibesmitte, ♂ = 45—49, ♀ = 51—57 (V, ♂ = 246—290, ♀ = 306—336). Ein Analogon findet sich unter Landschlangen. Unter chinesischen Schlangen findet sich nur bei 1 Spezies (= 0,7⁰/₀) ein nicht starker Sexualdimorphismus: bei *Dryophis prasinus* hat das ♀ zwei Kopflängen vor dem Anus 13, das ♂ 11 Sq. Bei der zentralafrikanischen *Bothrolycus ater* Gthr. hat dieser Sexualdimorphismus nach Boulenger auch auf die Sq in der Leibesmitte übergegriffen (♂ 17, ♀ 19 Sq), bei parallel gehender

[1]) Den einzigen bisher bekannten *Bungarus multicinctus* mit 17 Sq (M. Fr. vgl. Boettger II, p. 87) bezeichnet Dr. Mertens (i. l.) als ♂. Will man nicht annehmen, daß die Entwicklungstendenz der Art auf Vergrößerung der Sq-Zahlen gerichtet ist, bleibt die Erscheinung schwer deutbar, wenn man nicht, wie für *Enhydris plumbea* (vgl. S. 185), größere Vitalität des ♂ in der Aktivitätsphase annehmen will.

Geschlechtsdifferenzierung in den Zahlen der Sc (♂ 27—34, ♀ 16—22). Die bei anderen Tiergruppen gewonnenen Erkenntnisse, daß der ♂ das fortschrittlichere Element darstellt, auf die Reptilien übertragen, bedeutet, daß die stammesgeschichtlich älteren Verhältnisse hier die höheren Zahlen der Sq, sich beim ♀, die entwicklungsgeschichtlich jüngeren, die niedrigeren Zahlen, beim ♂ finden.

Bei Spezies mit schwankenden Zahlen der Sq sind infolge einer Neigung zu Aufblähung von Nacken (*Naja*, *Pseudoxenodon* u. a.) oder ganzem Körper (*Macropisthodon*) als antipathischer Reaktion die Zahlen der Sq höher, als nach ihrer Nahrung zu erwarten ist. Bei solchen Arten scheinen infolge der im allgemeinen größeren Aktivität der ♂♂ die höheren Zahlen überwiegend bei letzteren zu liegen (*Naja*), oder trotz der meist beträchtlicheren Größe der ♀♀ sind die Zahlen bei beiden Geschlechtern gleich.

Eine schwache Differenzierung der Geschlechter läßt sich auch in der Kielung der Rückenschuppen erkennen. Bei einer Reihe von Spezies chinesischer Schlangen ist die Kielung der Sq beim ♂ schärfer als beim ♀ und besonders auffällig bei manchen Seeschlangen, bei denen die Kiele der bauchnahen Sq nicht selten zu Dornen werden, die höher sind, als die Gesamtschuppe lang ist. Diese im männlichen Geschlecht stärker betonte Kielung ist demnach als stammesgeschichtlich jüngeres Merkmal zu werten; sie kann aber auch gelegentlich bei alten ♀♀ in annähernd männlicher Stärke auftreten. Bei manchen Spezies schwankt auch die Zahl der Analia, bzw. Präanalia in beiden Geschlechtern. So hat nach Taylor[1]) bei *Hydrophis ornatus* in den Philippinen das ♂ = 6, das ♀ = 4 solche. — Die von der europäischen Kreuzotter her bekannte farbliche Spaltung der Geschlechter ist unter chinesischen Spezies

[1]) The Snakes of the Philippine Islands, 1922, p. 243.

bisher nur von *Psammodynastes*, der Trugotter, bekannt. Die sehr geringe Zahl der gefangenen Tiere der Art läßt vermuten, daß entweder bei ihr die Umfärbung in Braun erst bei der Geschlechtsreife der ♂♂ oder bei manchen Individuen überhaupt nicht erfolgt. Zur Untersuchung der Schwankungsbreite der Geschlechter liegen nur für wenige Spezies eine genügend große Anzahl von Angaben vor. In die nachstehende Tabelle wurden Arten aufgenommen, von denen mindestens 30 Individuen mit ermitteltem Geschlecht registriert waren.

Schwankungsbreite in den Zahlen der V und Sc bei ♂♀ nicht mariner Schlangen.

Spezies	Zahl der unters. Tiere	Ventralia		Subcaudalia	
		Grenzgrößen	Schwkg.	Grenzgrößen	Schwkg.
Natrix subminiata (Gesamtareal)	♂ 26—21	138—174	36	65—96	31
	♀ 23	132—179	47	58—85	27
Natrix stolata (Südchina)	♂ 68—48	143—157	14	69—87	18
	♀ 73—47	148—162	14	69—86	17
Natrix piscator (Ostasien)	♂ 99—73	122—133	11	73—88	15
	♀ 98—73	134—145	11	64—80	16
Natrix percarinata (Gesamtareal)	♂ 16	136—145	9	70—91	21
	♀ 17—14	133—145	12	69—79	10
Pseudoxenodon sinensis (Gesamtareal)	♂ 31—28	138—156	18	62—77	15
	♀ 34—31	147—162	13	55—71	16
Elaphe carinata (Gesamtareal)	♂ 16—15	201—221	20	73—96	23
	♀ 14	203—226	23	77—95	18
Holarchus formosanus (Gesamtareal)	♂ 21—19	156—172	16	47—59	12
	♀ 23—21	161—178	17	40—51	11
Calamaria septentrionalis (Gesamtareal)	♂ 17	147—167	20	15—18	3
	♀ 24—23	170—184	14	8—11	3
Dryophis prasinus (Gesamtareal)	♂ 32	188—235	49	159—198	39
	♀ 36	196—227	31	151—202	51
Psammodynastes pulverulentus (Gesamtareal)	♂ 43	149—170	21	46—73	27
	♀ 49—48	151—177	26	41—69	28

Schwankungsbreite in den Zahlen der V und Sc bei ♂♀ nicht mariner Schlangen (Fortsetzung).

Spezies	Zahl der unters. Tiere	Ventralia		Subcautalia	
		Grenzgrößen	Schwkg.	Grenzgrößen	Schwkg.
Enhydris plumbea (Gesamtareal)	♂ 81—75	117—139	22	35— 45	10
	♀ 83—80	117—134	17	31— 38	7
Bungarus fasciatus (Gesamtareal)	♂ 19—18	212—230	18	28— 38	10
	♀ 14—13	204—234	30	23— 39	16
Calliophis macclellandi (Gesamtareal)	♂ 22	182—240	58	28— 36	8
	♀ 16	188—244	56	20— 33	13
Trimeresurus gramineus (Gesamtareal)	♂ 42—41	145—174	29	52— 78	26
	♀ 41—40	149—175	26	47— 71	24
Trimeresurus mucrosquamatus (Gesamtareal)	♂ 17	187—216	29	72— 95	23
	♀ 15—14	185—216	31	65— 92	27
Trimeresurus monticola (Gesamtareal)	♂ 17	140—158	18	33— 49	16
	♀ 38	134—158	24	24— 51	27
Agkistrodon h. brevicaudus (Gesamtareal)	♂ 39	135—148	13	31— 44	13
	♀ 43	136—151	15	28— 44	16

Schwankungsbreite in den Zahlen der Sq und V bei ♂♀ mariner Schlangen.

Spezies	Zahl der unters. Tiere	Squamata		Ventralia	
		Grenzgrößen	Schwkg.	Grenzgrößen	Schwkg.
Hydrophis cyanocinctus	♂ 30	28—45	17	292—381	89
	♀ 27	28—47	19	306—398	104
Hydrophis torquatus	♂ 49	29—47	18	260—313	53
	♀ 41	31—49	18	242—343	101
Hydrophis caerulescens	♂ 44	31—51	20	262—334	72
	♀ 20	33—57	21	253—313	60
Hydrophis klossi	♂ 14	23—37	14	360—400	40
	♀ 16 (17)	23—39	16	361—402 (413 ?)	41 (52 ?)
Hydrophis brookii	♂ 44	25—45	20	328—401	73
	♀ 23	25—45	20	338—414	76

Schwankungsbreite in den Zahlen der Sq und V bei ♂♀ mariner Schlangen (Fortsetzung).

Spezies	Zahl der unters. Tiere	Squamata		Ventralia	
		Grenzgrößen	Schwkg.	Grenzgrößen	Schwkg.
Hydrophis fasc. atriceps (Siam)	♂ 23	25—46	21	327—416	89
	♀ 19	25—49	24	338—452	114
Hydrophis ornatus (Gray)	♂ 22	28—45	17	209—260	51
	♀ 16	31—55	24	236—312	78
Enhydrina schistosa	♂ 19	42—60	18	239—322	83
	♀ 16	42—66	24	236—314	78
Lapemis hardwickii	♂ 38	23—37	14	114—186	82
	♀ 23	27—41	14	141—230	89
Pelamis platurus	♂ 14	50—59	9	264—342	78
	♀ 27	50—67	17	290—406	116
Microcephalophis gracilis	♂ 18	19—37	18	220—298	78
	♀ 17	17—43	26	256—346 (350)	90 (94)

Bei den nicht marinen Spezies ergibt sich folgendes:

Die Schwankungsbreite des ♂ ist in beiden Größen oder in einer beträchtlicher, 2 Spezies = 12,5%.
Die Schwankungsbreite ist bezüglich der einen Größe beim ♂, hinsichtlich der anderen beim ♀ beträchtlicher, 4 Spezies . . . . = 25%.
Die Schwankungsbreite ist bei ♂♀ etwa gleich, 4 Spezies . . . . = 25%.
Die Schwankungsbreite ist in beiden Größen (4) oder wenigstens in einer[1]) (2) beim ♀ beträchtlicher, 6 Spezies . . . . = 35,3%.

Bei nicht meerbewohnenden Arten scheint also höhere Schwankungsbreite des ♀ häufiger, doch kann sie in der

[1]) Bei annähernd gleichen Zahlen der anderen.

geringsten Zahl der Fälle auch beim ♂ liegen.[1]) Bei 11 marinen Spezies scheint die höhere Schwankungsbreite des ♀ in viel höherem Grade zu dominieren: bei 8 Spezies (5 hinsichtlich beider Größen, bei 3 hinsichtlich einer) = 72,7% der obenstehenden Tabelle ist das der Fall, bei 3 weiteren Spezies ist die Variabilität beider Geschlechter annähernd gleich, obwohl nur etwa halb soviel ♀♀ als ♂♂ untersucht werden konnten. Unter Berücksichtigung des weiter vorn über die Lebensverhältnisse tropischer Meere Gesagten, ließe sich diese Erscheinung vielleicht dahin verallgemeinern, daß unter den Verhältnissen des annähernd theoretischen Optimums die Schwankungsbreite des ♀ im allgemeinen größer ist als die des ♂.

Das Zahlenverhältnis der Geschlechter scheint bei manchen Arten zum wenigsten in bestimmten Regionen ihres Areals disharmonisch. Es beträgt in Nordindien für *Trimeresurus monticola* = 1 : 3 (♂ : ♀), für *Natrix stolata* (Assam, nach Wall) = 1 : 4, für *Vipera russellii* (Parel) = 5 : 9. Im kontinentalen Südchina scheint es für *Naja hannah* = 1 : 4, *Trimeresurus gramineus albolabris* = 1 : 3, für *Psammodynastes* = 4 : 11, für *Natrix stolata* und *N. piscator* = 4 : 7; in Yünnan für *Natrix nuchalis* = 1 : 2, für *Calamaria septentrionalis* in allen Teilen ihres Areals = 2 : 3. Im Südosten, sowie Mittelchina und Formosa ist das Verhältnis bei *Liopeltis major* = 1 : 3, für *Dinodon septentrionale* im Gesamtareal = 3 : 13, in Südchina = 0 : 8. Sollten die dürftigen, für Schlüsse unzureichenden Zahlen

[1]) Bei der einen Spezies, *Enhydris plumbea* liegen die Maxima der V und damit der Länge, sowie auch die größte Schwankungsbreite beim ♂ (größere Aktivität des ♂?); bei der zweiten Art, *Trimeresurus gramineus*, sind Maxima und Durchschnittszahlen der V bei ♂♀ im ganzen gleich, und hinsichtlich der ersteren Größe scheint das bei ostasiatischen *Trimeresurus* im allgemeinen der Fall, bei *Pseudoxenodon sinensis* liegt die Schwankungshöhe der V beim ♂.

durch weitere Untersuchungen Bestätigung erfahren, so dürfte als Analogon zu Erfahrungen an Lebewesen anderer Gruppen die Folgerung wohl am nächsten liegen, daß die im Pejus befindlichen Verhältnisse an den Grenzen des Areals größere Sterblichkeit der ♂♂ zur Folge haben. Nicht damit vereinbar scheint die Meldung Walls, daß sich schon in einem Gelege von *Natrix stolata* in Assam ein Verhältnis von ♂ : ♀ = 1 : 4 nachweisen ließ, falls man nicht annehmen will, daß die Disharmonie im Zahlenverhältnis bereits erblich geworden ist.[1]) Bei den Fällen zahlenmäßiger Disharmonie, die mir unter marinen Schlangen auffielen, liegt das Plus auf seiten der ♂♂ (*Hydrophis consobrinus*, ♂ : ♀ = 44 : 23, *H. caerulescens* = 44 : 20, *Lapenis hardwickii* = 38 : 23, zwei Gelege von *Distira spiralis* = 5 : 2 und 10 : 4), was zu weiteren Untersuchungen herausfordert.

Über die Copula liegen nur vereinzelte Angaben für wenige Spezies vor. Sie erstreckt sich anscheinend bei den meisten Arten über 3—4 Stunden; für zwei Gefangenschaftspaarungen der *Kobra* ist angegeben, daß die eine $5^1/_2$ Stunde, die andere mit Unterbrechungen 3 Tage dauerte. Wiederholungen wurden öfter beobachtet (*Python molurus*, *Natrix piscator*, *Ptyas mucosus*, *Naja*), selbst dann noch, wenn die befruchteten Eier schon ziemlich weit entwickelt waren, *Ptyas mucosus* wurde noch in Paarungsspielen angetroffen, als das ♀ bereits Eier von $70^0/_0$ der Ablagegröße im Leibe hatte. In der Copula sind die Tiere

[1]) Die Angabe Walls bezieht sich auf in den Khasiabergen lebend gekauftes Material, dessen Herkunft leider zweifelhaft ist. Stammen die Tiere aus den Vorbergen der Khasia um 300—500 m, so kommen sie aus dem Optimum des Artareals, sind sie aus Höhen von 1500 m und mehr, aus einem ausgesprochenen Pejus derselben. Man vgl. dazu auch die Angaben über die Vermehrung von *Natrix piscator*, Kap. VII, S. 201.

im allgemeinen besonders reizbar, und selbst Spezies, die sonst nicht oder kaum zum Beißen zu bewegen sind, schnappen in ihr zu.[1]) In der Paarungseinleitung sind in den bisher beobachteten Fällen (*Python, Natrix, Ptyas, Zaocys, Elaphe, Naja, Vipera*) Kopf und Vorderleib hochgereckt, sie werden von beiden Kontrahenten aneinander gerieben, der Kopf bewegt sich meist nickend auf und ab. Ob das Maul dabei, wie bei vielen Eidechsen, z. B. *Gecko, Calotes, Liolepis*, auf und zu geklappt wird, wage ich, da ich Notizen darüber unterließ, aus der Erinnerung nicht mehr zu entscheiden, möchte es aber, da es mir nicht als anmerkenswert auffiel, verneinen.

Ein Zusammenhalten der Geschlechter, zum wenigsten durch eine Sexualperiode, scheint bei vielen Arten vorzukommen (beide *Naja, Trimeresurus gramineus*, beide *Ptyas, Liopeltis, Rhadinophis*, viele *Natrix* u. a.). Gelegentlich werden ♂♀ auch außerhalb der Sexualperiode im gleichen Verstecke beobachtet (1 Paar *Naja hannah*, ein andermal 1 Paar leuzistische *Naja naja* wurden aus den gleichen Löchern gegraben) oder im Freien angetroffen (*Elaphe radiata* in China, *Ptyas mucosus* in Indien und China, *Vipera russellii* in China).

Die Analdrüsen, deren Sekrete meist schon für menschliche Augen artspezifisch sind, wurden lange Zeit mit dem Sexualleben in Verbindung gebracht. Da Wall bei *Sibynophis collaris* und Mell bei *Natrix piscator* nachwies, daß sie schon beim jungen Tiere funktionsfähig sind, lassen sie und ihre Sekrete sich höchstens als Arterkennungsmittel ansehen.

[1]) Siehe Fußnote S. 259.

VII. Vermehrung.

Das Ursprüngliche im Reptilienbereiche scheint Hartschaligkeit der Eier (Einlagerung von Kalk). Für Schildkröten ist Hartschaligkeit das Typische und weitaus Überwiegende, bei Eidechsen findet sie sich nur noch unter der am meisten ursprünglichen Familie, den *Geckonen*, und scheint für diese Charakteristikum. Während weiter bei Schildkröten die Kalkschale sich schon im Uterus des Muttertieres bildet, erfolgt bei *Geckonen* Ablage weichschaliger Eier, und Erhärtung tritt nachträglich ein durch

Fig. 4. Teil des langen, gedrehten Eibandes von *Vipera russellii* Shaw; nach Rao.

Aufnahme von CO_2 aus der Luft. Bei Schlangen kommt Kalkschale bei Eiern nicht mehr vor. Bei Spezies unter ihnen mit schwacher oder mäßig starker Vermehrung liegen die Eier in Form einer einfachen Kette, mit ihrer Länge in der Längsachse des Muttertieres. Bei Platzmangel sind die sich berührenden Pole abgeplattet; sie strecken sich aber nach vollzogener Ablage wieder. Bei Spezies oder Individuen mit starker Vermehrung liegen die Eier quer zur Längsachse des Muttertieres, zum Teil auch übereinander, und beulen sich dabei gegenseitig ein. Durch

Zusammenbacken solcher Eier können Ablagehemmungen mit tödlichem Ausgang für das Muttertier entstehen (je 1 Todesfall bei *Cerberus* und *Helicops* bekannt).

Das gelatinöse Band, das die Eier im Leibe zusammenhält, ist bei *Vipera russellii* (Fig. 4) außerordentlich lang und gedreht. Die meisten Schlangeneier sind im Ablagemoment klebrig und backen infolgedessen an den sich berührenden Flächen zusammen. Auch die vom gleichen Gelege variieren etwas in Größe und Form, und im allgemeinen wird eine geringe Verkürzung durch eine entsprechende Verbreiterung ausgeglichen. Beträchtlicher sind die Unterschiede in der Größe innerhalb der gleichen Spezies bei ♀♀ verschiedenen Alters. Runde Eier, wie bei Schildkröten (*Trionychidae*[1]), *Podocnemis unifilis*) und einzelnen Eidechsen (*Hemidactylus*), sind mir unter Schlangen nicht bekannt geworden, und wohl alle sind elliptisch, sowie spezifisch schwerer als Wasser.

Die Stärke des Geleges schwankt bei 63 Spezies und 397 zahlenmäßig registrierten Gelegen in China vorkommender Schlangenspezies zwischen 1—107 Eiern und Jungen. Man könnte annehmen, daß große Arten höhere, kleinere Spezies niedere Zahlen der Vermehrungsarten aufweisen, und diese Vermutung trifft in großen Linien zu.

Zahl d. Gelege	Spezies	Zahl der Eier	
		Grenzgrößen	d
13	*Python molurus*	8—107	46
28	*Typhlops* (4 Spezies)	2— 8	5,6
10	*Typhlops braminus*	2— 7	4
31	*Holarchus* (13 Spezies)	1— 6	3

[1]) Siehe Fig. 5, S. 191.

Die sehr kleinen *Typhlops* besitzen also höhere Vermehrungsarten als die im allgemeinen viel größeren *Holarchus*. Die dadurch erzeugten Zweifel an der Richtigkeit der oben geäußerten Vermutung werden vergrößert, wenn man die 6 asiatischen Spezies mit stärkster Vermehrung nebeneinanderstellt. Es sind:

1. *Python molurus* (max. L. angeblich 10000 mm; 13 indische Gelege), 8—107, d = 46 Eier.
2. *Vipera russellii* (max. L. = 1677 mm; 20 indische Gelege), 1—63, d = 43 Junge.
3. *Natrix piscator* (max. L. 1200, einmal 1400 mm; 31 indische Gelege), (8—10—)19—87, d = 39 Eier.
4. *Naja hannah* (max. L. = 4700 mm; 7 indische Gelege), 18—33, d = 26 Eier.
5. *Naja naja* (max. L. = 2135 mm; 8 indische Gelege), 8—45, d = 21 Eier.
6. *Helicops schistosus* (max. L. = 870 mm; 8 indische Gelege) 10—32, d = 20 Eier.

Das sind also die zwei größten Spezies des Gebiets (1 *Boide*, 1 *Elapide*), 1 über mittelgroße *Viperide* und 1 ebensolche *Elapine*, 2 kleine, wasserjagende *Colubrinen*. Im einzelnen stehen also Größe des Muttertieres und Vermehrungsstärke nicht in Beziehung zueinander.

Vermehrungsstärke und Vermehrungsart zeigen Anpassungen an die Erfordernisse der Umwelt und sind durch sie bedingt. Das Maximum der Vermehrungsstärke im Reptilienstamme zeigen die Seeschildkröten (Jahresproduktion von 400 Eiern und mehr). Es liegt nahe, die Stärke der Vermehrung mit der noch nicht optimalen Anpassung der frisch geschlüpften Jungtiere an das Wasser in Beziehung zu setzen. Diese können nämlich anfangs wohl schwimmen, aber nicht tauchen, und fallen infolgedessen am Ufer, wo sie sich meist aufhalten, geflügelten

Feinden (Raubvögeln, Möwen, Krähen), in tieferem Wasser Raubfischen und Wellen zum Opfer. Die zu große Gewichtserschwerung des Muttertieres bei der infolgedessen zur Arterhaltung nötigen Vermehrungsstärke und dadurch möglicherweise eintretenden Ernährungserschwerung in Zeiten größten Nahrungsbedarfs wird vermieden durch Ratenablage der Eier und durch Aufgabe ihrer Kalkschale. Ähnliches zeigt sich bei den Schildkröten der *Podocnemis*-Gruppe im Amazonas: die den an Feinden reichen Hauptstrom bewohnende *P. expansa* Schweigg. legt 80—150 weichschalige Eier, die mehr in Nebenflüssen höherer Lagen (Krokodile fehlen, Menschen und große Raubtiere sind weniger zahlreich) lebende *P. unifilis* Trosch. legt 24—50 hartschalige. Ratenablage ist mir unter chinesischen Reptilien[1]) nur von Weichschildkröten bekannt. Südchinesische *Amyda tuberculata* Cant. (*Trionyx sinensis* Wiegm.) legen in 2—3 (und mehr?) Raten je 12—26 (in 4 Beobachtungsfällen 17) Eier. Von der anderen in China vorkommenden Trionychidengattung, *Pelochelys*, liegt nur eine Zählung der anscheinend ebenso zahlreichen oder noch häufigeren Raten vor = 27 Stück. Die vorwiegend süßwasserbewohnende *Amyda* (*Trionyx*) jagt meist freischwimmend, und mit ihrer dafür erforderlichen Gewandt-

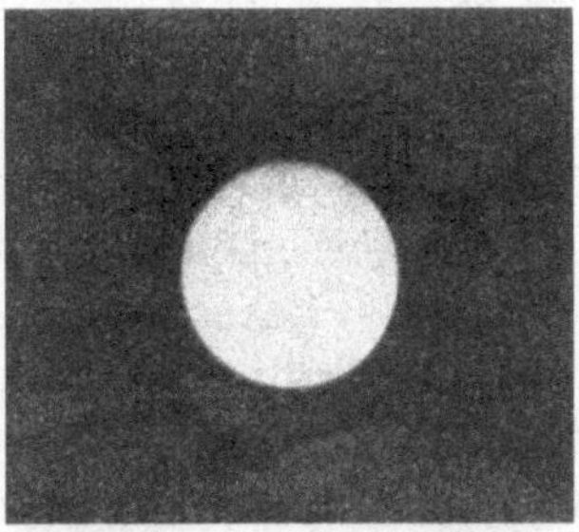

Fig. 5. Ei der Weichschildkröte *Amyda tuberculata* (Cant.); Kanton (26. IX. 1916); $^5/_7$ nat. Gr.

[1]) Ratenablage bei einer Schlange ist unter den hier zur Betrachtung stehenden Spezies meines Wissens bisher nur von einer gefangenen *Natrix stolata* gemeldet und dürfte zum Teil durch zweimalige Befruchtung, zum Teil durch abnorme Gefangenschaftsverhältnisse erzeugt sein.

heit läßt sich die erstaunliche Kleinheit — sie hat trotz ihrer Größe von allen chinesischen Schildkröten die kleinsten Eier — und das vergleichsweise geringe Gewicht der Eier (14—15 g) in Beziehung setzen (Fig. 5).[1]) Die brack- und salzwasserbewohnende *Pelochelys* nährt sich von Grundbewohnern oder treibt Überlistungsschnapp vom Grunde aus; ihre Trägheit und ihr relativ mehr als doppelt so großes Körper- und Eigewicht (etwa 30 g) scheinen mit dieser Lebensweise und dem Aufenthalte im tragfähigeren Medium im Zusammenhang zu stehen.

Auch geringste Vermehrungsziffern lassen sich als Anpassungserscheinungen an die Besonderheiten von Umwelt und Lebensweise ansehen. *Geoclemys reevesi* Gray, die Schildkröte der chinesischen Kulturebene (Teich, Kanal, Wasserkulturen) legt 4—6 Eier, wahrscheinlich auch mehr, die Schildkröten der südchinesischen Bergwaldbäche (*Platysternon, Clemmys bealii* und *nigricans, Cyclemys trifasciata*) legten in 8 Beobachtungsfällen je 2. Sie können diese Verminderung ihrer Vermehrungsstärke ohne Gefahr für den Fortbestand der Art vornehmen, weil tierische Feinde in ihrem Lebensraum fast vollständig fehlen, während solche in der Kulturebene, wo *Geoclemys* lebt, vorhanden sind (*Nyctereutes, Urva,* im Herbste Raubvögel, vor allem aber der Mensch).

Beziehungen zwischen Lebensweise und Vermehrungsstärke lassen sich auch bei kletternden Eidechsen erkennen.

---

[1]) Bei der Anpassungsfähigkeit des Vermehrungsmodus ist es denkbar, daß parallel der Spaltung vieler *Amyda* (*Trionyx*) in beweglichere Fisch- und langsamere Muschelfresser sich auch in der Vermehrungsart zwei Typen herausgebildet haben. Es ist theoretisch recht wohl anzunehmen, daß in stark lößhaltigen Gewässern (z. B. im Kaiserkanal), wo Fische fehlen, die allein vorkommenden muschelfressenden Formen langsamere Entwicklung der Vermehrungskörper und mithin eine geringere Ratenzahl im Jahre, dafür aber im Einzelgelege mehr und infolge des reichen Kalkgehalts der Molluskengehäuse schwerere Eier besitzen.

Vermehrungsstärke bei kletternden Eidechsen.

Eidechsenfamilie	Gattung, Spezies	Zahl d. unters. Gelege	Gelegestärke	
			Grenzgrößen	d
Geckonidae	*Gecko, Hemidactylus* (China)	284	1—2 (3)	2
,,	,, ,, (Indien)	7	2 bis angeblich 8	5,4
,,	,, ,, (andre Gebiete)	19	2	2
Agamidae	*Draco* (Indien, China)	6	2—4	2,55
Lacertidae	*Platyplacopus kuehnei* (China)	etwa 56	1—2	2

Wenn für indische *Hemidactylus platurus* Gelege von 8 Eiern angegeben werden, so ist zu bemerken, daß Geckonen vielfach am gleichen, sehr beschränkten Orte ablegen[1]) und daß der gefundene Eihaufe sicher ein Gelege von 4 ♀♀ darstellte. Bei dem sehr großen *Gecko gecko* L. (*G. verticillatus* Laur.) scheinen von vornherein Gelege von mehr als 3 Eiern möglich (4?); es werden solche von 5—8 genannt (Philippinen; Kreyenberg). Ob in den letztgenannten Fällen Zusammenlegen verschiedener ♀♀ erfolgte oder ob die Art im Süden mehr Eier legt, bedarf weiterer Untersuchungen. Eine größere Vermehrungsquote im Süden des Areals könnte eine doppelte Ursache haben, günstigere Lebensverhältnisse — oder die größere Häufigkeit der allein gefährlichen Feindin des großen und wehrhaften Tieres, der Schmuckbaumschlange (*Chrysopelea ornata* [Shaw]), die in China gegenwärtig als ausgerottet zu gelten hat. Das erstere läßt sich als möglich voraussetzen, das letztere wäre von beachtlicher grund-

[1]) Im äußersten Falle wurde die Ablage von 37 ♀♀ am gleichen Orte (Fensterladen) beobachtet.

sätzlicher Bedeutung — am wahrscheinlichsten ist Zusammenlegen mehrerer ♀♀.

Fig. 6. Typisches Gelege des gewöhnlichen südchinesischen Hausgecko, *Gecko japonicus* D. B., an der Innenseite eines Fensterladens; Kanton (28. VIII. 1916); $^1/_5$ nat. Gr.

Für die mir aus eigener Anschauung bekannt gewordenen rund 370 Gelege chinesischer supraterraner Eidechsen ist 2

Fig. 7. Seltenes Dreiergelege eines Gecko (*Gecko gecko* [L.]); Südkwangtung (Lo fao shan, Felswand am Bergwaldbach, 10. VIII. 1916); $^6/_5$ nat. Gr.

typische Zahl (97% zeigen sie), 1 ist seltene Ausnahme (Ablagestörung — oder Hemmung?), 3 wurde nur in zwei Fällen festgestellt, bei der schon genannten größten chinesischen Geckonide, *G. gecko* L. Ist diese für kletternde Eidechsen charakteristische niedrige Vermehrungsziffer Veranlassung oder Folge supraterraner Lebensweise? Zur Beantwortung dieser Frage müßte man die Vermehrungsstärke bodenbewohnender primitiver Verwandter der genannten Tiergruppen untersuchen. Bei Geckoniden ist das Zweiergelege charakteristisch für die Familie; die bodenbewohnenden Formen (Wüstentiere) sind nach unserer gegenwärtigen Kenntnis sekundär aus kletternden Sippen entstanden, und die Zweizahl ihres Geleges kann nur beweisen, daß sie auch für Bodenbewohner der Wüste ausreicht. Unter den Agamiden sind Zweiergelege als überwiegende oder ausschließliche Zahl bisher nur bei *Draco*, unter den Lacertiden nur von den graskletternden *Takydromus* und den von ihr abgesproßten bambuskletternden *Platyplacopus*[1]) bekannt. Sollte es primitive, nicht kletternde *Draco* oder *Takydromus* mit höherer Vermehrungsquote geben, so ließe sich folgern, daß Anpassung an supraterrane Lebensweise Verminderung der Vermehrungsstärke als funktionelle Anpassung nach sich zieht. Nach den bisherigen Feststellungen läßt sich nur sagen, daß für supraterrane Eidechsen eine geringe Vermehrung charakteristisch ist, und daß Beziehungen zwischen Vermehrungsstärke und kletternder Lebensweise insofern bestehen, als Formen mit schwacher Vermehrung durch ständige Leichtigkeit ihres Körpers eine gewisse größere Eignung zu kletternder Lebensweise besitzen und daher schwache Vermehrung mit eine Voraussetzung zur Annahme dieser Lebensweise zu sein scheint. Daß die Erfordernisse eines supraterranen Biotops eine Verminderung der Eizahl — ähnlich wie bei marinen Schlangen — zur Folge hätten, läßt sich zurzeit nicht nachweisen, aber für *Draco*, *Takydromus*-

[1]) Vgl. Fig. 1, S. 70.

Platyplacopus und die am meisten kletternden Spezies der supraterranen Schlangengattung *Lycodon* (*aulicus*) als möglich und untersuchenswert in Betracht ziehen. — Da gerade viele der kletternden Eidechsen zu den häufigsten Arten ihrer Lebensräume gehören (*Gecko, Hemidactylus, Draco, Takydromus, Platyplacopus*), so läßt sich schließen, daß die Vorteile kletternder Lebensweise auch bei starker Reduktion der Vermehrung Fortbestand und Prosperität der Spezies und Sippen gewährleisten.

Vermehrungsstärke
bei süd- und ostasiatischen Schlangen.

Ökologische Gruppe	Zahl der unters.		Gelegestärke (Eier, Junge)	
	Spezies	Individ.	Grenzgrößen	d
a) Bei Aglyphen und Opisthoglyphen				
Vertebratenfressende Grundbewohner . .	12	163	1—107	18 (17,8)
Evertebratenfressende Grundbewohner . .	14	32	1— 6	3
Vertebratenfressende supraterrane Tiere .	7	22	2— 18	7
Vertebratenfressende Süßwassertiere . . .	4	16	2— 12	6
Evertebratenfressende subterrane Tiere .	5	38	2— 8	5
b) Bei Proteroglyphen und Viperiden				
Vertebratenfressende Grundbewohner . .	13	69	1— 63	18 (17,9)
Vertebratenfressende Meeresbewohner . .	11	68	1— 18	4,4

Die höchsten Vermehrungszahlen (Max. 107, bzw. 63) finden sich bei vertebratenfressenden Grundbewohnern beider Gruppen, und die Durchschnittszahlen sind bei beiden gleich (18).[1]) Die niedrigsten Zahlen zeigen die

[1]) Über den relativ späten Eintritt der Geschlechtsreife bei den Spezies mit stärkster Vermehrung vgl. man S. 220.

grundbewohnenden und die subterranen Evertebratenfresser (Max. 6, bzw. 8, d = 3 bzw. 5). Es liegt nahe, ihre schwache Vermehrung mit im allgemeinen verminderter physiologischer Energie infolge geringen Nährwertes ihrer Beute (hoher Wassergehalt bei Schnecken, Würmern, Insekten) in Verbindung zu setzen. Vertebratenfressende supraterrane Spezies zeigen gegenüber vertebratenfressenden Grundbewohnern verminderte Zahlen (Max. 18 : 107 = 16,7%, d = 11 : 18 = 61%), aber doch längst nicht so stark reduzierte wie bei supraterranen Eidechsen, was mit der infolge ihrer im allgemeinen spreizklimmenden Fortbewegung geringeren physikalischen, bzw. physischen und statischen Inanspruchnahme in Zusammenhang stehen kann. — Sehr deutlich ist die geringere Vermehrungsstärke bei Wassertieren beider Gruppen. Sie beträgt bei den Süßwassertieren im Durchschnitt nur 33,4, bei den marinen Formen (b) sogar nur 24,6% gegenüber den Grundbewohnern der betreffenden Gruppen, die ihren engeren Verwandtschaftskreis darstellen.

Wie die Verminderung der Vermehrungsstärke bei marinen Schlangen erfolgt sein kann, ist bei manchen Spezies noch erkennbar.

Spezies	Zahl d. beob. Fälle	Gelege: Embryonen	Gelege: Nicht weiter entwickelte Eier
Kerilia jerdoni Gray . . .	1	3 +	0
	1	3 +	2
Hydrophis fasciatus (Schneid.)	2	4 +	4
	2	3 +	0
Microcephalophis gracilis (Gray)	9	1 +	0
	—	1 +	1
	—	2 (5 ×) +	2 (5 ×)
	—	3 +	3
	—	3 +	0

Das sind alle mir bekannt gewordenen Angaben über die Vermehrung dieser 3 marinen Spezies. In 5 von 15 Fällen fanden sich entwickelte Vermehrungskörper nur noch in einem Ovar. In 10 Fällen waren im einen Ovar lebende Embryonen, im anderen bis anscheinend zur Normalgröße ausgebildete, aber nicht weiter entwickelte Eier — in 9 von 10 Fällen in gleicher Zahl wie Embryonen —, die sicher bei der Geburt mit den Jungen abgestoßen worden wären. Die physikalische Ursache zur Unterdrückung der Funktion des einen Ovariums ist ohne Zweifel die ruderartige Abflachung von Schwanz und hinterem Leibesdrittel (bis hinterer Leibeshälfte) bei marinen Schlangen. Die biologische Bedeutung der Erscheinung ist die Verhinderung zu großer Körperbelastung und Schwimmerschwerung des ♀ zur Zeit der Trächtigkeit und damit Verhütung einer Unterernährung in der Periode des größten Nahrungsbedarfs. Es werden sich bei weiteren Untersuchungen wahrscheinlich auch Hydrophiinen finden, bei denen sowohl Embryonen als nicht weiterentwickelte Eier in jedem der beiden Ovarien auftreten. Bei Süßwasserschlangen ist mir unter 10 Fällen nur ein analoger bekannt geworden (1 ♀ *Enhydris sieboldii*: 5 Embryonen, 7 nicht weiterentwickelte Eier von etwa Normalgröße im Leibe). Eine Abflachung des Leibes ist bei den Homalopsinen nicht erfolgt; sie liegen in der Ruhe auch meist auf dem Grunde seichter Gewässer oder an deren Ufern, so daß bei ihnen eine Entlastung der Muskulatur durch Verminderung der Gelegezahlen weniger bedeutungsvoll ist.

Die in der Abnahme der Vermehrungsstärke liegende Gefahr für die Art wird ausgeglichen durch die annähernd optimalen Lebensverhältnisse des Mediums und die fortgeschrittene Entwicklung des gebärreifen Embryos, der im Gegensatz zu den Erscheinungen bei den stammesgeschichtlich älteren Schildkröten vom Moment seiner Selbständigkeit an schwimmen und tauchen kann.

Die relative Schlüpfgröße beträgt (Schlüpf-, bzw. Gebärgröße = ?/$_{100}$ Alttiergröße?):

Familie	Zahl der unters. Spezies (Individuen)	Relative Jungtiergröße		
		Grenzgrößen	d	Schwankg.
Boidae	1 (3)	9 —14%	12	5
Colubridae. . .	7 (19)	15,0 23,6%	20,1	8,6
amphibische	1 (3)	24,9—26,5%	25,9	—
Homalopsinae .	2 (4)	17,9—28,5%	21,4	4,1
Elapinae . . . / *Viperinae* . . .	6 (19)	16,4—35,3%	23,5	18,9
Hydrophiinae .	6 (30)	15,1—48,1%	34,3	33,0

Sie scheint also unter Wassertieren größer als bei ihren nächsten landbewohnenden Verwandten und ist unter den in China vorkommenden Landschlangen bei Elapinen am größten; unter ihnen, den nächsten landbewohnenden Verwandten der Seeschlangen, finden sich Ausschläge in der relativen Jungtiergröße (*Bungarus fasciatus* = 35,3%), die bis in die Durchschnittszahlen der *Hydrophiinae* hineinreichen. Die sehr hohe relative Geburtsgröße unter letzteren ist also keine mutative Anpassung an die Besonderheiten des neuen Mediums, sondern ist Weiterentwicklung einer in der Verwandtschaftsreihe liegenden Erscheinung. In der nachfolgenden Vergleichsreihe sind die Durchschnittszahlen der relativen Jungtiergröße und der Gelegestärke bei Hydrophiinen, soweit solche ermittelbar waren, nebeneinandergestellt. Die Zahlen in Klammern bedeuten die Anzahl der gemessenen Jungtiere.[1])

[1]) Wie aus dem biologischen Teil der demnächst erscheinenden Arbeit: „Biologie und Systematik der chinesischen Schlangen" zu ersehen ist, gehören die Zahlen zu folgenden 6 Spezies: *Hydrophis spinalis*, *H. cyanocincta*, *Kerilia jerdoni*, *H. fasciatus*, *Microcephalophis gracilis*, *Lapemis curtus*.

Relative Jungtiergröße . . .	15,1(1)	33,0(12)	34,6(3)	39,0(8)	39,8(13)	44,0(7) %
Gelegestärke . .	14	6	3	4	2	1

Die relative Jungtiergröße steht also im umgekehrten Verhältnis zur Gelegestärke, und die hier gewonnenen Zahlen stimmen so überraschend mit dem überein, was man theoretisch voraussetzen mußte, daß man nicht lange auf die Ausnahme wird warten müssen. Auch bei viviparen landbewohnenden Spezies stehen vermutlich Gelegestärke und relative Jungtiergröße in ähnlichem Verhältnis zueinander. Bei 1 ♀ der lebendiggebärenden *Cylindrophis maculatus* L. sind die beiden Jungtiere des Wurfes 48,8 (♂), bzw. 50 (♀) % der mütterlichen Größe.

Ist ein Unterschied in der Gelegestärke bei Tieren der gleichen Spezies in verschiedenen Teilen ihres Areals?

Spezies	Gebiet	Zahl d. beob. Gelege	Gelegestärke		
			Grenzgrößen	d	Schwkg.
Natrix piscator	Indien	29	19—87	44	68
	Südchina	6	11—25	15	14
	Khasiaberge (1300-1600 m)	2	8—10	9	2
Natrix stolata	Indien	38	1—14	7	13
	Südchina	6	4—10	6	6
	Ceylon	5	3— 6	4	3
Natrix subminiata . . .	Birma	2	9—12	10,5	3
	Südchina	3	9—11	10	2
Naja naja	Indien	9	8—45	21	37
	Südchina	3	9—12	11	3
Bungarus candidus,	Indien	3	6—10	8	4
— *multicinctus* . . .	China	2	4— 8	6	4
Bungarus fasciatus . . .	Indien	3	6—12	8	6
	Südchina	2	9—11	10	2

(Fortsetzung.)

Spezies	Gebiet	Zahl d. beob. Gelege	Gelegestärke		
			Grenzgrößen	d	Schwkg.
Trimeresurus gramineus	Indien	6	2—15	10	13
	Südchina	4	3—10	6	7
Ptyas mucosus	Indien	24	8—16	12	8
	Südchina	4	9—12	10	3
Ptyas korros	Indien	5	1— 6	4	5
	Südchina	4	9	9	—

Zu den wenigen Arten, über die Angaben bezüglich der Vermehrungsstärke aus verschiedenen Provinzen ihrer Areale vorliegen, ist zunächst zu bemerken, daß *B. candidus* und *multicinctus* als Vikarianten gefaßt sind. Die Zahlen über *N. subminiata* scheiden zu Vergleichszwecken aus, weil sie sich auf nahezu gleichwertige Areale beziehen, in denen gleiche Vermehrungsstärke zu erwarten war. Unter den vergleichbaren 8 Spezies zeigen sich bei 6 = 75% die höheren Gelegezahlen in den günstigeren Regionen ihrer Areale. Nur bei zweien von ihnen, *Natrix piscator* und *stolata*, liegen verwendbare Angaben aus 3 Provinzen ihrer Wohnräume vor. Bei beiden hat die kleinste Rasse, also vermutlich die des Pejus, die geringste Vermehrungsstärke. Bei *N. piscator* zeigt sich weiter, daß die bisher bekannten äußersten Minima der Art, die noch unter denen des Pejus liegen, bei Tieren aus den Gipfelhöhen der Kashiaberge angetroffen wurden, also bei Tieren, die zwar in annähernd gleicher Breite leben wie die kleinste Rasse, aber in einem Vertikalareal, das um 1300—1600 m höher liegt.[1]) — Bei *B. fasciatus* und *Pt. korros* zeigen Tiere aus Südchina (China) höhere Zahlen als Inder, in auffallender Weise

[1]) Man vgl. dazu auch die Fußnote über *Natrix stolata*, Kap. VI, S. 186.

bei *Pt. korros*. Vielleicht kommt die Deutung der Wirklichkeit am nächsten, daß die Angaben über indische Tiere sich auf junge ♀♀ oder Tiere aus vertikal ungünstigen Teilen des Artareals (vgl. *N. piscator*) beziehen.

Bei *N. piscator* scheint ein Unterschied hinsichtlich Größe und Gewicht der Eier „indischer" und südchinesischer Tiere in einem solchen Maße vorhanden, daß die Maxima chinesischer Individuen unter den Minima „indischer" liegen. Länge : Breite : Gewicht in „Indien" nach Wall = 27—40 : 18—25 mm: 3,45—5,46 g, in Südchina (Mell) = 20—21 : 16—16,5 : 2,5—2,65 g. Das sind Differenzen, die durch Altersunterschiede der Muttertiere nicht erklärbar scheinen. Entsprechend sind die Längenunterschiede der Jungtiere beider Gebiete (Indien = 170—215, Südchina = 140—150 mm).

Nach der Entwicklungshöhe, in der die Vermehrungskörper vom ♀ abgegeben werden, spricht man von Oviparität, Ovovivi- und Viviparität. Das Ursprünglichste und weitaus Häufigste ist Oviparität, d. h. die Vermehrungskörper enthalten im Ablagemomente eine eierkäseähnliche Substanz, in der im allgemeinen ein Embryo mit bloßem Auge nicht erkennbar ist. Mit dem häßlichen Worte Ovoviviparität bezeichnet man den Vermehrungsmodus, daß ein zu selbständigem Leben befähigter Embryo zur Welt gebracht wird, der nur noch von einer durchsichtig dünnen Haut umgeben ist, die er unmittelbar nach dem Gebärakte zerreißt. Ovoviviparität ist also nur eine wenig unterschiedene Stufe der Viviparität, bei der das Junge ohne jede Hülle geboren wird. Wir pflegen, wenn sich bei einem im Mutterleibe gefundenen Ei in einer Kammer ein mit bloßem Auge erkennbarer Embryo findet, ohne weiteres anzunehmen, daß die betreffende Schlangenart im obengenannten Sinne ovovivipar ist. Es ist denkbar, daß es ebensowohl zwei Stufen der Oviparität wie der Viviparität gibt, wobei sich auf der zweiten unter einer sonst unverändert lederigen Schale ein auch mit bloßem Auge leicht erkennbarer, bzw. unübersehbarer Embryo schon im Ablagemoment des Eies findet. Bei indischen Exemplaren von *Natrix stolata* L. findet sich nach Angaben Walls beides. Selbst wenn eine Schlange befruchtete Eier abgibt, muß sie nicht unbedingt ovipar sein. Erregungen und andere Ursachen veranlassen nicht selten trächtige ♀♀ von Vertebraten zur vorzeitigen Abgabe ihrer Nachkommenschaft, und es kann vorausgesetzt werden, daß dies auch bei in Gefangenschaft geratenen, trächtigen Schlangen zuweilen geschieht. Im einzelnen ist bei ihnen der Nachweis einer solchen zufälligen anormalen Oviparität als Erregungserscheinung nicht gelungen, weil es äußerst schwer ist, erhaltene Reptilieneier zur Entwicklung und Weiterentwicklung zu bringen, und so in vielen Fällen nicht entschieden werden kann, ob eine Ablage als normal oder verfrüht zu bezeichnen ist.

Daß Eiablage das Ursprüngliche im Reptilierstamme ist, läßt sich auch daraus ersehen, daß sie bei Schildkröten ausschließlich vorkommt, und daß auch bei viviparen Schlangen das Stadium der Oviparität durchlaufen wird.[1]) Bei den in China vorkommenden Schlangenspezies, von denen verschiedene Stadien der Embryonalentwicklung bekannt sind (*Enhydris, Trimeresurus, Vipera*), werden lederschalige Eier (immer?) bis zu der für die Art typischen Größe entwickelt. Dann wird die Eischale rückgebildet und der Embryo ruht in einer klaren, öligen Flüssigkeit, die von einer zarten, transparenten Hülle umgeben ist, die wahrscheinlich dem Amnion entspricht, d. h. eine fötale, nicht mütterliche Bildung ist.

Der Übergang von Oviparität zu Viviparität wird bei Reptilien dadurch erleichtert, daß die Vermehrungs-

---

[1]) Man vgl. auch S. 217).

körper wochenlang zurückgehalten werden[1]) können, wenn ungünstige Ablageverhältnisse eintreten. *Platysternon, Clemmys nigricans, Natrix piscator,* die in einem ummauerten Lotostümpel gehalten wurden, legten rund einen Monat später ab als Freilandtiere und solche gefangene, denen trockene Plätze zur Ablage zur Verfügung standen. Individuen der europäischen Ringelnatter gaben in Gefangenschaft ihre Eier so spät ab, daß sie schon nach 3, statt wie sonst nach 7—8 Wochen schlüpften. Umgekehrt soll es gelungen sein, *Lacerta vivipara* durch hohe Temperaturen ovipar zu machen. Diese Beobachtungen an Gefangenen führen zu dem Schlusse, daß sich Viviparität als Anpassung an die Erfordernisse der Umwelt herausgebildet hat. Untersuchungen über das Milieu, in dem Viviparität auftritt, bestätigen den Schluß. Sie findet sich

a) bei reinen Wassertieren, also unter asiatischen Schlangen bei den *Hydrophiinae, Homalopsinae, Acrochordinae.* Der Einwand, daß sie vielleicht bei diesen Tieren unabhängig vom Medium in der Entwicklungsrichtung der Familien bzw. Sektionen lag, wird dadurch hinfällig, daß sich auch bei sonst rein oviparen großen und größten Gattungen (*Natrix, Elaphe*) bei Übergang zu Wasserleben einzelner Spezies, also sozusagen als funktionelle Anpassung, Viviparität herausgebildet hat (*Elaphe rufodorsata, Natrix annularis* und viele amerikanische Spezies der Gattung). Bei den gelegentlich an Land ruhenden und nachts an Land gehenden *Homalopsinae* (*Enhydris*) kommt auch Ovoviviparität vor, bei der am meisten an Land gehenden und mehr in kühleren Gewässern höherer Lagen jagenden *Enh. plumbea* ist auch lokale oder gelegentliche Oviparität zu erwarten. Von wie feiner Reaktionsfähigkeit

---

[1]) Daß Viviparität durch Verbleiben von Eiern in der Vagina des Muttertieres eintreten kann, ist auch von manchen Fliegen bekannt.

der Vermehrungsmodus ist, zeigen die Verhältnisse bei den wasserjagenden asiatischen *Natrix* des Formenkreises *N. annularis*. Die Bewohnerin von Bergbächen höherer Lagen, *N. percarinata*, erwies sich in 3 beobachteten Fällen als ovipar (Nordkwangtung, Südfukien), die seltener an Land gehende, tieflandbewohnende *N. annularis* als vivipar (bisher 1 Belegfall), wahrscheinlich ist das also auch *N. aequifasciata*. Die der *N. annularis*-Gruppe am nächsten stehenden, rein amerikanischen Formen der *fasciatus*-Gruppe sind vivipar, die wasserjagende, aber vielfach an Land gehende indische *Helicops schistosus* ausschließlich ovipar.

b) Bei Tieren kalter Gegenden und bei solchen (Individuen? Rassen, Spezies, Gattungen, Gruppen) an den Kältegrenzen ihres Horizontal- und Vertikalareals. Die Lufttemperaturen der warmen Zeit reichen dort tags im allgemeinen zur Ei- bzw. Embryonalentwicklung aus, nicht aber die der Nacht, die das Muttertier an gegen starke Abkühlung geschützten Orten verbringt, während es die Embryonen in seinem Leib umgekehrt den Einwirkungen der Tagestemperatur zuführt. So ist der tropenfernste *Gecko*, der neuseeländische *Naultinus* (40 bis 47° s. Br., Berge bis 3700 m) vivipar.[1]) Unter den Agamiden sind es die hochgebirgsbewohnenden *Phrynocephalus* des zentralasiatischen Gebirgsstocks (Hesse, Ökol. Tiergeographie, S. 27ff.), unter den Lacertiden die kalte Gegenden bewohnende *L. vivipara*, unter den asiatischen Schlangen die nördlichste Spezies (*Vipera berus*, *Agkistrodon*[2]), die im südlichen Tibet in Höhen bis 4200 m lebende *Natrix*

---

[1]) Über die Angabe von Viviparität bei *Pachydactylus* vgl. man die demnächst erscheinende Arbeit von Mell-Werner über die Eidechsen Chinas.

[2]) Von russischen Entomologen wurde sogar von nördlichen *Colias* (Lepidopteren, Pieriden) Viviparität gemeldet, doch fehlen bisher alle Bestätigungen der Angabe.

baileyi Wall ist dagegen ovipar: sie lebt in der Nähe heißer Quellen.

c) Bei manchen bodenwühlenden Formen. Bei Sandbewohnern (z. B. *Scincus officinalis* Lour., *Vipera ammodytes* L., *Echis carinata* Schneid., *Eryx*) und anderen Tieren sonstiger ausgesprochener Trockenlandgebiete könnte insofern eine Anpassung an den Lebensraum vorliegen, als die Trockenheit und Durchlässigkeit des Bodens dem Ei zuviel Feuchtigkeit entziehen würde, um so mehr, als infolge seiner Nachgiebigkeit der Sand sich der Eischale dicht anlegt und die Bildung einer Gelegehöhle nicht möglich ist. Unter den obengenannten lebendiggebärenden Sandwühlern ist Viviparität Familiencharakter; bei *Eryx* ist sie Unikum im Familienbereiche und geht in augenfälliger Weise dem Leben im Sande parallel. Bei Humuswühlern im Regenwald könnte es die lichtlose Feuchte und der Reichtum an Humussäure sein, die einer Weiterentwicklung abgelegter Eier schädlich sind. Unter Bodenwühlern im Waldhumus scheint Viviparität typisch für die *Ilysiidae* (*Cylindrophis* u. a.), die *Uropeltidae* (z. B. *Silybura*, aber nicht *Plectrurus*) und kommt auch bei *Typhlopidae* (z. B. *diardi* Schleg.) vor. Ob die oviparen Arten mehr an trockenen und besonnten Orten leben, läßt sich nach unserer gegenwärtigen Kenntnis nur für *Typhlops braminus* bejahen.

d) Bei manchen supraterranen Schlangen. Die auch in China vorkommenden Kletterschlangen sind zu 84% Bewohner des tropischen Regenwaldes und zu 16% solche des aus ihm in höheren Lagen entstandenen montanen Regenwaldes, also von Lebensräumen, in denen zusagende Örtlichkeiten zur Ablage im Boden fehlen oder sehr selten sind. *Dryophis* und die chinesischen *Boiga* sind Buschkletterer, denen also auch supraterrane Ablageplätze nicht zur Verfügung stehen, und sie sind vivipar geworden.

Die haus- und stammkletternden *Lycodon, Dinodon, Ahaetulla* (*Dendrophis pictus*) fanden im neuen Biotop Ablageplätze für Eier (Höhlungen), und sie sind ovipar geblieben. Von diesen Betrachtungen aus möchte man schließen, daß die vielfach stamm- und hauskletternde ovi- oder vivipare (meist!) *Chrysopelea* ursprünglich spreizklimmender Buschkletterer gewesen ist, der sich später auch an andere Klettermodi anpaßte. Ob auch funktionelle Anpassung im Vermehrungsmodus bei Übergang zu supraterraner Lebensweise vorkommt, dürfte entschieden sein, wenn die Vermehrungsart von *Elaphe prasina, Rhadinophis melli* und der afrikanischen *Dendrelaphis* bekannt ist. Die Angabe, daß *Dendrophis pictus* ovipar, *Dendrophis proarchus* ovovivipar ist, deutet nach dieser Richtung, falls letztere Buschkletterer ist. Die ovovivipare *Psammodynastes*, die wie die obengenannten Kletterschlangen zu der Sektion der *Dipsadomorphinae* gehört, halte ich für einen Buschkletterer. Bei kletternden Eidechsen kommt Viviparität nicht vor und man ist geneigt anzunehmen, daß sie einesteils bei ihnen stammesgeschichtlich noch nicht möglich war, anderteils eine Nötigung zu ihr nicht vorlag, weil sich für sie als Stamm- und Flächenkletterer immer ein Versteck für ihre wenigen (durchschnittlich 2) Eier finden ließ.

Bei manchen Sippen ist die Vermehrungsart Familien- oder Gruppencharakter und ohne Beziehung zum gegenwärtigen Lebensraum, so vor allem unter den Eidechsen bei den Scinciden, unter den Schlangen bei den Viperiden. Der nächstliegende Gedanke ist, daß die Lebensverhältnisse einer früheren Erdepoche zur Viviparität führten und diese Vermehrungsart, weil nicht artschädlich, beibehalten wurde. Die asiatischen Viperiden sind die am weitesten nach Norden gehenden Schlangen des Erdteils (*Vipera berus, V. renardi,*

Agkistrodon halys in seinen verschiedenen Formen) oder ausgesprochene Gebirgs- oder Hochgebirgstiere (*Agk. himalayanus, Agk. strauchii, monticola, Trimeresurus monticola, jerdoni, mucrosquamatus,* zum Teil auch *Tr. gramineus*). Die bis in tiefere Lagen oder bis in die Ebene herabgehenden Rassen haben die niedrigsten Zahlen der Ventralia und der Gesamtgröße (*Agk. h. brevicaudus, Trimeresurus gram. albolabris*) und vermutlich auch gelegentliche Rückschläge in die stammesgeschichtlich alte Oviparität. Mit Sicherheit ist letzteres für *Agk. rhodostoma* nachgewiesen[1]), die Art der Gattung mit dem äquatornächsten Areal und noch dazu die einzige in Asien, die ins Tiefland gegangen ist. Auch bei *Trimeresurus* (*monticola, gramineus*) und der indischen Viper (*russellii*) ist vereinzelt Oviparität gemeldet, leider ohne genaue Angabe des Fangplatzes. Diese Beobachtungen an Viperiden deuten auf Gewöhnung an kühlere, horizontal und vertikal höhergelegene Lebensräume und können den Gedanken, daß die ostasiatischen *Viperidae* in solchen ihr Entstehungszentrum haben, unterstützen. Der Nachweis, daß die weitverbreitete eurasische *Vipera berus* L., die Kreuzotter, die höheren Zahlen der V und mithin größere Länge in den horizontal und vertikal höheren Provinzen ihres ausgedehnten Areals besitzt, würde die gleiche Wirkung haben.

Auch bei den Scinciden ist Viviparität so verbreitet, daß man sie als Familiencharakter bezeichnen kann, und schon die stammesgeschichtlich ältesten unter den rezenten Formen besitzen sie in ausgesprochener Weise. Sowohl wüsten- und steppen- als waldbewohnende Formen sind Bodenwühler, und vielleicht ist bei ihnen Viviparität als Anpassung an diese Lebensweise entstanden (vgl. S. 206).

---

[1]) Smith, Notes on Some Snakes from Siam, Journ. Bombay Nat. Hist. Soc. XXIII, p. 787—789.

Daß Jungtiere der gegenwärtig i. a. lateritbewohnenden *Eumeces chinensis* (Gray) in Südchina bisher nur an lichten Waldstellen gefunden wurden, scheint darauf hinzudeuten, daß die ♀♀ zur Ablage (oder Geburt) dahin zurückkehren — wo sie als Alttiere nie gefunden werden — und daß der Wald als ihr ursprüngliches Biotop anzusehen ist. Das Gleiche gilt von *Eumeces elegans* Blngr., die in ihrem wirklich eleganten Jugendkleide am Waldrand, an lichten Waldplätzen, auf bebuschten Hügeln lebt, während in Südchina dort die uniform lehmfarbenen Alttiere nicht mehr angetroffen wurden. Auch die bei vielen und gerade spezialisierten Arten der Familie (individuell periodische Abweichung? individuell fixiert? artlich fixiert?) beobachtete Oviparität scheint darauf hinzudeuten, daß die Faktoren, die bei ihnen Viviparität erzeugten, sich geändert haben. Bei der Gattung *Eumeces* scheint Oviparität Regel; sie wurde bei *Eumeces elegans* an den Südgrenzen des Artareals (Südchina, 25^0 n. Br.) beobachtet, bei *Eumeces quadrilineatus* an den Südgrenzen des Gattungsareals (Südchina, 23^0 n. Br.), bei *E. pekinensis* Stejneger an den Nordgrenzen (Peking, 40^0 n. Br.) des Gattungsareals. Auch *Ablepharus* an den Nordgrenzen des Familienareals (Ungarn, 47^0 n. Br.) ist ausschließlich ovipar. Der von Boulenger gemeldete Fall von Oviparität eines Aquarientieres der nordafrikanischen *Chalcides ocellatus* Forsk. in London ist nicht eindeutig, er kann Freilandverhältnissen entsprechen, oder Anpassung an erhöhte Temperaturen bei Zimmerzucht darstellen.

Es läßt sich demnach wohl sagen, daß Ovi- und Viviparität nur insoweit Familiencharaktere sind, als die Familie durch gleiche Lebensweise gekennzeichnet ist (*Hydrophiinae, Homalopsinae*) oder vielleicht, weil durch gleiche Umwelteinflüsse erzeugte Viviparität beibehalten wurde, auch nachdem diese Einflüsse aufhörten. Viviparität als Sondererscheinung im Familienbereiche (*Eryx* unter den *Boidae*) oder Subfamilienbereiche (unter den sonst oviparen Elapinen wird für *Calliophis* Ovovivi- und Viviparität angegeben) oder im Areal der Gattung (*Coronella, Elaphe, Natrix, Dendrophis*) oder des Formenkreises (*Natrix annularis*-Gruppe) ist Zeichen von Spezialisation. Viviparität ist stets progressiver Charakter; Oviparität kann regressiv aus ihr entstanden sein (*Agkistrodon rhodostoma*). Bei schwankender Entwicklungshöhe der Vermehrungskörper innerhalb der gleichen Spezies (anscheinend bei *Enhydris, Chrysopelea ornata, Vipera russellii, Echis carinata, Trimeresurus monticola* und *gramineus*) scheinen Rückschläge in die stammesgeschichtliche ältere Vermehrungsart vorzuliegen.

Die Sorge des Muttertieres für seine Nachkommenschaft beschränkt sich im allgemeinen auf das Ausfindigmachen eines zur Eiablage geeigneten Ortes, das ist in 95% der Fälle ein Erdloch. Welche Spezialisation aber im einzelnen die Wahl des Ablageortes trotzdem darstellt, ist jedem Freilandbeobachter bekannt: im morschen, von Termiten zernagten Dach einer Gartenhütte fand ich 12 Gelege von *Hemidactylus* im selben Loche unter etwa 50—60 für menschliche Augen gleichen Höhlungen; in einem Düngerhaufen hinter einer einsam liegenden Windmühle der Bremer Heide über 300 Eier (16 Gelege?) der Ringelnatter, obwohl ich in der Gegend in 4 Jahren kein Exemplar der Schlange gesehen hatte; an einem Fensterladen eines Klosters der Kantoner Umgegend 186 Eier (= etwa 93 Gelege) von *Gecko japonicus*, obwohl an dem Gebäudekomplex wenigstens 60—80 gleiche oder ähnliche Läden vorhanden und nicht mehr Geckonen als in anderen Gebäuden zu sehen waren. Die Spezialisation in der Wahl des Ablageortes wird weiter durch die Empfindlichkeit der Reptilieneier illustriert, die bei nicht kalkschaligen Formen oft schon in 3 Stunden zum Schrumpfen und in wenig längerer Zeit zum Schimmeln der Eier führt, auch wenn sie vorsichtig behandelt und sofort an Orte gebracht werden, die nach menschlichem Ermessen ähnliche Temperatur- und Feuchtigkeitsverhältnisse aufweisen. Eier der bambusbewohnenden Lacertide *Platyplacopus kühnei* (v. Denb.), die in lebende, aber einseitig durchlöcherte Bambusglieder gelegt werden[1]), wurden nach Schlagen und flüchtigem Spalten des Bambus unberührt gelassen, die Glieder wieder geschlossen, mit täglich angespritzter Gaze umwickelt und an warmen, schattigen Orten aufgehängt: trotzdem fingen viele Eier schon nach 2 Stunden an einzufallen, und im ganzen schlüpften nicht mehr als etwa 10% von ihnen. Wall empfiehlt folgende Methode zur Behandlung von Eidechsen- und Schlangeneiern: man gräbt morgens Erde aus einer Tiefe, deren Feuchtigkeit genügend erscheint, füllt sie 12 cm hoch in einen „Gumlah" (Tonbehälter?), legt die Eier auf die Erde, stülpt einen Blumentopf darüber, stellt das Ganze an einen schattigen Ort und erneuert die Erde jeden Tag. Welcherart seine Erfolge waren, gibt er nicht an. Eier, die man im Juli, Anfang August erhält, also etwa 4 Wochen vor dem Schlüpfen, sind im allgemeinen leichter zu behandeln. Ich brachte solche Schlangeneier vielfach zur Entwicklung in einer großen Tonschale mit ausgeglühtem und dann angefeuchtetem Sand, darauf die Eier, bedeckt mit angefeuchtetem, aber nicht zu nassem Moos, über das Ganze eine weite Glasglocke. Auch jüngere Schlangeneier kamen wiederholt zum Schlüpfen in einer aus leicht angetrocknetem Teichschlamm hergestellten, künstlichen Höhle, die im Garten eingegraben oder in einem großen Tonkübel in Erde eingebaut und mit Drahtgaze umzogen

---

[1]) Man vgl. Fig. 1, S. 70.

war. Ditmars empfiehlt, Schlangeneier in Torfmoos zu halten. In der Erde liegende Eidechseneier habe ich nicht zur Entwicklung bringen können, vermutlich hatten sie stets schon auf dem Transport gelitten.

Nutzung sich zersetzender Pflanzenstoffe scheint in warmen Teilen der Erde — wenn sich in Südchina gemachte Beobachtungen verallgemeinern lassen — weniger gesucht als in paläarktischen Gebieten. Als Regel kann sie für *Naja hannah* Cant. gelten, die in großen, zuweilen mehrere Meter breiten Laubhaufen, die vermutlich vom Wind zusammengetrieben sind, ablegt, mögen sich die Laubhaufen auf der Erde oder in Baumlöchern befinden. Von *Natrix subminiata* ist mir ein Gelege aus einem Komposthaufen bekannt, von der normal in nackten Erdlöchern ablegenden *Natrix piscator* aus der Literatur (Indien) der Einzelfall, daß ein Gelege in einem Grashaufen am Ende einer Erdhöhle — vermutlich einem Rattennest — war.

Daß sich die Muttertiere bei den Eiern aufhalten, zur Nahrungssuche entfernen und wieder zu ihnen zurückkehren, ist für viele Arten als Einzelfall (*Eumeces quadrilineatus, Natrix piscator* und *subminiata, Ptyas mucosus* und *korros*), als häufige Erscheinung (*N. stolatus, Typhlops braminus*) oder Regel (*Eumeces pekinensis* Stejneg. und *elegans* Blngr., beide *Naja, Bungarus fasciatus* und *candidus*) und für viele andere gemeldet. Daß die bei den Eiern gefundenen Eidechsen und Schlangen nicht zufällig in das gleiche Versteck wie die Eier geraten waren, läßt sich daraus entnehmen, daß sie beim Wegnehmen der Eier Abwehrreaktionen ausführten. Unter Hunderten der tagsüber bis zur Lethargie phlegmatischen *Bungarus fasciatus* hörte ich nur in zwei Fällen Zischlaute, nämlich als ich den beiden ♀♀, von denen ich Gelege erhielt, die Eier wegnahm. Wall meldet einen gleichen Fall von *Bungarus* aus Indien. Man kann dieses Verbleiben des ♀ beim Gelege als Brutwacht bezeichnen, und es kann gegenüber Eifressern einen Nutzeffekt haben. Im äußersten Falle wurde 1 ♀ (*Naja naja*) bei den Eiern gefunden, als diese bereits Embryonen von etwa $^4/_5$ der Schlüpfgröße enthielten, die nach rund 3 Wochen die Eier verließen.

Es mag demnach auch bei *Naja* gelegentlich vorkommen, daß das Muttertier mit Intervallen bis zum Schlüpfen bei den Tieren bleibt. Nachgewiesen ist das für *Python molurus* und *Agkistrodon rhodostoma* und wahrscheinlich gemacht für *Bungarus fasciatus* und *candidus* (stark abgemagerte Schlangen wurden bei nahezu schlüpfreifen Eiern gefunden). In diesen Fällen hat das Muttertier den Eihaufen zwischen den Schlingen seines Körpers, verläßt ihn ohne Störung nicht, nimmt im allgemeinen auch weder Wasser noch Nahrung zu sich und beantwortet Annäherungen mit ausgesprochenen Abwehrreaktionen. Man kann in diesem Falle von Brutschutz sprechen. Auch ein gefangenes ♀ von *Ptyas mucosus* ringelte sich um seine Eier. Auffallend ist die Beobachtung an *Agkistrodon*, einer — soweit bisher bekannt — sonst durchaus viviparen Gattung. Im Schlingenknäuel eines „brütenden" *Bungarus fasciatus*-Weibchens wurden in zwei Fällen eine um 0,4 und 0,6, in dem eines *Python*-Weibes eine um 0,8—1,66° C höhere Temperatur[1]) gemessen als zwischen den Schlingen eines benachbarten ♂, das ist so wenig, daß es als brutbeschleunigende Temperatur — noch dazu in äquatorialen Gebieten — nicht in Frage kommt. Bedeutsam dürfte bei der Handlung des ♀ wohl nur der Umstand sein, daß die Eier zwischen den wochenlang unverändert eine künstliche Höhle bilden-

---

[1]) Für dieses ♀ des Jardin des Plantes (Beobachter: Dumeril) wird nicht selten ein Plus von 10° C gegenüber dem ♂ genannt. Boulanger bestätigte in der letzten Ausgabe der Encycl. Britanica die oben gemachte Angabe.

den Schlingen des ♀ gegen Austrocknung und gegen Eifresser geschützt sind.

Über die Dauer der Ei- und Embryonalentwicklung liegen nur sehr dürftige Daten vor.

Spezies	Zahl der beobacht. Gelege	Eistadium	Embryonal-stadium	Gesamt-entwicklung
Python molurus .	2	etwa 3—4 Mon.	56—61 Tage (Paris)	5—6 Mon.
Natrix stolata . .	2—1	etwa 2 Mon.	etwa 60 Tage	etwa 4 Mon.
	1	—	29—30 Tage (künstl. Wärme)	etwa 3 Mon.
Natrix piscator .	1	55 Tage	—	—
Ptyas mucosus. .	1	—	wenigstens 61—62 Tage	—
Dryophis prasinus	1	—	—	wenigstens $4^1/_2$ Mon.
Psammodynastes pulverulentus .	1 ?	—	—	über 4 Mon.
Cerberus rynchops	1	—	—	ansch. über 6 Mon.
Naja naja . . .	1—3	66 Tage[1])	49[2])—67 bis 69 Tage	etwa $4^1/_2$ Mon.
Vipera russellii .	2	—	—	gegen 6 Mon.
Agkistrodon rhodostoma	1	—	47—49 Tage	—

Sie genügen kaum, um die Berechtigung der Frage, ob Ei- und Embryonalstadium in einem bestimmten Verhältnis zueinander stehen, zu beweisen. Bei *N. stolata* zeigt sich

---

[1]) In einem zweiten Falle wurden $4^1/_2$ Mon. angegeben, was mit größter Wahrscheinlichkeit außer auf verlangsamte Entwicklung auch auf Verhalten der Ablage schließen läßt.

[2]) Das Minimum, 49 Tage, im Zoologischen Garten in New York (Ditmars).

bei künstlicher Wärmezufuhr eine Verkürzung des Embryonalstadiums auf die Hälfte. Das kürzeste Embryonalstadium besitzt unter den 6 Spezies *Agkistrodon rhodostoma* (südlichste Lage?), das längste *Naja*. *Python* hat anscheinend das längste Ei-, *Vipera russellii* das längste Gesamtstadium. — Die Geschlechter sind im vorgeschrittenen Embryonalstadium dadurch leicht zu unterscheiden, daß beim ♂ die Genitalia ausgestülpt sind (beobachtet frühestens 18 und 21 Tage vor dem Schlüpfen, wahrscheinlich aber früher auftretend) und erst 1—3 Tage vor dem Schlüpfen, bzw. vor der Geburt eingezogen werden. Die Verwachsungsstelle der ursprünglich 2 Reihen Ventralia zu einer ist 14 und 10 Tage vor dem Schlüpfen, wahrscheinlich noch länger, als rote mediane Bauchnaht deutlich. Die Nabelschnur geht bei den untersuchten Spezies durch 2 $^2/_2$ bis annähernd 4 V, und ihre Durchtrittsstelle ist zuweilen beim geschlüpften Jungtiere noch nicht ganz geschlossen (Wall berichtet, daß sich bei einem Jungtiere von *Ptyas mucosus* eine Borste durch die Öffnung führen ließ).

Auch die Schale des Reptilieneies wird mit der fortschreitenden Entwicklung des Embryos dünner und weniger widerstandsfähig, wie man beim Druck mit dem Finger leicht feststellen kann. Bei von mir untersuchten Eiern von *Naja*, *Ptyas* (*mucosus*), *Natrix* (*piscator*) war schon 14 Tage vor dem Schlüpfen der Jungen die Eischale weicher und deutlich nachgiebiger als vorher. Das Durchbrechen der Eihülle wird ermöglicht (oder erleichtert) durch die Eischwiele (Schildkröten, wahrscheinlich auch bei Geckonen) oder den Eizahn (Eidechsen, Schlangen). Der Eizahn ist ein knöchernes Gebilde von etwa 1 mm Größe, das dem Prämaxillare am Oberrand des Schnauzenbogens median aufsitzt. Wall konnte ihn bei *Ptyas mucosus* 18 Tage vor dem Schlüpfen der Jungtiere, zu einer Zeit, als die

Geschlechtsorgane des ♂ entwickelt waren, noch nicht feststellen, bei einer von mir untersuchten *Naja naja* war er 14 Tage vor dem Schlüpfen kaum erkennbar winzig. Er tritt anscheinend etwa zur gleichen Zeit mit den echten Zähnen auf, ist aber im Gegensatz zu diesen horizontal gerichtet und abgeflacht spatelförmig (Fig. 8, 9, 12). Die

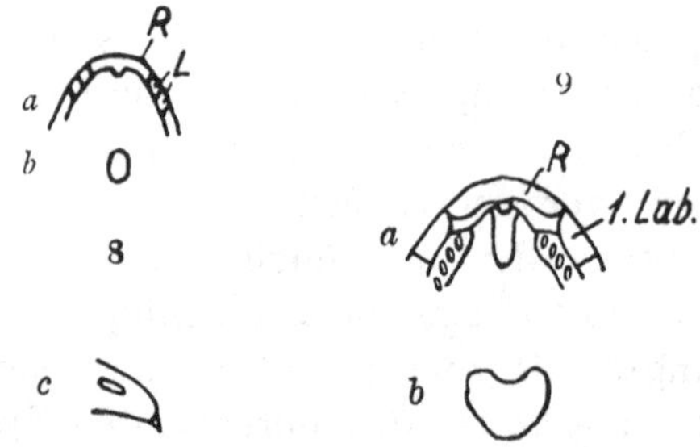

Fig. 8—9. Eizahnbildungen, 8. von *Ophisaurus gracilis* (Gray), *a* = Dach des Vordermaules, der Eizahn als weißer Fleck in der Mittellinie, *R* = Rostrale, *L* = Labialia (vergr.), *b* = Aufriß des Eizahns (etwas stärker vergr.), *c* = Profil des Eizahns (noch mehr vergr.); 9. von *Natrix piscator* (Schneid.), Dach des Vordermaules mit Eizahn, Bezeichnungen wie bei 8; nach Wall.

schneidenden Flächen sind entweder die Seiten allein oder Seiten und Spitze, ihre Schnittlinien in der Eischale sind scharf, wie mit Messern erzeugt. Ein Fall, daß ein Ei mit einem einzigen Schnitt geöffnet wurde, ist mir nicht bebekannt, auch eine bestimmte Durchbruchstelle ist nicht vorhanden. An den zwei Eiern eines im Freien geschlüpft gefundenen *Kobra*-Geleges ist ersichtlich, wie bald in der inneren Luftkammerwand, bald am Pole oder an der Längsseite lange und kurze Schnitte neben- oder hintereinander liegen (Fig. 10—11). Die Leistungen des Zahnes sind überraschend, wenn man bedenkt, daß er ein sehr kurzlebiges Organ ist und — soweit bisher bekannt — 1—4 Tage nach dem Schlüpfen des Jungtiers abgeworfen wird.

Da sich Viviparität aus Oviparität entwickelt hat, ließ sich von vornherein annehmen, daß sich der Eizahn oder Reste von ihm auch bei manchen viviparen Spezies

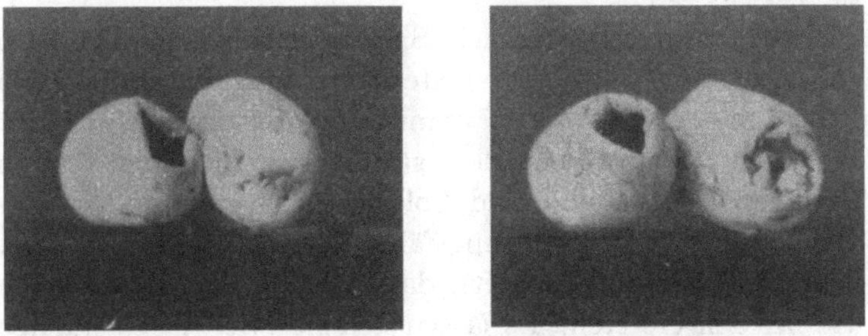

Fig. 10—11. Zwei Kobraeier nach dem Schlüpfen mit den Schnittflächen des Eizahnes an beiden Polen; Kanton (3. IX. 1919).

finden würden. Er hat sich bei Jungtieren mancher Spezies sogar bis nach dem Schlüpfen und in gleicher Größe wie bei oviparen Arten erhalten, unter asiatischen Eidechsen

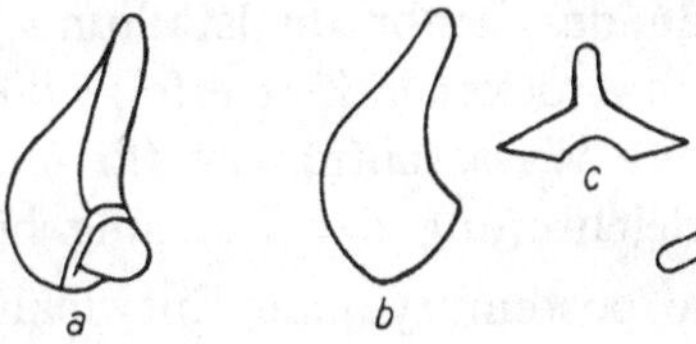

Fig. 12. Eizahnbildung von *Trimeresurus jerdonii* (Gthr.), sehr stark vergrößert, a) Blick auf die obere Fläche des Zahnes, b) Profilansicht, c) Prämaxillare von vorn gesehen, unter dem Bogen (*c*) springt der Zahnschnabel vor, d) Prämaxillare von unten mit dem Fuße des Eizahns (*f*); nach Wall.

ist das bisher bei *Lacerta vivipara,* unter asiatischen Schlangen bei *Trimeresurus jerdonii* festgestellt. Sehr wahrscheinlich findet er sich auch bei anderen Spezies oder Genera. Unter Hydrophiinen wurde er noch nicht nachgewiesen. Ob er bei ovoviviparen Spezies ausschließlich Reliktorgan ist oder doch noch zum Zerreißen der dünnen Haut dient, bedarf der Nachprüfung; sehr wahrscheinlich ist das erstere.

Bei den meisten (allen?) Spezies erfolgt die 1. Häutung der Jungtiere vor der ersten Nahrungsaufnahme, bei *Vipera berus* und *russellii* unmittelbar, bis etwa 3 Stunden nach der Geburt, bei den stammesgeschichtlich älteren Elapiden (*Naja naja*) und Colubriden s. str. (*Natrix piscator*) in je 3 Beobachtungsfällen 2—11 Tage nach dem Schlüpfen (Gefangenschaft), das ist etwa das 20—80fache wie bei den ersteren. Es lassen sich also vielleicht derartige Fälle von Antizipation mit zur Festigung stammesgeschichtlicher Schlüsse heranziehen. Bei einer *Trimeresurus gramineus* aus Indien ist gemeldet: geschlüpft 30. VI., 1. Häutung 24. VII., das ist annähernd der Abstand, der zwischen zwei Häutungen eines gesunden Tieres in der günstigen Jahresperiode liegt (4 Wochen), so daß der Gedanke naheliegt, daß die 1. Häutung übersehen wurde und vielleicht schon in das Ende des Embryonalstadiums fiel. In der trockenen, bzw. kühl-trockenen Zeit erfolgt die Häutung in größeren Abständen. Wasserzufuhr ist für die allermeisten Schlangen zur Erleichterung der Häutung nötig.

Auch über die postembryonale Entwicklung und den Eintritt der Geschlechtsreife existieren leider nur ungenügende Angaben. In der nachstehenden Zusammenstellung[1]) ist verglichen, um wieviel die Gesamtlänge einer

---

[1]) Da die Etiketten (Katalognummern) der von mir gesammelten Tiere in Europa unpfleglich behandelt, sogar nahezu alle ohne mein Wissen entfernt wurden, andere durch das lange Aufspeichern während der Kriegszeit schadhaft geworden und beim Herausnehmen der Materialien aus den Versandbüchsen abgerissen worden waren, kann ich meine nicht geringen Tagebuchnotizen hier nicht mit einbeziehen, da sich nicht mehr

Spezies am Ende des 1., 2., 3. Lebensjahres gegenüber der Anfangsgröße beträgt, sowie der Eintritt der Geschlechtsreife. Die jährliche Größenzunahme ist ohne große Schwierigkeit und für die hier verfolgten Zwecke ausreichend festzustellen, wenn die Gesamtlängen der Tiere (♂♀) einer Spezies im gleichen Gebiete vor der Winterruhe (X., XI.) gemessen werden. Aus den Differenzen ergeben sich im allgemeinen die jährlichen Zuwachsraten. Der Eintritt der Geschlechtsreife ist für das ♀ annähernd richtig abzuschätzen, indem man das Alter des kleinsten befruchtet angetroffenen Tieres mit Hilfe des Wachstumsverhältnisses feststellt. Die Anfangsgröße von Tieren der gleichen Art und sogar der gleichen weitverbreiteten Rasse kann in verschiedenen Provinzen des Areals stark schwanken (von *Psammodynastes* wurden Jungtiere von 121 mm und Embryonen von 154 mm gemessen), und sie wechselt auch nach Alter und Ernährungszustand des Muttertieres.

Wachstumsverhältnisse (Gesamtlänge = ? × Anfangsgröße?) und Eintritt der Geschlechtsreife.

Spezies	Gesamte Länge = ? × Anfangsgröße			Eintritt der Geschlechtsreife					
	nach 1 J.	nach 2 J.	nach 3 J.	Ende 2. J.	Anfg. 3. J.	Mitte–Ende 3. J.	4. J.	5. J.	6. J.
a) bei Landschlangen									
Natrix stolata . .	2 × A.	3 × A.	—	+	—	—	—	—	—
Natrix piscator .	1,5 × A.	2 × A.	2,5 × A.	—	—	+(1 ×)+	+	—	—
Natrix subminiata	2 × A.	3 × A.	—	—	—	—	—	—	—
Lycodon aulicus .	—	—	—	+	—	—	—	—	—

feststellen läßt, auf welche Individuen sie sich beziehen. Es konnten deshalb in der nachstehenden Übersicht nur Angaben Walls über indische Tiere verwendet werden.

Wachstumsverhältnisse (Gesamtlänge = ? × Anfangsgröße?) und Eintritt der Geschlechtsreife (Fortsetzung).

Spezies	Gesamte Länge = ? × Anfangsgröße			Eintritt der Geschlechtsreife					
	nach 1 J.	nach 2 J.	nach 3 J.	Ende 2. J.	Anfg. 3. J.	Mitte-Ende 3. J.	4. J.	5. J.	6. J.
Lycodon fasciatus	2 × A.	3 × A.	4 × A.	—	—	+	+	—	—
Ptyas mucosus . .	1,8 × A.	2,7 × A.	—	—	—	+	+	—	—
Psammodynastes pulverul.	2 × A.	3 × A.	—	—	+	—	—	—	—
Dryophis mycteriz.	2 × A.	3 × A.	—	+	—	—	—	—	—
Chrysopelea ornata	—	—	—	—	—	—	—	+ ?	—
Bungarus fasciat.	2 × A.	3 × A.	4 × A.	—	+	—	—	—	—
Bungarus cand. .	2 × A.	3 × A.	4 × A.	—	+	—	—	—	—
Naja naja . . .	2,5 × A.	3,7 × A.	4,9 × A.	+	—	—	—	—	—
Vipera russellii .	2 × A.	3 × A.	—	—	—	+	—	—	—
Python molurus .	2 × A.	—	—	—	—	+ (♂)	+ (♀)	—	+
b) bei Seeschlangen									
Microcephalophis gracilis	2 × A.	—	—	+	—	—	—	—	—
Hydrophis obscur.	—	—	—		+ ?	—	—	—	—
Enhydrina schist. .	2 × A.	3 × A.	4 × A.		—	+	—	—	—
Lapemis curtius .	2 × A.	—	—	+	—	—	—	—	—

Die Zahlen, zu denen sich in den Arbeiten Walls noch viele über nicht in China vorkommende indische Spezies finden, führen zu dem Schlusse, daß bei süd- und südostasiatischen Arten die Körperlänge in den 2—3 ersten Lebensjahren je um die Anfangsgröße zunimmt, nach Eintritt der Geschlechtsreife meist um viel weniger. Auffallend ist die Wachstumsgeschwindigkeit bei *Naja*, erstaunlich gering bei *Natrix piscator*. Der Eintritt der Geschlechtsreife erfolgt bei freilebenden europäischen Schlangen im 4. oder 5. Lebensjahre, bei 9 von 18 = 50% der obengenannten

Arten im 3., bei 6 = 40 % schon am Ende des 2., aber auch Hinausschieben auf das 5. und 6. Lebensjahr wird angegeben. Im allgemeinen läßt sich erwarten, daß bei großen Tieren Geschlechtsreife später eintritt und umgekehrt, und auf das 1., 4., 7. und letzte Tier der obengegebenen Tabelle scheint die Vermutung zuzutreffen. Überraschend ist der frühe Eintritt bei *Naja* und *Dryophis*, vielleicht noch mehr die Verzögerung bei *Natrix piscator*.

Fig. 13. Zeichnung der Jahresbrut von *Ptyas korros* (Schleg.); Nordkwangtung (M, 5. X. 1918).

Bei *Naja* liegt es nahe, die Wachstumsgeschwindigkeit und den relativ sehr frühen Eintritt der Geschlechtsreife mit der großen Häufigkeit und weiten Verbreitung der Art in Beziehung zu setzen. Von *Echis carinata* und *Cylindrophis maculatus* glaubt Wall, daß Geschlechtsreife schon am Ende des 1. Jahres auftreten kann, falls die Wachstumsverhältnisse der beiden Arten die gleichen sind, wie bei der Mehrzahl der obengenannten Spezies. Das Gleiche könnte von Hydrophiinen gelten, die zur Zeit der Geburt nahezu die halbe Größe des Muttertieres besitzen. Ob Zuwachsrate und Eintritt der Geschlechtsreife einer Art in verschiedenen Regionen ihres Areals schwanken, läßt sich zurzeit nicht entscheiden, aber als wahrscheinlich annehmen.

Die Grundfarbe des Jungtieres ist im allgemeinen die gleiche wie beim erwachsenen Individuum. Nur Grün als Farbe eines eben geschlüpften Jungtieres ist mir bei keiner Spezies bekannt. Am meisten dem Grün angenähert ist

Fig. 14. Zeichnung der Jahresbrut von *Natrix percarinata* (Blngr.); Nordkiangsi (Ku ling).

sie bei frisch geschlüpften *Liopeltis major* und *Trimeresurus gramineus*, aber mehr heller oder dunkler braungrün bis grünbraun, und Grün tritt bei ihnen anscheinend bei der 1. oder 2. Häutung durch. Am spätesten erfolgt Umfärbung in Grün bei *Elaphe prasina* und *Rhadinophis melli*: nach der 2. Überwinterung (*Rhadinophis*), zum Teil erst nach der 3. (*Elaphe*). Es läßt sich daraus wohl folgern, daß Anpassung an Gras- und Laubfarben bei *Liopeltis* und *Trimere-*

surus sehr früh, bei *Rhadinophis* und *Elaphe* am spätesten unter ostasiatischen Schlangen erfolgte. Die zwei kleinsten gesehenen chinesischen *Dryophis* waren braun, so daß bei ihnen möglicherweise Braun als Schlüpffarbe überwiegt. Die ursprünglichere Zeichnung scheint hell-dunkle Querbänderung. Sie bleibt zuweilen bis zum Alter erhalten (*Bungarus*, Fig. 16 und 17, *Calliophis*, *Hydrophiinen*, *Lycodon*). Bei

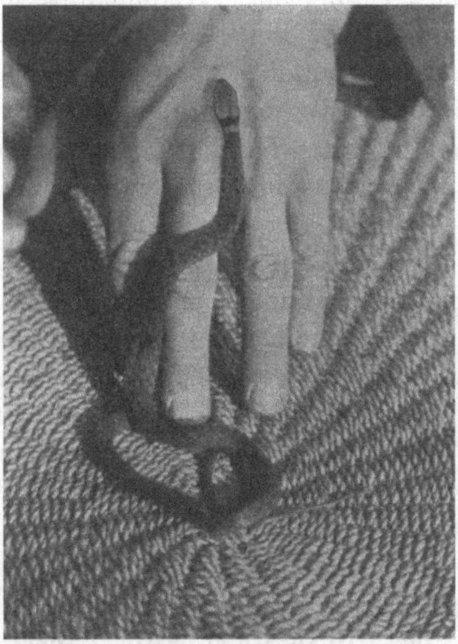

Fig. 15. Dreifarbiger Nackenfleck der Jahresbrut von *Natrix subminiata* (Schleg.); Südkwangtung (Lo fao shan, 7. VIII. 1917).

vielen werden mit zunehmendem Alter die Binden stark rückgebildet, die hellen Binden verschmälert oder unterdrückt, die dunkeln durch Trübung des Grundes abgeschwächt (*Naja*, *Dinodon*, die *Natrix* der *annularis*-Gruppe, Fig. 14) oder ganz unterdrückt (*Cerberus*, *Ptyas*, Fig. 13). Auch die später einfarbig grünen Gras- und Baumschlangen zeigen in der Jugend, wenigstens im Nacken und Rückenanfang, dunkle Querstriche (*Liopeltis, Trimeresurus gramineus, Rhadinophis*). Als Reste einer solchen Bänderung sind wohl auch die Prachtflecke auf dem Nacken und in den Halsseiten von *Natrix* (*subminiata, tigrinus, piscator, nuchalis* u. v. a., Fig. 15), *Pseudoxenodon* (*sinensis*), *Trirhinopholis* u. a. zu deuten, die zum Teil bis zur Geschlechtsreife erhalten bleiben. Im allgemeinen zeigen chinesische Schlangen eine Neigung zur Vereinfachung und Verdüsterung der Färbung, und nur bei wenigen Spezies tritt im Alter eine Fleckung durch bunte Punktreihen auf (*Natrix piscator*: grün, rot; *Natrix stolata*: blau, zinnober) oder andere Kontrastfarben (brauner Kopf bei *Natrix stolata*).

Die Reduktion von Färbung und Zeichnung von der Jugend bis zum Alter läßt sich in geringerem Grade auch bei Schildkröten erkennen (*Cyclemys annandali* hat in der Jugend gelbe Zeichnungen auf Kopfseiten und Panzer) und ist am auffälligsten bei Eidechsen. Jungtiere von Geckonen, Agamiden, Varaniden haben schärfere dunkle oder helldunkle Querbänderung als alte. Junge *Liolepis bellii* haben leuchtend ziegelroten Schwanz und zitronengelbe Längsstreifen über den Körper; beide Merkmale fehlen Alttieren. Typisch ist die Reduktion der Färbung bei Alttieren für die Scinciden. Unter 5 chinesischen Genera haben 2 nur matte, die 3 anderen (*Mabuia, Sphenomorphus, Eumeces*) in der Jugend lebhafte Längsstreifung und manche glänzend dunkelblauen Schwanz (*Eumeces*). Bei Alttieren erfolgt Reduktion der Zeichnungsschärfe und des Blau bis zum gänzlichen Schwund und zur vollständigen Uniformität (*Eumeces elegans* und *chinensis*). Diese Färbung ist nicht an den Eintritt der Geschlechtsreife gebunden, *Eumeces elegans* ♀ ist schon früher fortpflanzungsfähig. Diese Reduktion der Färbung drückt wohl ebenso wie die der Sq-Zahlen und der Größe die Tatsache aus, daß die Hoch-Zeit der Reptilienentwicklung vorbei ist.

VIII. Beobachtungen über das Sinnesleben chinesischer Reptilien, insbesondere Schlangen.

Die hier zusammengestellten Einzelheiten sind zum weitaus überwiegenden Teile Eigenbeobachtungen an freilebenden und gefangenen Tieren Südostasiens während der Jahre 1908—1921. Die Angaben über indische Tiere sind meist den zahlreichen Arbeiten Walls über die Herpetologie Britisch-Indiens entlehnt.

Gesicht. — Das Hauptsinnesorgan zur Ermittlung von Beute, vielfach zur Übermittlung von Eindrücken der Außenwelt überhaupt, scheint bei Reptilien das Auge zu sein. Unbewegte Beute vermögen nur Geckonen (*Gecko japonicus* D. B. erkennt Insekten im Ruhesitz mit Sicherheit in 8 und 10 cm Entfernung) zu erkennen. Dagegen war einer Schar Agamiden (*Calotes*), die einen fliegenden Falter wild verfolgten, der 15 cm vor ihnen die Flügel zusammenlegende Schmetterling (*Theretra latreillei lucasi* Wlkr.) wie durch Zauberschlag verschwunden. Über die Sehweite liegen auch nur ganz verstreute gelegentliche Beobachtungen vor. *Hemidactylus* sehen und erkennen ein knapp mittelgroßes, fliegendes Lepidopteron, wie etwa eine *Agrotis*, im Lampenkreise noch 2 m, größere bis etwa 3 m weit. In der gleichen Entfernung faßt der große Waldgecko (*Gecko gecko* [L.]) einen an der hellen Wand sich leicht bewegenden kleinen *Gecko* oder *Hemidactylus* ins Auge. Auf einer schmalen Überwasser-Felskante im 1,8 m tiefen, fließenden Wasser und etwa 1,5 m vom Ufer entfernt liegende Freilandschildkröte (*Clemmys mutica* [Cantor]) reagierten auf die Bewegungen eines nackten, von einem Uferfels zum anderen springenden Menschen noch in 3—4 m Entfernung. Langsame seitliche Verschiebungen eines für sie vom Kopf bis zur Schulter sichtbaren nackten, nur mit Tropenhut bekleideten Menschen um 3—5 cm beantworteten Schildkröten (*Clemmys bealii* [Gray], *Cyclemys trifasciata* [Bell]) im Freien und bei scharfer Belichtung in 100—120 cm Abstand; der menschliche Schatten blieb dabei für sie unsichtbar. Auf dem Boden eines mittelschnell fließenden, 1,8 m tiefen Bergbaches laufende Emydinen (*Clemmys bealii* [Gray]) zogen sich auf Annäherung eines gegen die Strömung langsam heranrückenden nackten Menschen in etwa 1,5 m Entfernung in ihr Gehäuse zurück. Schlangen (*Naja hannah*, *Ptyas*, *Zaocys*, *Elaphe*) bäumten auf Gesichtseindrücke eines sich mit Rumpf und Armen — aber nicht mit den Beinen — lebhaft bewegenden, weißgekleideten Menschen noch in 5 m Entfernung auf.

Wie dominierend Gesichtseindrücke sein können, geht aus der in Südchina üblichen Fang- und Behandlungsart der *Kobra* hervor. Die in Fig. 21 dargestellte *Naja hannah* (Cant.) von 3100 mm Länge hatten wir, da das schlangenfressende Riesentier nicht mit anderen Schlangen zusammengebracht werden konnte und erst ein Sonderbehälter für sie hergerichtet werden mußte, einstweilen in einen der zahlreichen Raupenzuchtkästen (Drahtgaze, Maße = 60 × 30 × 25 cm) gesteckt, den das Tier wie ein Riesenknäuel ungefähr ausfüllte. Nach 3 Tagen war ihr Drahtgazehaus fertig. Ich gedachte sie umzuquartieren, indem ich den Kasten über dem Drahtgazehause, Tür nach unten, öffnete und die Schlange durch ihre eigene Schwere in ihren neuen Behälter hineinfallen ließ. Da kam gerade mein Schlangenfänger aus dem Lande und erbot sich, den Umzug zu bewerkstelligen. Die reizbare „*Hannah*“ war durch unsere Manipulationen um sie herum bereits stark aufgeregt, und ihr Kopf stand, von welchen Seiten auch man sich dem Käfig zu nähern versuchte, dicht hinter der Drahtgaze, 2 cm unter dem Deckel, kalt, aber attackefertig. Ein Öffnen der Tür, ohne die Schlange sofort im Gesichte zu haben, schien ausgeschlossen. Der Fänger nahm seine gewöhnliche Jagdwaffe, einen kurzen, grauen Leinensack, spreizte ihn zwischen Daumen und Kleinfinger der linken Hand und hielt ihn vor die Käfigtür in Höhe des Schlangenkopfes. Dann öffnete er, den rechten Daumen am Unterende der Tür, diese um einen Spalt von Zentimeterbreite und, den Sack vor den Spalt haltend, langsam — sehr langsam um Millimeter und Zentimeter weiter, immer die Türöffnung in Höhe das *Naja*-Kopfes mit dem ausgespannten Sacke sperrend. Als die Tür ganz offen war, schob er — durch die Breite von 25 cm! — die rechte Hand auf dem Grunde des Kastens hinein, unter den Leib der Schlange, faßte mit ausgespreizten Fingern so viel von dessen Knäuel, als er packen konnte, hob ihn vom Boden ab, langsam, langsam — immer noch den Sack vor dem Kopf der Schlange — heraus, hielt ihn schräg, der aufgebäumte Vorderleib verlor seine Stütze, klappte nach unten, und so trug er das Tier in seinen neuen Käfig. Erst als die *Kobra* dort abgesetzt war, stieß sie zum ersten Male zu — gegen die Käfigwand, hinter der wir standen! Dies ist kein Ausnahmefall, es ist die typische Art, wie man in Südchina die *Kobra* behandelt. Ich habe sie in mehr als 200 Fällen ausüben sehen und sie selbst ausführen müssen: das eben im Umzug geschilderte Tier von *N. hannah* war entwischt und — stellte mich nachts 11 Uhr in meinem Speisezimmer!

In jedem Falle handelt es sich beim Fange einer *Kobra* darum, mit der einen Hand das Gesicht der Schlange zu beschäftigen, mit der anderen sie von hinten her, wie wenn ein Mädchen eine Wäscheleine zusammenlegt, auf- und hochzunehmen. Die Deutung der Beobachtung ist nicht schwer. Fast alle Giftschlangen sind träge[1]), viele von ihnen bis zur Überreizung der Hemmungsschwelle beißunlustig und furchtsam. Auch *Naja naja* (L.) ist das — nicht aber *Naja hannah.* Aber beide asiatische *Kobra* sind in weit höherem Grade als andere Schlangen und so weitgehend Augentiere, daß andere Reizungen peripherer Nerven — hier solche des Gefühls — nicht zur Wahrnehmung gelangen, wenn die Schlangen optisch in Anspruch genommen sind. Die Kenntnis dieser nervösen Besonderheit, vom Standpunkte der Selbstbehauptung aus kann man vielleicht sagen dieser nervösen Schwäche, macht die *Kobra* für den Berufsschlangenfänger zu einer leichteren und sichereren Beute und ihren Fang zu einem angenehmeren und einträglicheren Geschäfte — jedes erblickte Tier ist Beute —, als etwa den einer großen *Ptyas* oder *Elaphe.*

Um eines Dollars willen, soviel gilt etwa eine *Kobra* von 1 m Länge auf dem chinesischen Lebensmittelmarkte, spielt ein normaler Mensch aber immerhin nicht gern mit dem Tode und bringt auch für höhere Summen nicht die zuversichtliche nervenlose Ruhe auf, mit Giftschlangen erster Ordnung umzugehen wie ein anderer mit Köderwürmern oder Schmetterlingsraupen. Die mir bekannten Berufsschlangenfänger haben auch alle einen mehr oder

---

[1]) Außergewöhnlich träge ist z. B. die giftstärkste Viperide Südasiens, *Vipera russellii* (Shaw). Es ist eine Reihe von Fällen bekannt, daß Tiere der Art tags im Freien mit nackten Händen aufgenommen wurden, weil man sie für junge *Python* hielt. Ich tat das gleiche bei Gefangenen, da einer meiner Fänger, im Glauben Jahresbrut von *Python molurus bivittatus* Schleg. vor sich zu haben, *Vipera russellii* und *Boiga multimaculata* (Boie) in den Pythonkäfig gesetzt hatte. Ein Biß der *Vipera* erfolgte in keinem der Fälle. Diese Verwechslung mag bei Schreibtischherpetologen höhnisches Lächeln erregen — im Freiland, wenn man nur Teile der Tiere sieht, ist es meist recht schwierig, diese drei in Farben und Zeichnung sehr ähnlichen, sonst aber zu drei verschiedenen Schlangenfamilien gehörigen Tiere zu unterscheiden.

weniger deutlichen geistigen Defekt, der sie an die Gefährlichkeit ihres Umgangs nicht glauben läßt. Entweder halten sie sich für immun, durch irgendein Heilmittel für gefeit, betrachten aus einer vielleicht geistig-religiösen Absonderlichkeit heraus die Schlangen für etwas ihnen Wesensähnliches oder weisen sonst eine geistige Anomalie auf. Man kann sich zuweilen des Eindrucks nicht erwehren, daß die Schlangen unter den ruhigen, drucklos zufassenden Händen dieser Leute ruhig werden. Im Mahn tsi shan (Grenzberge zwischen Hunan und Kwangtung) sah ich einen Taubstummen, der wegen seiner Neigung für Schlangen als von Geistern besessen angesehen war und mit Vorliebe mit den Schlangen, die er im Freien traf, spielte, zweimal mit einer großen, soeben im Freien aufgenommenen *Kobra* herumlaufen. In Buitenzorg brachte ein geistig beschränkter Javane eine annähernd 4 m große, lebende *Naja hannah* ins Museum zum Verkaufe. Er war über eine Stunde mit der Bahn gefahren, das Tier frei in einem Bambuskorbe, auf dem ein leichter, geflochtener Deckel lag, neben sich. Er traf den Verwalter des Museums nicht an, fuhr mit dem Tiere in gleicher Weise in sein Dorf zurück, machte am nächsten Morgen die Reise nochmals und wurde nun die Schlange los. Sie hatte also 3 Stunden im rollenden Bahnwagen inmitten eines halbnackten Menschenhaufens in einem lose bedeckten Korbe gelegen, ohne sich auch nur bemerkbar zu machen.

Optische Besonderheiten zeigen auch die anderen Elapinen Chinas, *Calliophis macclellandi* Reinw. und die beiden *Bungarus* (*fasciatus* [Schneid.] und *multicinctus* Blyth). *Calliophis*, obwohl sie bei Regen auch tags im Freien herumkriechend angetroffen wird, beißt bei Tage nicht. Gestellt, berührt, geschlagen, zieht sie den Vorderleib wie zum Stoße zurück, bei weiterer Berührung noch mehr oder schlägt ihn in die spiegelbildlich entgegengesetzte Lage. Sie ist zweifellos wütend, das Gift hängt ihr zuweilen als wasserheller Tropfen in der Schnauzenspalte — aber sie beißt nicht. Im Dämmern und nachts in gleicher Weise behandelt, schnappt sie schnell und entschlossen zu, bei Lampenlicht nicht mehr.

Die beiden chinesischen *Bungarus* liegen bei Tage im allgemeinen wie die Figuren zeigen, *multicinctus* im rundlichen Knäuel (Fig. 16), *fasciatus* in bohnenförmigen

Fig. 16. *Bungarus multicinctus* Blyth, weißer Bungarus, in gewöhnlicher Tageslage (Lichtstarre; Kantonebene, 28. X. 1910).

Schlingen (Fig. 17), auf jeden Fall stets mit verstecktem Kopfe. Man wirft einen mit dem Stock 3 m hoch, er schlägt mit dem Rücken den Grund, rotiert um seine Achse und liegt wie früher. Ein großes, entwischtes[1]) Tier von *B. fas-*

[1]) *Bungarus* haben die für den Tierhalter peinliche Angewohnheit, sich nachts mit starrsinniger Stupidität in jede Masche ihres Drahtgazekäfigs oder jede Öffnung ihres sonstigen Behälters, durch die sie nur den Kopf zu stecken vermögen, zu bohren. Der Effekt ist als Regel, daß sie schließlich weder vor- nach rückwärts können und am nächsten Morgen erstickt in der Masche hängen. Gibt das Käfigmaterial nach, so gelingt es ihnen auch nicht selten, zu entkommen.

Fig. 17. *Bungarus fasciatus* (Schneid.), gelber *Bungarus*, in gewöhnlicher Tageslage (Lichtstarre; Kantonebene, 25. X. 1916).

ciatus hatte sich — wie Karl May vorausgesagt hatte — in meinen Hausschuh zurückgezogen. Ich fuhr in der unfreiwilligen Beschleunigung, mit der man seinen zweiten Stützpunkt wieder zu gewinnen strebt, in den Schuh, allerdings auch ebenso schnell wieder heraus. Bei jeder anderen, ähnlich giftstarken *Elapine* oder *Viperide* Asiens hätten solche Intimitäten telephonischen Anruf im Hospital, wahrscheinlich auch im Sarggeschäft notwendig gemacht: *Bungarus* blieb reaktionsloser Knäuel! Man kann ihn tags schlagen, quälen, stechen, köpfen, auf den Boden fest- und wieder losnageln — er bleibt Phlegmatiker bis zum Selbstmorde, und es ist meines Wissens eine Leistung, die noch niemand gelungen ist, einen geschlechtsreifen *Bungarus* tagsüber zum Beißen zu bringen.

Ist's die bekannte Altersträgheit vieler Giftschlangen im Extrem? Ich habe einen anscheinend eben aus dem Ei geschlüpften *B. multicinctus* Blyth tags im Freien unverknäuelt und kriechend angetroffen und habe einen anscheinend wenige Tage alten *B. fasciatus* (Schneid.) mittags im Zimmer nach einem menschlichen Finger schnappen sehen. Sonst verhielten sie sich wie die alten. Wollte mein Schlangenfänger sich an seinen Mitarbeitern für irgend etwas rächen, so nahm er einen jungen *B. fasciatus* in den Mund, daß dessen Kopfende knapp fingerlang heraushing und fuhr mit dieser schwarzgelb geringelten „Zigarre" seinen entomologischen Herren Kollegen ins Gesicht. Die kamen hilfesuchend mit Entsetzen und Geschrei zu mir gelaufen, aber Unglücksfälle kamen nicht vor. Ich setzte drei wenige Tage alte *B. fasciatus*, um ihr Verhalten kennenzulernen, in den ummauerten Vorgarten meines Hauses. Sie lagen in der Figur, die man als alleinige antipathische Reaktion der Art am Tage ansehen kann, einem plumpen Fragezeichen, Kopf unter dem Vorderleib versteckt (Fig. 17). Ein junger Fasanenkuckuck (*Centropus s. sinensis* [Steph.]), Bewohner des gleichen Biotops wie die Schlange, behackte einen von ihnen — der kleine *Bungarus* schlug sich in die spiegelbildliche Lage —, behackte ihn nochmals — gleicher Effekt —, packte und würgte ihn hinunter. Es hat ihm nichts geschadet, und die Schlange ist auch nicht wieder gekommen! Also auch hier ein auffallendes Mißverhältnis zwischen möglicher und tatsächlicher Leistung am Tage. Ihnen gegenüber sind die nächtlichen Handlungen erstaunlich: geschlechtsreife *Bungarus* nähren sich von sehr wehrhafter Beute, den großen *Elaphe, Ptyas,* ja, *Bungarus fasciatus* hat sich in manchen Gegenden — für die *Kobra* als Beutetier spezialisiert.

Bungarus haben, wie alle chinesischen Elapinen, runde Pupillen, obwohl sie reinste Nachttiere sind. Ob die Pupille relativ groß oder wenig verengungsfähig ist, bedarf anatomischer Untersuchungen. Vielleicht kommt beides in Frage. Bei lebenden Tieren der Gattung fällt auf, daß die Pupille gegen die gleichgefärbte Iris nicht abgesetzt und groß erscheint. Die wahrscheinlichste Deutung des bei verschiedener Belichtung so gegensätzlichen Verhaltens von Tieren der Gattung dürfte sein, daß sie tags in Lichtstarre liegen. Damit steht in Übereinstimmung, daß man keine Nachtschlange so häufig am Tage im Freien findet wie beide *Bungarus.* Sie erstarren da, wo sie morgens von den Lichtstrahlen überrascht werden: mitten auf dem kurzgeschorenen Rasen des Golfplatzes, auf dem frisch angelegten kahlen Beete der Rodung im Walde. Ein geringerer Grad von Lichtstarre ist wohl das Verhalten von *Calliophis,* von *Holarchus purpurascens* (Schleg.)[1]) und

[1]) *Holarchus purpurascens* beißt tags ebensowenig wie andere Gattungsverwandten, scheint aber im Dunkeln reizbar und bissig, ähnlich auch *H. arnensis* (Shaw).

das mancher *Amblycephaliden.* Die letzteren übertagen als Regel oder gelegentlich im Gezweig, ob mit Vorliebe auf dürren, mit Algen bedeckten, abgestorbenen Ästen, oder ob sie dort nur leichter zur Beobachtung kommen, ist eine offene Frage. Beim Stoß an ihre Unterlage lassen sie sich halbsteif, wie ein morscher, bealgter Zweig auf den Grund fallen und bleiben dort wie ein solcher liegen [*Amblycephalus monticola kuangtungensis* Vogt, 1 Stück Lo fao shan, Mell; *Haplopeltura boa* (Boie), anscheinend als Regel, Philippinen, Taylor]. Vielleicht steht auch das relativ große Auge der *Amblycephaliden* mit ihrer Neigung zur Lichtstarre in ursächlichem Zusammenhange.

Ein wieder spezifisch ausgeprägter Fall von Heliokataplexie ist das Verhalten der Schildkröte *Platysternon megacephalum* Gray. Man hat eins der Tiere aus seinem Verstecke, einer Spalte unter einem Bachfelsen, hervoroperiert, faßt es in der Mitte beider Körperseiten und hebt es aus dem Wasser. Da öffnet es langsam, „drohend", das Maul, weit — weiter und noch weiter, die Augen werden starr und plötzlich rollt die Nickhaut wie eine leichenhafte Tapete aus dem inneren Augenwinkel über die Augenhöhle, und ein kalkweißer, toter Fleck starrt neben dem aufgerissenem Maule (Fig. 18). So bleibt sie „wütende Leiche", bis man sie ins Wasser zurückbringt. Der Vorgang ist wohl so zu deuten: *Platysternon* will beißen, ihr Maulaufreißen ist Abwehrreaktion, steckt man ihr Bleistift oder Finger ins Maul, so beißt sie auch. Beim Übergang aus dem dichteren ins dünnere Medium wird aber die Lichtintensität zu groß für das nächtliche Wassertier, es rollt die Nickhaut vor, verfällt aber trotzdem unter deren durchstrahlender, greller Weiße in Lichtstarre.[1])

[1]) Heliokataplexie ist mir auch von nächtlich fressenden Lepidopterenraupen bekannt (*Panacra busiris* Wlkr.).

Erschütterungssinn u. ä. Er steht bei Schlangen dem Gesicht an Bedeutung nicht viel nach. Eine spät abends eingelieferte große *Elaphe*, also eine nicht schlangenfressende große Kletternatter, wurde sofort im Dunkeln in einen Käfig gebracht, dessen Boden aus Blech und etwas mit Erde bedeckt war, und in dem einige *Psammodynastes* lagen. Als die große *Elaphe* sich auseinanderrollte und

Fig. 18. *Platysternon megacephalum* Gray, die Großkopfschildkröte, beim Herausnehmen aus dem Wasser (Kombination von Abwehrreaktion und Lichtstarre ?); Nordkwangtung (M, 24. VII. 1915).

anfing zu kriechen, prallten die etwa 1 m entfernt und bis dahin ruhig liegenden *Psammodynastes*, die die im Dunkeln liegende *Elaphe* wohl nicht sehen konnten, wie sinnlos vor Angst in die Ecken und an den Wänden in die Höhe. — *Jungkobras* wurden in Akkumulatorengläsern größten Formats und in kubikmetergroßen Drahtgazekästen gehalten, die zum Teil auf dem Fußboden, zum Teil auf Gestellen in 1 m Höhe standen. Die Tiere verschwanden selbst auf die Schritte nacktbeiniger Menschen hin, die im dielen- oder fliesenbedeckten Nebenraum und für die Tiere unsichtbar in 5—6 m Entfernung vorübergingen, in ihren Löchern. Die Reaktion erfolgte erst in geringerer Nähe oder unterblieb ganz, wenn die Tiere im Wasser lagen. Umgekehrt kamen die hungrigen Tiere aus ihren Löchern, wenn Eidechsen oder Schlangen, in die Behälter gesetzt, über die Erdoberfläche trippelten oder krochen. Sie haben also nicht nur ein Gefühl für Erschütterungsreize, sondern unterscheiden auch zwischen ihnen und reagieren auf solche verschiedener Art verschieden. Aus dieser Fähigkeit erklärt es sich zum Teile mit, daß man, besonders wenn man mit Lederschuhen über den Boden dröhnt, im Freien wenig Schlangen zu Gesicht bekommt. — Gefangen gehaltene *Naja hannah* (Zoolog. Garten New York[1]) unterschieden die für sie unsichtbar im Laufgange hinter ihrem Käfige erzeugten Geräusche des Futter bringenden Wärters und näherten sich auf sie hin — wie sonst in Zoologischen Gärten oft bei Säugern zu beobachten ist — erwartungsvoll aufgebäumt der betreffenden Tür.

Dagegen scheint das Gefühl für Berührungsreize, wohl infolge der ständigen Reibung der Ventralia auf dem Grunde, abgestumpft. Die vorn angeführten Beispiele (S. 226/7) von Empfindungslosigkeit der *Kobra* gegen Berührungen sprechen dafür, in noch höherem Grade tut das die Behandlung gefangener *Elapinen* in den chinesischen Schlangenläden. In einer Apotheke Kantons, die Schlangenhandel als eine ihrer Spezialitäten betrieb, wurden die Tiere (fast alles *Kobra* und *Bungarus fasciatus*) in etwa 70 cm hohen Körben mit engem Halse eingeliefert. Beim Zählen und Durchprüfen der Ware, die aus Reklamegründen

[1]) Nach Ditmars, Reptiles of the World, 1926, p. 300.

auf der Straße erfolgte, griff einer der Gesellen durch den Korbhals, zog, ohne hinzusehen, heraus, was er gerade gefaßt hatte, und gab es, laut zählend, einem zweiten Gehilfen weiter, der es, die Zahl wiederholend und etwaige Tote ausscheidend, nahm und weitergab; die an sich geringe Empfindlichkeit gegen Berührungen war durch den Transport der durcheinandergeknäuelten 30—40 und mehr Tiere anscheinend bis zum Schwund reduziert.

Ein entwickeltes Gehör haben mit Sicherheit die stimmbegabten Geckoniden. Schreit z. B. ein *Gecko gecko* (L.) im Walde, so antwortet sofort der nächste Konkurrent, sagen wir 10 Bäume weiter, kaum ist der zu Ende, der folgende usw. Schlangen vermögen akustische Reize nur dann aufzunehmen, wenn sie mit mechanischen Erschütterungen verbunden, also Erschütterungsreize sind, also wenn z. B. die Luftwellen eines Blasinstrumentes sie treffen (Posaune: Wall; Waldhorn: Mell; Versuchstiere in beiden Fällen *Naja naja*). — Der statische Sinn ist bei Geckonen am meisten entwickelt, damit steht im ursächlichen Zusammenhange, daß der Endolymphsack aus der Schädelkapsel heraustritt und ihr äußerlich, in der Ohrgegend, angelagert ist. Ob die sonderbare Speicherung kleiner Kalkbröckchen, ungekochter Reiskörner[1]) u. a. Dinge durch *Gecko japonicus* (D. B.) — in entlegenen Hohlräumen von Gebäuden — geschieht, um dem Organismus Kalk zur

---

[1]) Ungekochte Reiskörner irrtümlich als Kalkstückchen gespeichert? — Auf das Eintragen solcher Bröckchen bezieht sich wohl auch sein südchinesischer Name „Yim shä" = Salzschlange und die Angaben des südchinesischen Folklore, daß er „Salz stiehlt". Da in China vielfach Steinsalz und ungemahlenes Meersalz gebraucht wird, könnte man in Erwägung ziehen, ob er gelegentlich Bröckchen vom einen oder anderen fortgetragen hat. Da das Fortbringen aber mit dem Maule geschieht und der Salzgeschmack dem Tiere so fühlbar geworden wäre, ist es wahrscheinlicher, daß vom Beobachter Salz- und Kalkbröckchen verwechselt wurden.

Bildung der Statolithen zuzuführen, läßt sich nur in Frage stellen. Ein feineres statisches Gefühl darf auch bei den Haus- (*Lycodon*, zum Teil auch *Dinodon*) und Stammkletterern (*Chrysopelea, Dendrophis*) unter den Schlangen vorausgesetzt werden.

In bezug auf die Wirkung chemischer Sinne stimmen die Beobachtungen an freilebenden und halbdomestizierten Tieren mit den Ergebnissen der Untersuchungen von Rensch und Eisentraut überein. Süß ist bei den allermeisten Tieren positiv gefühlsbetont, auch bei Reptilien (auch Schlangen?). *Hemidactylus frenatus* D. B. leckten an den langen, aufrecht stehenden, engröhrigen Blüten der Amaryllidacee *Pancratium biflorum* Roxb. in meinem Garten die aus Nektar und Regenwasser gebildete, die Röhre fast füllende Flüssigkeit und verließen die Blüten wieder, ohne nach Insekten gejagt zu haben. *Gecko japonicus* (D. B.) tranken kleine Bierreste, die in Gläsern auf der Veranda geblieben waren, mit Erfolg; sie konnten, was ihnen sonst eine Leichtigkeit war, nicht wieder an den Wänden der Gläser empor, saßen am nächsten Morgen noch in ihnen, hatten wie Menschen unter entsprechenden Verhältnissen die Herrschaft über das Kleinhirn verloren und schienen regelrecht betrunken. *Amyda* (*Trionyx*) *hurum* (Gray) wird in einem Tempel in Puri (Orissa) mit einem Gemisch von geröstetem Reis und Palmzucker gefüttert. — Reptilien scheinen andererseits unterempfindlich für Bitter: *Amyda* (*Trionyx*) *formosus* (Gray) frißt in Mandalay (Arrakan-Pagoda) als Regel — Curry mit Reis (!), also einen Stoff, der im allgemeinen selbst dem Gaumen und der Peristaltik nicht tropischer Menschen Entsetzen erregt.

Der Besitz von Analdrüsen, die ein öliges, mostrich- oder schmierenartiges, meist stark riechendes Sekret führen, läßt auf Geruch bei Schlangen schließen. Manche der

Sekrete sind selbst für menschliche Geruchsorgane artspezifisch, und vielleicht vermitteln sie das Zusammenfinden der Artgenossen. Bei welchen Gelegenheiten sie — außer bei Abwehr gegen Angreifer — noch abgegeben werden, entzieht sich zurzeit der Beurteilung; aber man findet nicht nur in Ostasien gelegentlich im Freien Orte, an denen es scharf nach Schlangen riecht, ohne daß man beim Suchen solche findet. Einen Geruch muß man wohl auch den Seeschlangen zusprechen. Sie züngeln nicht, wie andere Schlangen, sondern strecken nur höchstens die beiden Zungenspitzen durch die bei ihnen vorhandenen beiden Öffnungen am Schnauzenende, vielleicht werden bei ihnen gelegentlich auch ohne Vermittlung der Zunge, direkt durch das Wasser, Riechstoffe in das Jacobsonsche Organ geführt. Die Schärfe des Geruchs könnte vielleicht geprüft werden, indem man untersucht, ob Schlangen, die gelegentlich Vogeleier fressen, wie etwa die *Kobra*, nicht nur nestwarme, also mit dem Geruch des Muttervogels behaftete Eier, sondern auch längere Zeit aus dem Nest genommene, für menschliche Sinne geruchfreie, oder sogar frisch abgetötete, erkennen und annehmen.

Dominieren des stärksten Reizes. Eine bemerkenswerte Leistung der chemischen Sinne wurde bei einer wenige Wochen alten *Naja naja atra* (Cant.) beobachtet. Eine *Enhydris chinensis* (Gray) war in das Loch des Tieres geraten, hatte, wie man durch die Glaswand des Behälters sehen konnte[1]), einen „blitzschnellen" Stoß in das Schnauzenende erhalten, die Fähigkeit zur Ortsbewegung verloren, rotierte wild in einem Haufen Moos um ihre Achse, brach 3 Fische aus und war in 15 Minuten tot. Ich nahm sie und die Fische heraus. Nach 18 Minuten kam die Kobra aus ihrem Loche und fing an zu suchen,

[1]) Das Kobraversteck lag der Glaswand an.

beschnüffelte das Moos, auf dem sich die *Enhydris* gewälzt hatte und die von ihr ausgebrochneen Fische gelegen hatten, verfolgte eine im Käfig laufende Lacertide (*Takydromus*), bezüngelte sie und ließ ab. Ich legte, während die *Kobra* am hinteren Ende des Raumes war, eine von mir vor etwa einer halben Stunde getötete, in der Größe der *Enhydris* etwa gleiche *Natrix piscator* auf das Moos. Die *Kobra* beschnüffelte sie, nahm sie nicht an, sondern suchte weiter. Ich nahm die *N. piscator* heraus und legte die von der *Naja* getötete *Enhydris* zurück, und die *Kobra* begann nach dem Finden sofort mit dem Verschlingungsakte. Ich dachte zuerst an ein in Sekundenschnelle eingeprägtes chemisches Engramm. Nach den Experimenten von Baumann[1]) liegt es vielleicht näher, anzunehmen, daß die *Kobra* auf den stärksten chemischen Reiz reagiert, das ist ohne Zweifel der der aus dem Magen des Beutetieres ausgebrochenen, noch vollständig intakten, aber doch stark mit den Verdauungssekreten der *Enhydris* bedeckten Fische. Die *Kobra* erhält den chemischen Reiz beim Beschnüffeln des Mooses, auf dem die Fische lagen. Die *Enhydris* hat sich in ihrem Todeskampfe auf Fischen und Moos gewälzt, ist also — trotz drüsenloser Epidermis — auf ihrer Oberfläche mit ihren eigenen Sekreten bedeckt und wird dadurch erkannt. Nach dem konstant gewordenen Handlungsverlaufe tritt bei einer Giftschlange nach dem Vergiftungsbiß der Verschlingungsreflex ein, nicht eine Wiederholung des Bisses, darum beißt sie im allgemeinen nicht ein zweites Mal. Daß sie, auch wenn sich die gebissene Beute nicht findet, andere in ihren Sinnesbereich gebrachte, frisch getötete Nahrung nicht annimmt, spricht für Nachwirkung des ersten chemischen Eindrucks. Das Dominieren des

---

[1]) Vgl. Baumann, Experiment über den Geruchssinn der Viper, Revue Suisse de Zoologie, 1927, Nr. 9, S. 173—184.

chemischen Engramms bis zum Finden der gebissenen Beute ist physiologische Ersparnis für die Giftschlange, indem es einen zweiten Vergiftungsbiß gegenüber einer während des Suchens in ihr Gesichtsfeld tretenden lebenden Beute, also eine zweimalige Abgabe des Parotissekrets verhindert. — Nachwirkung eines starken optischen Reizes beobachtete C. H. Pope (Schmidt, Reptiles of Hainan, p. 447) bei *Holarchus violaceus* (Cant.). Die Schlange ist, wie alle chinesischen *Holarchus*, friedlich, furchtsam; sie flieht und versucht, auch gepackt, nie den Menschen zu beißen. Ein ganz junger Mungos (*Herpestes rubrifrons* Allen) zu ihr gebracht, versetzte sie in Kampfwut; sie vertrieb das kleine Tier, blieb gereizt und hackte nach allem, was in ihre Nähe gebracht wurde (wie lange?).

Erfahrungsspeicherung wurde bei Tieren verschiedener Lokalitäten von *Natrix piscator* Schneid. in einer Ausdehnung beobachtet, daß man von einander benachbarten, aber gegensätzlich differenzierten ökologischen Rassen sprechen kann. Im Westen von Kanton sind die Tiere vorsichtig, ja scheu; in 2 m Entfernung vom Menschen und mehr schießen sie ins Wasser, schurren über den Grund des Teiches, daß Schlammwolken aufdampfen und sie in ihnen verschwinden. Im Osten der Stadt betätigen sie sich gegenteilig, liegen, ohne sich stören zu lassen, im zollhohen Wasser neben dem Wege. Man kann 15 cm vor oder hinter ihnen stehen bleiben, sie rühren sich nicht, man kann sie mit dem Stocke berühren — sie bleiben, wo sie sind oder kriechen träge 10 cm weiter. Grund: im Osten ist Reisfeldland, es kümmert sich niemand um sie; im Westen treibt man Fischzucht und verfolgt sie als angebliche Jungfischräuber.

Ein bei einer *Jungkobra* beobachtetes Verhalten sei, um es nicht in Vergessenheit geraten zu lassen, hier angeführt, ohne es aber damit unbedingt als „Erfahrungsspeicherung" registrieren zu wollen. Das vorn erwähnte, in Gefangenschaft aus dem Ei geschlüpfte Jungtier (L. = 328 mm) mit dem geschilderten chemischen Engramme, versuchte, nachdem es die von ihm getötete und lange gesuchte *Enhydris* gefunden hatte, diese zu verschlingen. Es gelang infolge der außergewöhnlichen Dicke der Schlammotter nicht, und sie mußte die getötete Beute wieder auswürgen. Bei den zwei folgenden Jagden der gleichen *Kobra* wurde nun beobachtet, daß sie, ehe sie biß, den Leib der in Aussicht genommenen Beute quer ins Maul nahm und — ihn locker zwischen den Kiefern haltend — an ihm vom Vorderleib her nach hinten glitt, als versuche sie, wie spielerisch, ob sie dessen Breitenachse ins Maul nehmen könne. Im ersteren der beiden Fälle, gegenüber einem etwa 580 mm langen *Bungarus fasciatus*, biß sie nicht und sie hätte sich diesen auch ohne Zweifel nicht einverleiben können. Im zweiten Falle, gegenüber einem *Ptyas mucosus* von 462 mm, tat sie es und verschlang den getöteten auch. Um zu sehen, wie die soviel größere Rattenschlange in dem kleinen Magendarmraume untergebracht sei, tötete ich die *Kobra*, womit weitere Beobachtungen über die Beibehaltung dieser Gewohnheit ausgeschaltet waren.[1]) — Als artlich fixierte, also erblich gewordene

[1]) Daß der bis 2 m lange Bindenvaran (*Varanus salvator* [Lour.]) Schlangen frißt, auch *Kobra* bis zur Länge von 1,2 m und mehr überwältigt, ist nicht überraschend. Daß im Freien auch Eidechsen von 14—20 cm Länge Schlangen von 50—60 cm attackierten und in die Flucht schlugen, beobachtete ich zweimal (Tsha yün shan, VII., 1910). Es handelte sich um die Scinciden *Sphenomorphus indicus* ([Gray], vivipar) und *Eumeces elegans* Blngr. (ovipar). Die Schlange war in beiden Fällen der *Holarchus* und eine der häufigeren, bodenbewohnenden Schlangen des Gebiets, *H. chinensis* (Gthr.), und ich füge nur sehr zögernd hinzu, daß sie, wie viele *Holarchus*, Eifresser ist und sich besonders von Eidechseneiern nährt. Die Möglichkeit einer sinnlichen Unterscheidung der dunkel quergebänderten *Holarchus* durch die Eidechsen

Erfahrungsspeicherung läßt sich die Erscheinung ansehen, daß der Verschlingungsreflex bei Giftschlangen im allgemeinen erst dann auftritt, wenn die Giftwirkung bereits zum Tode des gebissenen Tieres geführt hat. Bei den Eidechsen und Schlangen, die von den mehrfach erwähnten, in Gefangenschaft aus dem Ei geschlüpften, etwa 14 Tage alten *Jungkobras* gebissen waren, trat der Tod nach etwa 15—18 Minuten ein; etwa 18—20 Minuten nach dem Bisse machten sich die *Kobras* auf, die Beute zu suchen.

Jungkobras zeigten ein verschiedenes Verhalten gegenüber Menschen, je nachdem, ob sie im Freien gefangen oder in Gefangenschaft aus dem Ei gezogen waren. Ein höchstens 14 Tage altes Tier fing ich vor meiner Haustür. Um zu beobachten, innerhalb welcher Zeit es Erfahrungen machen würde, näherte ich meine Hand in den ersten 60 Minuten seiner Gefangenschaft 56 mal der Wand des großen Einmachglases, in dem das Tier sich befand. Die Schlange hackte in allen 56 Fällen gegen die Glaswand, und hätte das ohne Zweifel noch öfter getan, wenn man ihr noch mehr Zeit gewidmet hätte. Man ist geneigt, anthropozentrisch zu folgern: das Temperament der Jungtiere hinderte Erfahrungsspeicherung. Aus dem Ei gezogene Tiere der Art spreizten auch die Hauben, bäumten auch auf, wenn man an ihren Behälter wie im ersteren Falle herantrat, aber hackten nie zu, sondern duckten sich ins Moos oder versteckten sich in ihre Löcher.

---

ist wenig wahrscheinlich. Vermutlich greifen die genannten Eidechsen, insbesondere große *Sphenomorphus*, gelegentlich und wohl mehr spielerisch auch andere kleine Schlangen an. Die Annahme, daß sie es aus Platzbehauptungsinstinkt tun, hat außerhalb der Sexualperiode und gegenüber einem Tiere, das nicht nur generisch ganz verschieden ist, sondern sogar zu einer anderen Unterordnung des Kaltblütlerreiches gehört, wenig Überzeugungskraft.

Instinktives Erkennungsvermögen? Gefangene, hungrige *Naja hannah* attackierten zu ihnen geworfene Viperiden (*Agkistrodon piscivorus* Lac.) nicht, während sie in Erscheinung und Färbung ähnliche *Natrix taxispilota*, also ungiftige, wenn auch abwehrbereite Aglyphe, die an Stelle der soeben aus dem Kobrabehälter genommener Viperide zu ihnen gebracht wurden, sofort packten und töteten. Ditmars (a. a. O., p. 301) schließt aus diesem, von ihm mehrmals unternommenen Versuche, daß die *Naja* eine instinktive Abneigung hat, mit den gefährlich langzähnigen Viperiden anzubinden. Es ist mir in der Tat kein Fall bekannt, daß im Leibe von *Naja hannah* eine Viperide als Nahrung gefunden worden wäre, aber ich war geneigt, dies darauf zurückzuführen, daß *Naja hannah* Tagtier ist, die allermeisten Viperiden Nachttiere sind. Ferner scheint der Deutung von Ditmars entgegenzustehen, daß im Leibe von *Naja hannah* sehr gefährliche Giftschlangen, wie *Naja naja*, *Bungarus*[1]) *fasciatus*, ja Tiere der eigenen Art gefunden wurden, und daß weniger giftstarke Schlangenfresser, wie *Bungarus*, ja sogar die opistoglyphe *Psammophis*, Viperiden im Leibe hatten. Es handelte sich in beiden Fällen um *Echis carinata*, die bissigste Viperide Asiens und zugleich eine der beiden giftstärksten asiatischen Tiere dieser Familie. Eine Deutung für die Beobachtungen von Ditmars vermag ich auch nicht zu geben.

Ein individuelles Erkennungsvermögen läßt sich vielleicht aus dem Zusammenhalten der Geschlechter mancher Arten, zum wenigsten durch eine Sexualperiode hindurch, ableiten (beide *Naja*, *Ptyas*); Flower glaubt

---

[1]) Daß die tagjagende Riesenkobra wiederholt die nächtlichen *Bungarus* im Leibe hatte, kommt wohl daher, daß *Bungarus* am häufigsten von allen asiatischen Nachtschlangen tags angetroffen wird, vgl. S. 233.

sogar, bei *Homalopsis buccata* L. Personengedächtnis (Erkennen des Pflegers) annehmen zu dürfen.

Wie Reflexe durch Handlungen der Beutetiere ausgelöst werden, zeigt das Verhalten von *Python, Ptyas, Elaphe, Boiga* bewegter und unbewegter Nahrung gegenüber. Ist ein totes Tier mit Hilfe der chemischen Sinne festgestellt, so beginnen die genannten Schlangen sofort mit dem Verschlingen. Setzt das Tier Widerstand entgegen, so tritt der Umschlingungsreflex ein. Die großen Tiere der drei ersten Genera schlagen Schlingen um den Leib des Beutetieres oder rollen, wenn sie auf einem Aste hängen, die Beute in die Schlingen ihres Vorderleibes, bohren zuweilen auch ihren Kopf gegen dessen Brust und töten es durch Unterbindung der Atmung. Die Zahl der Schlingen ist vielleicht artlich feststehend. Die sehr schlanke *Boiga,* deren Kraft wohl zum Zusammenpressen der gegnerischen Brust nicht ausreicht, schlägt ihren Schwanz um den Hals von Eidechse oder Kleinvogel und erdrosselt diese so.

Eine variable Stelle im Ablaufe der Reflexe läßt sich bei *Bungarus fasciatus* Schneid. feststellen. Normal tötet er seine Beute durch Vergiftungsbiß wie jede andere Elapine oder Viperide. Gelingt es ihm jedoch, das Beutetier sofort am Kopfe zu packen, so unterbleibt (zuweilen? als Regel?) der Vergiftungsbiß, und es tritt sofort der Verschlingungsreflex ein. Diese variable Stelle im Ablauf der Reflexe kann als defekte Stelle bezeichnet werden; denn die großen *Ptyas* oder *Elaphe,* unvergiftet nur am Kopfe gepackt, spielen dem *Bungarus* oft schlimm mit, umschlingen ihn, daß man glaubt, er müsse ersticken, schlagen ihn gegen die Wände, daß es klatscht und dröhnt, und man glaubt, beide Tiere müßten sich die Köpfe einschlagen. Nach Stunden hat sich der phlegmatische Mörder aber doch über die sympathischeren und temperamentvollen Gegner hinweggefressen. — Diese Besonderheit des *Bungarus*, ebenso wie die vorn (S. 230ff.) von ihm geschilderte Lichtstarre gewinnen ein gewisses Sonderinteresse dadurch, daß sie sich bei der obenerwähnten sonderbaren Schlangenfamilie der Amblycephaliden, die von den Systematikern in die Verwandtschaft der Elapiden gestellt wird, in besonderer Modifikation wiederfinden. Bei ihnen ist nicht nur der Vergiftungsbiß unterblieben, es fehlen den rezenten Vertretern der Gruppe überhaupt die Furchenzähne, und Lichtstarre tritt neben *Bungarus-Calliophis* allein unter allen ostasiatischen Schlangen bei ihnen auf, und zwar trotz Spaltpupille.

Erregungsäußerungen, also äußerlich erkennbare Reaktionen auf Sinneswahrnehmungen oder überhaupt Empfindungen, sind bei Reptilien geringer ausgebildet als bei Warmblütlern, und diesen gegenüber fällt insbesondere das Fehlen der Stimme, der Freude an der Kraftentfaltung und der Mimik auf.

Stimmliche Äußerungen finden sich fast nur bei Geckonen, der stammesgeschichtlich am meisten ursprünglichen Familie der Eidechsen, aber zum Teil in einem Grade, daß manche von ihnen (*Gecko gecko* [L.] = *Gecko verticillatus* Laur.) durch sie zu den auffallendsten Lebewesen und den akustischen Repräsentanten ihrer Lebensräume gehören.

Die ziemlich allgemein verbreitete Lautäußerung der Schlangen, das Zischen, erfolgt durch plötzliches gewaltsames Ausstoßen der Luft durch die Nasenlöcher, steht also mit deren Weite und der Größe der Lunge in ursächlichem Zusammenhange und ist aus beiden Gründen unter chinesischen und asiatischen Schlangen überhaupt bei *Vipera russellii* (Shaw), der Kettenviper, am stärksten. Nächst ihr hat *Naja hannah* (Cant.), die Riesenkobra, die eindringlichste Lautäußerung, einen hohen, durchdringenden an das helle, bös schrille Warnen von *Copsychus*, der Dayaldrossel, erinnernden Zischton. Daß die Luft nicht durch die Maulspalte, sondern durch die Nasenlöcher ausgestoßen wird, konnte Wall nachweisen, indem er die Nasenlöcher der genannten Viper mit Wachs verschloß. Auch das Umgekehrte, plötzliches starkes Einsaugen von Luft, kann tonerzeugend wirken: das Fauchen der südchinesischen Riesenschlange (*Python molurus bivittatus* Schleg.) beruht darauf, und sehr wahrscheinlich ist auch der fremdartige Ton stark erregter und sich aufblähender Rattenschlangen, *Ptyas mucosus* (L.), ein tiefes, gurgelndes Stöhnen, darauf zurückzuführen. Ohne Zweifel wirken auch nervöse Momente auf die Neigung zur Stimmäußerung ein. Gefangene starke *Vipera russellii* und *Naja hannah*, denen die Giftzähne ausgebrochen, ohne Zweifel dabei auch das Zahnfleisch nicht unbeträchtlich beschädigt war, zischten nicht, die erstere fauchte nur, sich aufblähend, wie sonst *Phython*.

Die den Geckonen am nächsten stehenden Agamiden zeigen sexuelle bzw. physiologische Erregungsfarben in Hochkultur (♂♂ von *Draco*, *Calotes*, *Acanthosaura*, stationär geworden bei den ♂♂ von *Liolepis*). Den anderen ostasiatischen Eidechsenfamilien und den Schlangen also allen stammesgeschichtlich jüngeren Reptiliergruppen, fehlen sowohl Stimme als Erregungsfarben.[1]) Die Entwicklung im Reptilierreich geht also auf Unterdrückung akustisch und optisch wirkender Reaktionen aus. Sie führt, wie vorn gesagt, auch zur Rückbildung und Unterdrückung bunter Farben und lebhafter Zeichnung in der postembryonalen Ontogenese aller Reptiliergruppen und nötigt zu dem Schlusse, daß die Entwicklungstendenz im Reptilierreiche

[1]) Bei einer Reihe von Schlangen kann man von Scheinerregungsfarben sprechen; man vgl. weiter hinten die Angaben über *Dryophis* und *Elaphe taeniura*.

gegenwärtig auf Reduktion der äußeren Erscheinung gerichtet und das Optimum ihrer Lebensgestaltung vorüber ist.

Dynamische Erregungsäußerungen. Bei Schlangen finden sich, abgesehen vom Zischen, nur noch dynamische Erregungsäußerungen, und sie sind infolge Fehlens der Extremitäten in noch höherem Grade als bei anderen Lebewesen auf die am leichtesten beweglichen Pole, die beiden Körperenden, beschränkt. Das erste Anzeichen beginnender Erregung einer Schlange ist — wie bei Hund oder Katze — die Bewegung des Schwanzes. Er schlängelt sich, schlängelt lebhafter, schlägt, ja peitscht den Boden (*Elaphe, Zaocys, Ptyas*). Bei anderen wird er in Erregung wie ein Finger hochgereckt und mit einer Geschwindigkeit bewegt, daß man von Vibrieren sprechen kann (*Agkistrodon hypnale juv.* u. a.). *Agkistrodon* sind die nächsten asiatischen Verwandten der amerikanischen Klapperschlangen (*Crotalus, Sistrurus*), die ihren Schwanz, erregt, in gleicher Weise halten und bewegen und durch Nichtabstoßen der letzten großen Schwanzschuppe beim Häuten zur Rassel entwickelt haben, ein Hinweis, daß sich auch Reizreaktionen bei Reptilien als Kriterien stammesgeschichtlicher Beziehungen verwenden lassen. Die kontrastierende Färbung von Ober- und Unterseite macht dieses Wirbeln auffällig, und Henry[1]) beobachtete, daß Geckonen sich den wirbelnden Schwänzen der Jungtiere näherten, nach ihnen, sie vermutlich für Insekten haltend, schnappten und dabei den tödlichen Biß erhielten. Es wäre theoretisch denkbar, daß die genannte oder eine verwandte Spezies dieses „crotaloide" Schwanzwirbeln als Anlockungsmittel von Beute entwickelt hätte. In der Praxis ist nichts darüber bekannt geworden, und die Trägheit ausgewachsener Gift-

[1]) Henry, Notes on Ancistrodon hypnale, the humpnosed Viper, Spol. Zeylan., 1925, XIII, Pt. 2, p. 257—258.

schlangen, die nicht nur dies jugendliche Wirbeln, sondern so gut wie jede über das unbedingt Notwendige hinausgehende Bewegung unterdrückt, spricht gegen die Möglichkeit.

Die kleine *Calamaria septentrionalis* Blngr. (L. bis 375 mm) trägt gestellt (zuweilen auch im Kriechen?) den Schwanz etwa 15—20 mm hoch aufgebogen, wodurch die gelben Flecke und Binden der Subcaudalia und Schwanzseiten auffällig zur Erscheinung gebracht werden (Fig. 19). Kopf- und Schwanzende des Tieres sind sich nach Rundung und Zeichnung so ähnlich, daß man im Freien meist zunächst in Zweifel bleibt, welches das erste oder das zweite ist. Ob die Aufreckung des Schwanzes nur erfolgt, wenn die Schlange bereits in einer, wenn auch vielleicht geringen Weise (Gegner, Beute) erregt ist, oder ob bei ihr sozusagen Bewegung und Aufrecken des Schwanzes gekoppelt auftreten, läßt sich zurzeit nicht mit Sicherheit entscheiden. Wahrscheinlich ist das erstere. Die Kopfähnlichkeit des Schwanzendes wird durch seinen kopfartigen Gebrauch verstärkt. Packt man das kleine Tier am Kopfe, so wirft es den Leib nach vorn, schließt ihn um das feindliche Glied und preßt das Analende, wie bohrend, gegen den Finger. Packt man es am Schwanze, so schlägt es nicht mit dem Kopfe herum, sondern strebt, kriechend zu entkommen (Mell, Pope). Aufrecken des Schwanzes in der Fortbewegung wird von zweiindischen Spezies, *Cylindrophis rufus* Laur. und *Doliophis intestinalis* Laur. gemeldet, und auch bei ihnen ist das aufgereckte Schwanzstück unten bunt (rot) ge-

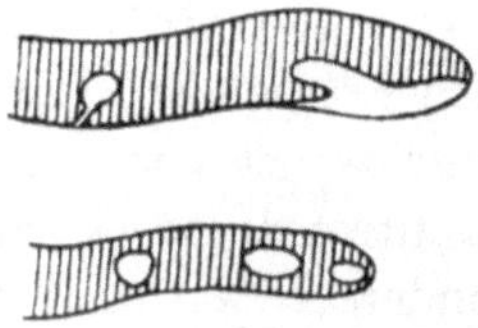

Fig. 19. *Calamaria septentrionalis* Blngr., die kopfähnlichen, in der Erregung aufgereckten und in der Abwehr mit den harten Enden gegen den Feind gedrückten Schwänze zweier Tiere

zeichnet, also ähnlich lebhaft, wie bei vielen Schlangen die Kopf- oder Halsseiten. Ohne großen Zweifel läßt sich annehmen, daß das Aufrichten das Primäre und die Buntzeichnung des dadurch zu einem physiologischen Knotenpunkt gewordenen Teiles das Sekundäre ist. Die in Süd- und Ostasien in Literatur und Folkore nicht selten gehörte Erzählung von Schlangen mit je einem Kopfe an beiden Leibesenden bezieht sich wahrscheinlich in erster Linie mit auf die genannten Spezies.

Das Aufrichten des Kopfendes ist unter Colubriden (*Aglyphae, Elapinae,* in geringerem Grade auch bei *Dipsadomorphinae* und *Homalopsinae*) weit verbreitet; am bekanntesten ist es von beiden *Naja,* beiden *Ptyas,* insbesondere *P. korros* (Schleg.), *Zaocys, Natrix piscator* u. a.

Das aufgereckte Stück des Vorderleibes wird entweder gerade getragen (*Naja, Natrix*), oder in S-förmige Schlingen neben- und hintereinandergelegt (*Coluber,* zum Teil *Ptyas*), selten in Form einer Brezel (*Boiga*) gehalten. Unter den im allgemeinen zum Teller zusammengerollt den Gegner erwartenden Viperiden habe ich S-förmiges Einbiegen zum Stoß nur von der kletternden *Trimeresurus gramineus stejnegeri* K. P. Schmidt im Gezweig gesehen. Mit attackebereit aufgerissenem Maule stehen in der Aufbäumhalte nur temperamentvolle Ungiftige (*Natrix piscator,* die großen *Elaphe, Ptyas, Zaocys*), in großer Wut auch *Dipsadomorphinae* (*Boiga,* wahrscheinlich auch *Chrysopelea*) und *Homalopsinae* (*Enhydris chinensis* auf dem Lande).

Die Art der Aufbäumhalte kann bei verschiedenen Spezies einer Gattung gleich oder annähernd so sein (*Elaphe radiata, taeniura* — *Natrix piscator, subminiata, tigrina*). Sie kann bei einander nächststehenden und sich äußerlich sehr ähnlichen Gattungsverwandten so verschieden sein, daß nicht selten Identifikationen der Tiere im Freien am schnellsten durch sie erfolgt. So steht bei gleicher Er-

Fig. 20. *Naja naja fasciata* (Gray), siamesische Kobra in starker Erregung (Phot. Dr. M. Smith); die Haltung der chinesischen Form ist unter gleichen Verhältnissen die gleiche.

regung *Naja naja atra* (Cant.), die gewöhnliche ostasiatische *Kobra*, leicht fragezeichenartig hinter dem Nacken ausgebogen (Fig. 20), *Naja hannah* (Cant.), die Riesenkobra, steil, gerade und leicht nach vorn (Fig. 21); *Ptyas korros* (Schleg.), die gelbbäuchige Rattenschlange, ist gerade hochgereckt, ihre einzige Gattungsverwandte,

Fig. 21. *Naja hannah* (Cant.), die Riesenkobra, in Erregungsstellung; Südkwangtung (Nam kong, 18. XI. 1912).

Ptyas mucosus (L.), die graue Rattenschlange, legt den Vorderleib in S-Schlingen. *Pseudoxenodon sinensis* Blngr. bäumt gerade hoch wie eine der ihr sehr ähnlichen kleinen *Natrix*, *Ps. angusticeps sikiangensis* Mell rollt sich wie eine Viperine zum Teller, *Ps. dorsales* Gthr. sah ich bei Verfolgung sich nur ducken. Abwehrreaktionen können auch bei nicht aufgebäumten, nahe verwandten Tieren recht verschieden und schnellstes Unterscheidungsmittel sein. *En-*

hydris sieboldi (Schleg.) liegt abwehrbereit als weites Fragezeichen mit stoßbereit eingezogenem Kopfe, *Enhydris chinensis* (Gray) wie ein verwirrtes, rundliches Knäuel und rollt sich schließlich fliehend wie ein liederlich geflochtenes Stück Zopf und mit aufgerissenem Maule das Ufer hinab ins Wasser. Bei den beiden Arten der Gattung *Naja* spreizt die eine in der Aufbäumhaltung den Hals sehr stark (*N. naja atra*), die andere nur wenig über die Breite des Vorderleibes (*N. hannah*). Analoge Beobachtungen liegen von anderen Reptiliengruppen vor. Die beiden südchinesischen *Amyda* (*Trionyx*) sind sich, wie viele Trionychiden, äußerlich sehr ähnlich, und die eine von ihnen ist erst 1905 spezifisch abgetrennt worden. Sie sind durch nervöse Reaktionen viel schneller als durch anatomisch-morphologische Untersuchungen zu unterscheiden. Schlägt man die eine mit einem dünnen Stäbchen gegen das Vorderende der Panzerkapsel, so schießt aus der Öffnung ein auf einem Gummiknüppelhals wild beißend nach allen Seiten geworfener Entenschnabelkopf: *Amyda tuberculata* (Cant.).[1]) Schlägt man die andere in gleicher Weise, so erfolgt nichts, selbst wenn man den Finger in die Halsöffnung steckt, beißt sie nicht: *Amyda steindachneri* (Siebenr.).[2]) — Ich hielt die drei südchinesischen Hausgeckonen der Gattung *Gecko* in einem Raume des von mir bewohnten Chinesenhauses, der vom Boden bis zum Dache durchging und etwa 9 m hoch, 6 m lang, 3 m breit war. Wollte man eins der Tiere fangen, so suchte man ihm zunächst durch Überhalten eines Gegenstandes (Schaufel oder Hacke mit langem Stiel) den Weg nach oben abzuschneiden, ein zweiter von uns holte es dann mit Hilfe

[1]) = *Trionyx sinensis* Wiegm.

[2]) Auf sie bezieht sich die Äußerung Kreyenbergs über gezähmte Weichschildkröten auf dem Kantoner Markte (Wchschr. f. Aquarien- u. Terrarienkunde, 1905, S. 471).

eines langstieligen Insektennetzes herunter. Dabei zeigte sich, daß im ganzen auch diese drei Geckospezies am schnellsten durch ihre Reaktionen gegenüber dem Hindernis zu unterscheiden waren. Was ab- und in einem Satze auf den Boden sprang, war *Gecko japonicus* D. B., was sich seitlich an der Harke vorbei nach oben zu drücken suchte, war *G. melli* Vogt, was mehr oder weniger am Platze blieb und den heranrückenden feindlichen Gegenstand attackierend mit dem Maule packte, war *G. gecko* (L.). Diese verschiedenen Reaktionen ließen sich nicht auf Grund anatomisch-morphologischer Befunde voraussagen! Die Handlungen der beiden ersten waren sogar insofern dem morphologischen Befunde entgegengesetzt, als die Art mit den größten Spannhäuten (*G. melli*), bei der man infolgedessen größte Sprungfähigkeit hätte voraussetzen sollen (Abschwächung des Bodenaufschlags durch Gleitfall), überhaupt nicht sprang, dagegen die Spezies mit den kleinsten Spannhäuten es tat (tiefster gemessener Sprung 3,87 m; der Schwanz brach dabei, was nicht zu Schlüssen berechtigt, da frisch gefangene Geckonen ihn nicht selten aktiv abdrehen, ohne daß der Schwanz mit einem Finger in Berührung gekommen ist). Es läßt sich daraus folgern, daß nicht anatomisch-morphologische, sondern nervöse Besonderheiten das Ausschlaggebende bei der Auslösung so verschiedener Reaktionen einander sehr nahestehender Spezies sind, und ich zweifle nicht, daß sich im einzelnen individuelle Ausschläge an ihnen zeigen werden.

Beim Aufbäumen der Schlangen werden häufig Färbungen zur Wirkung gebracht, die beim unerregten oder gar beim toten Tiere nicht sichtbar oder weniger erkennbar sind. Bei *Ptyas korros* (Schleg.) ist das beim Aufbäumen hochgereckte Stück des Unterleibes, und nur dieses allein, scharf abgesetzt gelb, eine gegenüber dem uniformen Grau des Rückens für menschliche Augen befremdende „giftige“ Dissonanz, deren Eindringlichkeit durch das weitaufgerissene Maul unangenehm verschärft wird. Die chinesische Kobra,

Fig. 22. *Naja hannah* (Cant.), Riesenkobra; erregt und aufgebäumt treten aus der unbeschuppten Haut des Grundes gebildete helle Querbinden stärker hervor; Südkwangtung (Nam kong, 18. XI. 1912.)

Naja naja atra (Cant.), ist auf der Unterseite der aufgebäumten Teile — Kopf, Hals, Vorderleib — fast rein weiß, in der Sonne gegenüber dem dunklen Rückengrau scharf kontrastierend und fast grellweiß, und als wäre diese

Gegensätzlichkeit nicht genug in die Augen springend, ist sie nochmals durch ein dunkles Bauchband hart unterstrichen. Bei *Naja hannah* (Cant.) treten infolge Muskelspannung beim ruhenden Tiere wenig deutliche weiße Querbinden über dem Rücken hervor (Fig. 22). Die Agamide *Liolepis bellii* (Gray) hat beim ♂ kontrastierend ziegelrot gefärbte Hautfalten zwischen den Beinen einer Körperseite, die, beim unerregten Tiere verborgen, beim Kampf rivalisierender ♂♂ untereinander, oder wenn man verfolgte Tiere packt, breit und überraschend herausgeprallt werden, wodurch die Breitenachse des Leibes sich verdoppelt.

Bei den meisten Schlangen erfolgt gleichzeitig mit dem Aufbäumen eine plötzliche Vergrößerung der Breiten- oder Höhenachse von Halsgegend und Vorderleib. Vertikale Aufblähung geschieht bei *Dryophis prasinus* Boie, *Elaphe radiata* (Schleg.), *E. taeniura* (Cope), *Ptyas mucosus* (L.), horizontale bei *Naja naja* (L), *Natrix subminiata* (Schleg.), *tigrina* (Boie), *Pseudoxenodon sinensis* Blngr. Die Aufblähung von Hals-Nacken-Vorderleib ist sowohl bei Horizontal- (*Naja*), als Vertikalverbreiterung (*Elaphe, Ptyas*) zuweilen so stark, daß der Kopf dagegen nur noch wie ein unwesentliches Anhängsel erscheint. Das seitliche Abflachen ist nicht immer auf die Halsregion beschränkt, es geht zuweilen nicht unbeträchtlich über das Lungenende hinaus [*Holarchus arnensis* (Shaw)]. Bei der letztgenannten erfolgt zugleich Abflachung des Hinterkopfes durch Breitlegen des Quadratums. *Macropisthodon rudis* Blngr. richtet sich, soweit wir bisher wissen, nicht auf, bei ihr erfolgt, wie meist auch bei ihren indischen Verwandten[1]), eine starke seitliche Abflachung des ganzen

---

[1]) Der lokal gebrauchte Eingeborenenname „grüne Kobra" für *M. plumbicolor* (Cant.) läßt vermuten, daß diese gelegentlich aufbäumt.

Fig. 23.
Dryophis prasinus Boie, grüne Peitschenschlange, sich sonnend; Südkwangtung (Lo fao shan, 31. III. 1911).

Walter de Gruyter & Co., Berlin und Leipzig.

Fig. 24.
Dryophis prasinus Boie, grüne Peitschenschlange, das gleiche Tier wie in Fig. 23 in Erregungsstellung.

Walter de Gruyter & Co., Berlin und Leipzig.

Fig. 25.
Elaphe taeniura vaillanti (Mocq.), süd-chinesische Kanariennatter (Kantonebene, 31. X. 1911).

Walter de Gruyter & Co., Berlin und Leipzig.

Fig. 26.
Elaphe taeniura vaillanti (Mocq.), südchinesische Kanariennatter in Angriffsstellung (koloriert nach einer Phot. von Dr. M. Smith).

Walter de Gruyter & Co., Berlin und Leipzig.

Körpers bis zum Anus, die das Tier im Extrem wie ein dem Boden angedrücktes Stück Bandmaß erscheinen läßt.

Beim Aufspringen der Horizontal- oder Vertikalachse werden wahrscheinlich in allen Fällen — entweder bereits bestehende Farbwirkungen plötzlich stark vergrößert (*Naja naja, Natrix subminiata*) oder in der Ruhehaltung des Tieres verborgene Kontrastfarben sprunghaft zur Geltung gebracht (*Dryophis, Elaphe*). Bei der gewöhnlichen *Kobra* wird die unbeschuppte, helle Haut des Grundes herausgeprallt, bei *Natrix subminiata* wird ein siegellackroter Nackenfleck durch Sichtbarmachen von Schuppenteilen, die in der Ruhe verborgen sind, vergrößert. Etwas Ähnliches findet sich bei *Natrix tigrina lateralis* [(Berth.): rote Fleckung von Hals und Vorderkörper] und abgeschwächt bei *Pseudoxenodon sinensis* Blngr. (gelbliche Flecken der Halsseiten). Bei Tieren mit Vergrößerungsfähigkeit der Vertikalachse werden im Extrem drei kontrastierende Farben zur Wirkung gebracht: die Farbe der Leibesoberseite (Grün bei *Dryophis*, Braun bei *Elaphe radiata*, Gelb bei *Elaphe taeniura*), schwarze, in der Ruhehaltung des Tieres verborgene Schuppenränder, und das Weiß der unbeschuppten Haut des Grundes. Hat man *Dryophis* im Gezweig entdeckt, so ist man stolz, daß man die Tarnkappe dieser umgebungsfarbig grünen, jungzweigdünnen Unsichtbarkeit, fast glaubt man zweifelnd Unwirklichkeit, gelüftet hat — im nächsten Moment ist der Stolz zur betretenen Verblüffung geworden über die unheimlich fremdartige Veränderung des geisterhaften Tieres: die kniehohe Aufbäumhalte, die ruckartige Aufspreizung der Horizontalachse und die herausprallenden Kontrastfarben, Grün — Weiß — Schwarz (Fig. 23 u. 24), die aus- und einschießende nelkenrote Zunge oder das aufgerissene rote Maul. Bei den beiden großen *Elaphe* verblüfft die gegenüber der ursprünglich einheitlich kräftigen

Färbung plötzlich aufspringende Fahlheit — trotz des braun bzw. gelb-weiß-schwarz Mosaik — der Halsgegend, aber das weit aufgerissene und wild zufahrende, zähnestarrende Maul unterbindet weitere Überlegung und läßt betroffen zurückspringen (Fig. 25—26). Bei *E. radiata* (Schleg.) bilden nach Wall die gelb-weiß-schwarzen Farbflecke ein auf ein Rechteck aufgebautes Farbmuster (Fig. 27).

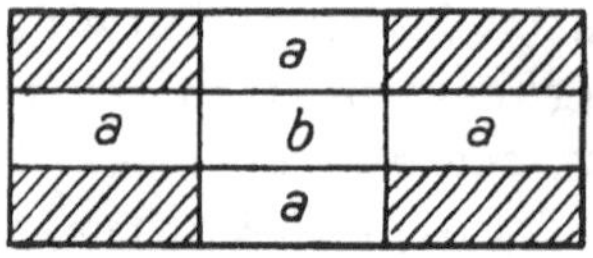

Fig. 27. Farbfelder der Halsseiten einer erregten *Elaphe radiata* (Schleg.), schraffiert = pechschwarz, *a* = blaßgrau, *b* = kräftig gelb; schematisch nach Wall.

Die Erregungsfähigkeit mancher Spezies ist vielleicht nicht zu allen Tageszeiten gleich. So fand ich meine gefangenen *Elaphe radiata* (Schleg.) nur zwischen 2—5 p. m. aufgebäumt, und zwar auf Annäherungen hin, auf die sie vormittags keine Reaktionen

Fig. 28. *Naja naja atra* (Cant.), chinesische Kobra, beim Anblicke eines Gegners in mäßig starker Erregung (Kantonebene, 26. V. 1912).

zeigten, also wohl durch Temperaturen veranlaßt; *Natrix piscator* sah ich zwischen 10—4 Uhr in Abwehrstellung, *Bungarus fasciatus* soll — nach Aussage meines im allgemeinen recht erfahrenen Schlangenfängers — nicht vor 10 Uhr abends zum Beißen zu bringen sein. Wahrscheinlich läßt sich annehmen, daß die Erregungsfähigkeit einer Schlange auf der Beutesuche und in der Sexualperiode am stärksten ist.[1])

Lassen sich Differenzierungen in den Erregungserscheinungen erkennen? Nach unserer gegenwärtigen Kenntnis drei. Bei der gewöhnlichen *Kobra* (*Naja naja* [L.]) erfolgt Aufbäumen mit Spreizen der Haube beim Anblicke eines Gegners (Fig. 28) oder einer

Fig. 29. *Naja naja atra* (Cant.), chinesische Kobra, beim ersten Anblicke eines Beutetieres (Kanton, 5. X. 1912).

Beute (Fig. 29), drückt also Bereitschaft zur Abwehr und Angriff, also im ganzen Mut aus. Die Höhe des Aufrichtens entspricht der Stärke der Erregung und ist in ihren absoluten Maßen natürlich von der Größe des Tieres abhängig (vgl. Fig. 20 und 29). Sie beträgt z. B. für *Naja naja* bei geringerer Erregung etwa $^1/_8$—$^1/_7$ der Gesamtlänge, bei stärkster bis $^1/_3$, bei den stark reizbaren Jungtieren bis $^2/_5$ der Länge, bei einem Tiere von 1200 mm etwa 400 mm, bei einer *Naja hannah* von 3000 mm etwa 600 mm. — Abflachen ohne Aufrichten ist Zeichen von Furcht, es

[1]) Den einzigen mir bekannt gewordenen, noch dazu blutziehenden Biß einer *Anguis* gegen Menschen erhielt ich im Freien von einem in Kopula angetroffenen ♀ der Art.

erstreckt sich bei der *Kobra* auf Haube und Vorderleib (Fig. 30), bei *Macropisthodon* auf den ganzen Leib, bei *Holarchus arnensis* (Shaw), wie vorn gesagt, auch auf den Hinterkopf. Das Spreizen der Haube läßt sich also als allgemein antipathische Erregungsäußerung ansehen. — Bei Paarungsspielen erfolgt einfaches Aufrichten des

Fig. 30. *Naja naja atra* (Cant.), chinesische Kobra auf der Flucht (leucistisches Exemplar, das in gleicher Weise wie ein normales reagiert; Kantonebene (9. V. 1912).

Vorderleibes ohne Aufspreizen von Vertikal- oder Horizontalachse und Aneinanderreiben der aufgerichteten Körperteile; diese Handlungen sind also sexuelle (*Naja, Vipera, Ptyas, Natrix piscator, subminiata* u. a.), allgemein gesagt, sympathische Erregungsäußerungen, die bei Schlangen auf die Sexualsphäre beschränkt erscheinen. — Unter Eidechsen sind mir nur besondere sexuelle Erregungserscheinungen, und zwar von *Liolepis* und *Calotes* bekannt. Stehen sich die ♂♂ von *Liolepis bellii* (Gray) zu Kämpfen um die ♀♀ gegenüber, so recken sie Kopf und Hals hoch wie Saurierepigonen, spreizen die dracoähnlich breiten, ziegelroten Hautlappen der Körperseiten und stehen „drohend“ geöffneten Maules. *Calotes versicolor* (Daud.) ♂ hat in der Sexualperiode einen Platzbehauptungsinstinkt wie etwa ein singender Vogel oder ein männlicher Schmetterling (*Euthalia, Eriboea, Charaxes, Athyma* u. v. a.). Er steht auf einem höheren Baumstumpf, auf einem trockenen oder sonstwie hervorragenden Asthaufen so in 1,5—2 m Höhe und trainiert, menschlich gesagt, Kniebeuge, d. h. er hebt und senkt den geblähten Körper durch Strecken und Beugen der Beine und — als ob's ihm schwer würde — öffnet und schließt er dabei wie gähnend das Maul. Hat man das ♂ da weggefangen, so ist meist in kurzer Zeit ein anderes am Platz, wie bei Vogel und Schmetterling.

Der Stoß.[1]) Wir Menschen addieren die tödliche Giftigkeit der *Kobra* unbewußt dem formlich-farblich zweifellos recht eindrucksvollen Bilde des aufgebäumten Tieres, und der Glaube, daß ihr Stoß fatumhaft, rettungslos den Tod bedeute, macht nicht nur naturfremde Großstädter Ost- und Südasiens vor Furcht blaß. Die vorurteilsfreie Beobachtung vermag die Annahme nicht zu bestätigen. Zunächst reicht der Stoß des Tieres im allgemeinen nicht weiter als bis zu einem Punkte, der annähernd um die Höhe des aufgebäumten Körperteiles nach vorn liegt. Sodann ist nur die *Jungkobra* beweglich und angriffsbereit, deshalb sieht man sie auch nie in der Hand von Schlangengauklern. Alttiere sind träge und in einem auch für Giftschlangen seltenen Grade beißunlustig, obwohl sie im allgemeinen Tagtiere sind. Ein in der Art wie Fig. 20 fragezeichenartig aufgebäumtes Tier verrät dem, der viel mit Schlangen zu tun hat, den fehlenden Mut zur Initiative.

[1]) Über seine Giftwirkung ist in Kap. II berichtet.

Ein Tier in dieser Haltung läßt sich in vielen — wahrscheinlich in den meisten — Fällen bei ruhig-langsamer Annäherung durch fortgesetzten, ganz allmählichen Druck von vorn soweit zurückdrängen, daß der aufgebäumt gewesene Nacken auf die Rückenhöhe seines Vorderleibes zu liegen kommt, das Tier infolgedessen die Balance verliert und, ohne gebissen zu haben, seitlich umkippt. Über eine weitere Besonderheit der *Kobra*, die sie für den kaltblütigen, nervenlosen Menschen, allerdings nur für den, zu einer sicheren Beute macht, ist weiter vorn (Gesicht) berichtet. Ferner ist der Zustoß selbst durchaus nicht so sicher, wie die Todessorge des über ihr Gift wissenden Menschen glauben macht. Eine Ratte, einen menschlichen Schenkel, eine Hand in Reichweite verfehlt sie natürlich nicht; aber schon, wenn die genannten Dinge sich bewegen, ist ihre Stoßsicherheit selbst gegenüber Objekten solcher Größe deutlich vermindert. Ein vorgehaltenes dünnes Stöckchen oder einen Bleistift verfehlt sie in 7 von 10 Fällen. In großer Wut kriecht sie nach einem Fehlstoße oft mit niedergelegtem Halse auf den Gegner zu, bäumt in größerer Nähe von ihm wieder auf und stößt von neuem. Daß die aufgebäumte chinesische *Naja* (*naja atra* [Cant.]) ihren Stoßradius durch Vorwärtsbewegung ihres Körpers in der Aufbäumhalte vergrößert, habe ich mit Sicherheit nur bei Verfolgung einer fliehenden Beute gesehen. Die natternschlanke, weit aktivere und in weit höherem Grade aggresive *Riesenkobra*, neben *Echis* die beweglichste Giftschlange der Erde, tut das auch in der Attacke gegen einen vermeintlichen oder tatsächlichen menschlichen Gegner, und das wie ein aufgerecktes Panier des Todes plötzlich in Sekundenschnelle aus 5 m Entfernung heranbrausende, mehr als 3 m lange Tier der Fig. 31 konnte gerade noch hinter dem Stativ, 15 cm vor dem Knie, umgelegt werden.

Weitreichender und sicherer ist der Vorstoß aus S-förmig zurückgezogenem Halse (*Ptyas mucosus*, *Elaphe*, *Dryophis* u. a.), und er kann, im Gegensatz zum Stoße aus geradlinigem Aufbäumen, auch nach oben erfolgen. Der äußerste, zweifelfrei beobachtete Hochstoß ist von einer in die Enge getriebenen großen *Ptyas mucosus* (L.) gemeldet: bis zur Schulter eines erwachsenen Mannes, also etwa 1,60 m, aufwärts (Dreckmann, brieflich, nach Wall), der Stoß erfolgt bei giftigen und giftlosen Schlangen vielfach in einer Schnelligkeit, daß Ausweichen nahezu als unmöglich bezeichnet werden kann. Nach dem Zustoßen wird der Körper fast stets wieder in die Vor-Stoßhalte zurückgezogen. Bei *Enhydris sieboldi* (Schleg.) erfolgt Rückschnellen in die der früheren entgegengesetzte, also spiegelbildliche Krümmung (Fig. 32); auch bei *Dipsadomorphus* scheint häufig eine spiegelbildliche Umlagerung nach dem Rückstoße zu erfolgen. Ist die Hemmungsschwelle einmal überschritten, so erfolgt bei *Dipsadomorphus trigonalis* (Schneid.) ein fortgesetztes Zuhacken bis zur völligen Erschöpfung des Tieres (Wall). Umschnellen in die spiegelbildliche Haltung erfolgt zuweilen dann noch, wenn Stoß und andere Offensivhandlungen unterbleiben, vermutlich rückgebildet sind, so bei *Bungarus* in der Fragezeichenlage und bei versecktem Kopfe.[1])

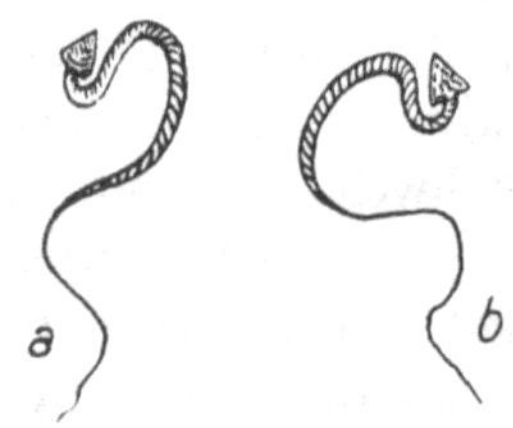

Fig. 32. *Enhydris sieboldi* (Schleg.), a) vor, b) nach dem Stoße; schematisch nach Wall.

Welche Wirkung hat das Aufbäumen auf Tiere im Lebensraume der Schlangen? a) Auf Vögel. Zwei Langschwanzwürger (*Lanius schach schach* L.)

[1]) Über Freisprung bei Schlangen ist im Kap. 2 berichtet.

suchten im Staudendickicht von Impatiens, Polygonum, Tradescantia nach *Rana limnocharis* Wiegm., stöberten dabei eine etwa 600 mm lange *Natrix piscator* (Schneid.) auf und attackierten sie. Der kleine Wüterich bäumte hoch, hackte mit weit aufgerissenem Maule nach den Würgern: die prallten mit ein paar Sätzen zurück und ließen die Schlange unbehelligt. — Große Hühnervögel, die beim Angriffe über ihren Gegner springen und mit Schnabel, Flügeln, Klauen nach unten schlagen, dezimieren meist da, wo sie häufig sind, Schlangen, in erster Linie solche, die sich durch Aufbäumen auffällig machen. Die indischen Shikaris erzählen es von Pfauen, in Südchina gilt es vom Silberfasan: wo der häufig ist, habe ich keine *Kobra* und überhaupt keine aufbäumende Schlange gesehen, noch in langen Jahren erhalten. Auch Haushühner verfolgen, töten und fressen Jungschlangen, gegenüber abwehrbereiten Schlangen von mehr als etwa 900 mm Länge sind sie hilflos. Vielleicht sind das auch Fasanhennen. Ich fand im Leibe einer südchinesischen *Naja naja* drei Eier von *Phasianus colchicus torquatus* Gm. — Die furchtlose Unbekümmertheit, mit der Raubvögel Schlangen aller Art, auch *Naja*, behandeln, kann dem, der die schönen Vögel liebt, die Haare sträuben machen. Meine als blinde Nestjunge ausgenommenen und aufgezogenen Schlangenadler (*Spilornis cheela ricketti* Sclater) packten die lebend in ihren großen Käfig geworfenen *Ophidier* genau wie andere Beute oft schon, ehe sie den Boden berührten, oder griffen die hochgereckten oder nicht hochgereckten dort mit den Fängen und bäumten ihrerseits mit ihnen auf. Auf beiden Seiten der Vogelklauen hing ein fußlanges oder längeres Stück Schlangenleib herab, und der Schlangenkopf suchte nach den Vögeln zu hacken. Wurde einem von diesen die Zappelei da unten zu dumm, so neigte er Hals und Kopf abwärts — ohne die zappelnde, hackende *Kobra* eines Blickes zu würdigen, die großen, leuchtendgelb, harten Herrscheraugen geradeaus, irgend wohin in die Ferne gerichtet —, nahm den sich windenden Schlangenleib neben der Zehe zwischen die Kiefer und glitt an ihm — immer die Sonnenaugen geradeaus — entlang bis zum kribbelnden Ende. Dort schloß er einmal, zweimal die Kiefer, daß die Kopfknochen der Schlange krachten, und richtete sich wieder auf. Eine über meterlange *Kobra* ergibt sich auch gegenüber solchen Unfreundlichkeiten noch nicht, sondern verfällt, als sei der kritische Punkt ihrer Trägheit nunmehr überwunden, konvulsivisch hin und her zuckend, in blinde Schnappmanie. Es ist deshalb meist eine zweite Operation — ganz wie die erste — nötig, um sie zur Ruhe zu bringen. — Ob die Adler die Schlangen nur mit so leichtsinniger Geringschätzung — menschlich gesagt — behandelten, wenn ihre Aufmerksamkeit zwischen Beute und Beschauer geteilt war, wage ich nicht zu entscheiden. Vielleicht tun sie es auch im Freien. Ich sah in einem Kloster der Kantoner Umgegend im März 1917 frische Schwanzfedern von *Spilornis* zu einem Fächer verarbeitet und erfuhr, der Vogel sei 10—14 Tage vorher, etwa 150 m hoch fliegend, plötzlich ohne jede erkennbare Wunde tot aus der Luft herabgestürzt. Die Annahme eines Bisses durch eine aufgenommene Giftschlange ist wohl die wahrscheinlichste Deutung des Vorfalls.

Der tagmuntere und in Gefangenschaft ausschließlich tagfressende Fischuhu (*Ketupa zeylonensis zeylonensis* [Gm.]) behandelte die *Kobra* nicht mit der überheblichen Sicherheit des Starken, wie der Adler, aber er machte mit ihr ebensowenig Aufhebens wie mit anderen Schlangen. Er kam aus der Höhe geschossen, packte die Schlange mit beiden Fängen am Grunde, zerbiß ihr dort, die Augen scharf auf den Gegner gerichtet, den Kopf und fraß sie.

Von einer Wirkung der Aufbäumhalte der Schlangen auf die fast ausschließlich optisch eingestellten Vögel kann man also nur im ersten Falle, gegenüber den im allgemeinen leicht abgelenkten, wenig ausdauernden Würgern sprechen. Man könnte einwenden: Natürlich, denn gegenüber Stoß und Schlag von oben verpufft der schönste, nach unten gerichtete Kobrastoß hilf- und wirkungslos. Aber beim Kampfe in gleicher Ebene, also in erster Linie gegenüber Säugern, wird sich die Wirkung ihrer Abwehrgeste und die Gefährlichkeit ihres Stoßes offenbaren.

b) Die Wirkung auf Säuger. Eine ausgewachsene Ratte (*Mus flavipectus* A. M. E.), wie sie an den Teich- und Kanalrändern, die auch die *Kobra* gern bewohnt, häufig ist, brachte ich in den Behälter einer frisch gefangenen etwa 10 Tage alten *Jungkobra* von etwa 330 mm Länge. Die dreiste, neben der hochgebäumten kleinen *Naja* riesenhaft aussehende Ratte näherte sich der Schlange und versuchte, sie anzufressen; dabei bekam sie einen Biß in die Schulter, der nicht den geringsten Eindruck auf sie machte. Sie beroch die Schlange weiter und versuchte nochmals, sie anzunagen, bekam einen zweiten Biß in die Nase, der sie einen Augenblick zurückzucken ließ. Dann näherte sie sich der *Kobra* wieder. Da ich fürchtete, daß sie ihr doch noch eine tödliche Wunde beibringen könnte, und ich diese meine erste *Jungkobra* nicht opfern wollte, trennte ich die beiden Tiere. 9 Minuten nach dem ersten, 7 Minuten nach dem zweiten Bisse, begann die Ratte plötzlich zu zittern, fiel um und war tot. Furcht vor der „drohenden“ Aufbäumhalte der Schlange war ihr aber sicher nicht anzumerken, und es ist nicht ausgeschlossen, daß ohne mein Eingreifen auch die Schlange an dem Renkontre zugrunde gegangen wäre. — Ich hatte eine rostigbraune, chinesische Hauskatze, die mit Vorliebe Kaltblütler (Fische, Frösche, Schlangen) fing und fraß. Dem Stoße der aufgerichteten *Naja naja* und *Natrix piscator* wich sie aus, sprang, ehe der niedersausende Schlangenleib sich wieder erheben konnte, zu und zerbiß den Nacken des Gegners.

Nächst der Ratte der häufigste Säuger im südchinesischen Lebensraume der *Kobra* ist *Pachyura swinhoei* Blyth, die Dorfmoschusratte, ein Insektenfresser, im Maximum etwa in der Größe eines kleinen Maulwurfs. Eins dieser allgegenwärtigen Tiere hatte Eingang in meinen Insektenzuchtraum gefunden und in einer Nacht gegen 40 große Sphingidenpuppen (*Theretra nessus* Drury) auf- oder angefressen. Gegen 6 Uhr abends fanden wir den stinkenden Sünder noch verschlafen in einer dunklen Ecke des gleichen Raumes hocken. Mit liebloser Hand und der gehässigen Miene des Geschädigten befördere ich das eben gefangene Tier mittels der Kohlenzange in einen Raupenzuchtkasten von 60 × 30 × 25 cm, in dem eine *Jungkobra* von etwa 340 mm Länge provisorisch untergebracht war. Ich spähe durch die Wände aus Drahtgaze und Glas, hoffe auf eine wohltuende Rache, im Nebenprodukt auf Erfahrungsspeicherung über die Bißwirkung von Giftschlangen, und steche die mürrisch hinter der Tür hockende Moschusratte mit einem Span aufmunternd in das Achterteil. Böse quietschend und die Zähne fletschend, fährt die Ratte ein paar Schritte vor, stößt gegen die Schlange und prallt zurück. Die wütend aufgebäumte, kleine *Kobra* wiegt sich ein paar Sekunden, Schwung holend, vor und zurück und stößt bei einer neuen Bewegung der *Pachyura* zu. Doch im selben Moment springt die rein nächtliche, maulwurfshaft plumpe und anscheinend fast maulwurfshaft „blinde" Ratte mit einer unwahrscheinlichen, clownhaften Gewandtheit über den niedersausenden Schlangenkopf weg auf die andere Käfigseite und beißt dort — während vorn der Kobrakopf auf den Boden schlägt — die Schlange in das Leibesende. Wütend fährt die herum und hoch und hackt von neuem zu, daß ihr Kopf auf den Boden klatscht —

während *Pachyura* mit der gleichen überraschenden, plump-graziösen Leichtigkeit über sie hinwegsetzte. Dort steht sie 1—2 Sekunden, dann nähert sie sich dem Schlangenhinterleib und beißt von neuem hinein. Stoß — Hochbogensprung — Fehlschlag auf den Boden — Biß in den Hinterleib folgen einander so mit oder ohne Pause 8—9mal.

Dann ist es so dunkel, daß ich die Vorgänge nicht mehr unterscheiden kann. Am nächsten Morgen ist die *Kobra* tot und in der hinteren Leibeshälfte bis zum Skelette abgenagt. Dieser Vorgang ist kein Ausnahmefall. Es wurden noch drei weitere Fälle festgestellt, daß Jungschlangen, Synöken der *Pachyura,* und gerade aufbäumende und beißbereite Arten (1 *Naja naja,* 2 *Natrix piscator*) von der Moschusratte getötet und gefressen wurden. Damit steht im Einklange, daß man im Verstecke der Ratte im Freien zuweilen Leichen und Skelette von Fröschen, Kröten und Schlangen findet.

Nach diesen Beobachtungen an *Pachyura* halte ich den in Indien vielfach gehörten und von Kipling in die Literatur gebrachten Bericht über den Hochsprung des Mungo (*Mungos mungo* Gm.) als Parade des Kobrastoßes für mehr als schöne Fabel, und vielleicht ist dieser Hochsprung unter Säugern weiter verbreitet, als wir wissen. Ich möchte eine Freilandbeobachtung nach dieser Richtung hin deuten. Ich saß in einer lockeren Parzelle hoher Kiefern am Waldrande, deren gesamte Grasnarbe, als ob sie rigolt wäre, in Schollen umgebrochen lag, auf Sus meles Heude an. Eine Sau, die kaum 60 m von mir entfernt war, schnellte, soweit man im Halbdunkel an der gegen den hellen Himmel stehenden Silhouette sehen konnte, fortgesetzt in kurzen Pausen und mit gerundetem Rücken gleichbeinig hoch und zur Seite. Ich vermutete einen Gegner am Grunde. Ein dahin dirigierter Schrotschuß ließ die Sau flüchtig werden und zerfetzte eine über 1 m lange *Kobra,* die vermutlich unter den Schollen Quartier bezogen hatte, und von dem rigolenden Schweine gestört worden war. Ohne Zweifel hatte auf die Aufbäumhalte der Schlange hin das Schwein das Treffen mit der Schlange aufgenommen — sonst wäre es wohl abgegangen — und hätte wahrscheinlich ohne mein Eingreifen die Schlange getötet und gefressen, was ja bekanntlich das europäische Wildschwein auch gelegentlich mit der Kreuzotter tut. — Aus Indien wird berichtet, daß Hirsche und Schweine durch Hochschnellen dem Stoße von Schlangen ausweichen, beim Niederprall mit allen Vieren dem Reptil das Rückgrat brechen und es zerstampfen, vom Wasserbüffel ist Ähnliches bekannt. — Also bei den hier beobachteten Säugern läßt sich auch beim Kampfe in gleicher Ebene eine Schreckwirkung der Aufbäumhalte auf Synöken der Schlangen nicht nachweisen.[1])

c) Auf Menschen ihres Lebensraumes. Für den naturfremden Großstädter des Ostens, sowie für den nervösen Europäer ist die Abwehrreaktion, insbesondere Aufbäumhalte der meisten Schlangen, eindrucksvoll, die der mit einem Ruck oder Furiosoruck hochschießenden großen *Naja*, insbesondere *Naja hannah*, beklemmend eindrucksvoll. Ihre ruhige, gestenlose Kühle läßt keine Deutung zu und ihre kniehoch aufgebäumte, kühl schlanke Silhouette (*Naja hannah*) scheint die eines sieggewohnten Kämpfers, der noch keinen überlegenen Gegner kennenlernte. — Das Faszinierende der Erscheinung hält — leider — der nüchternen Analyse gegenüber nicht stand, und die Art, wie der menschliche Synöke, der südchinesische Landmann, die *Kobra* behandelt, ist die leichte Geringschätzung des intim Wissenden, erzeugt durch größere Naturnähe und offene Augen. Auf dem sonnengeprallten, hitzeflimmernden Platze vor einer Station der Kanton-Hongkong-

[1]) Gegenüber Hunden und Affen scheint sie vorhanden.

Bahn standen etwa 20 Landleute und warteten auf den Zug. Im Schatten der Halle hockte ein Tierfänger. Ich ließ mir seine Tiere zeigen. „Was ist in dem Sacke?" Der Mann griff ohne irgendwelche besondere Sorgfalt mit einer Hand hinein und zog vier große *Kobras* heraus. „Haben sie noch Zähne?" Der Fänger glaubte aus meiner Frage heraus zu hören, daß ich die Tiere kaufen wolle, wenn sie keine Giftzähne mehr hätten, faßte eins am Kopfe, öffnete ihm das Maul und feilte mit dem Reste eines Taschenmessers in der Gegend der Fänge herum. Inzwischen suchten die drei anderen zu entkommen, hasteten unaufgerichtet, aber mit gespreizter Haube — also Furchtreaktion — zwischen den bis weit über die Knie nackten Beinen, den Körben und Säcken der Bauern herum und strebten in deren Schatten nach einem Verstecke. Jeder der Leute sah und erkannte die häufigen Tiere sofort, aber ohne auch nur ein Bein zu bewegen, und, kaum mehr als einen Blick auf die Schlangen werfend, fuhren sie in ihren Gesprächen fort. Wie der südchinesische Landmann dieser angeblich fürchterlichsten Giftschlange Asiens nicht nur zu begegnen, sondern sie zu meistern weiß, darüber ist weiter vorn (Gesichtssinn) berichtet.

Gefährlichkeit von Schlangen. Die erste Frage, die dem Reptilienfänger, wenn er sich als solcher zu erkennen gibt, im allgemeinen entgegengehalten wird, ist die nach der Gefährlichkeit seiner Beschäftigung. Von ungiftigen Schlangen könnten nur große Pythoniden und auch sie nur in ganz seltenen Ausnahmefällen für Menschen gefährlich werden. Aus meinem Erfahrungskreise ist mir nur ein etwa 20 Jahre zurückliegender Fall bekannt geworden, daß ein Kind von einem *Python molurus bivittatus* getötet worden ist. Eine Chinesin, die auf einer Insel vor Hongkong (Stonecutters Isld.) Gras schnitt, hatte ihr Baby auf die Erde gelegt und ein paar Kinder zur Aufsicht dabeigelassen. Eine plötzlich auftauchende große *Python* verschlang das Kind, ehe jemand Hilfe bringen konnte. Das ist ein sehr seltenes Vorkommnis, im allgemeinen gehen auch Riesenschlangen dem Menschen aus dem Wege. Fig. 33 zeigt eine 2,1 m lange *Python* der Kantoner Umgegend im Freien gestellt, Fig. 34 das gleiche Tier, als ich

Fig. 33. Jungtier der chinesischen Tigerschlange (*Python molurus bivittatus* Schleg.) eng umstellt; Südkwangtung (Wutsung, 3. X. 1912).

es zu packen versuche, auf der Flucht. Größere Individuen sind meist zu träge, um zu fliehen; aber Tiere von mehr als 3,5 m Länge wird ein geistig normaler Mensch nicht allein zu fangen versuchen, und jede im Freien gesichtete *Python* ist verloren, wenn sich wenigstens so viele kräftige Männer zum Zupacken finden, wie die Schlange in Metern mißt.

Ein Tritt auf eine nicht gesehene *Elapine* oder *Hydrophiine* im Freien dürfte in 98% der Fälle eine Katastrophe mit tödlichem Ausgange sein, aber sie ist eine einseitige Angelegenheit, genau wie eine Unachtsamkeit in einer autodurchfegten Straße und kann auch jedem Nichtschlangenfänger begegnen. Bei einer beiderseitigen Begegnung können meines Erachtens nur zwei asiatische Giftschlangen wegen ihrer Aktivität und Reizbarkeit gefährlich genannt werden, die kleine Viperide *Echis carinata* und *Naja hannah*, die Riesenkobra. Ich habe nur

Fig. 34. Das gleiche Tier wie in Nr. 33 ein paar Minuten später auf der Flucht.

Erfahrungen mit der letzteren. Sie ist die einzige Giftschlange, von der mir bekannt geworden ist, daß sie von sich aus attackiert und einen zurückweichenden Gegner auch verfolgt, und ich gestehe gern, daß eine Freilandbegegnung mit ihr zu den unvergeßlichen Dschungelerlebnissen Südasiens gehört. Über ihre Angriffsbereitschaft hört man im Osten Gruselgeschichten. Eine der letzten, die auch in europäische Zeitungen gekommen ist, berichtet, daß der englische Major F. mit einem kleinen Auto einen

Weg fuhr, den gerade ein großes Tier der Art kreuzte. Die Schlange versuchte etwa 100 m weit das Auto zu verfolgen, den Kopf zeitweise in Höhe des Türdrückers. Es besteht für mich kein Zweifel, daß das Auto der Schlange über den Schwanz fuhr. Das ist eine schmerzhafte Annäherung, die bei jedem wehrhaften und temperamentvollen Tiere lebhafteste Abwehrhandlungen auslösen würde.

Ich habe sieben Riesenkobras lebend gehalten und sie, ebenso wie etwa 200 Stück der gewöhnlichen asiatischen *Kobra*, gelegentlich in meinem allseitig ummauerten Vorgarten laufen lassen. Wurden die Tiere aus ihren Säcken oder Behältern gelassen, so bäumten sie gegen uns auf. Kleine Bewegungen von uns, wie etwa Bücken oder Aufrichten, irritierten sie nicht weiter, und es bedurfte scheinbarer oder tatsächlicher Herausforderungen, um sie zu einem Angriffe zu bewegen. Tat man nichts dergleichen, so legten sie sich und krochen weg. Lief man ihnen nach, so bäumten sie nach wenigen unserer Schritte wieder hoch und standen 10 Sekunden, um, wenn man ruhig blieb, abermals weiterzukriechen. Ihr Verhalten zeigte deutlich die Neigung, sich vom Orte der Störung zu entfernen. Es bedarf wohl kaum eines Hinweises, daß ein sexuell oder auf der Beutejagd erregtes Freilandtier oder ein ♀ bei der Brutwacht jede unbewußte menschliche Annäherung als Herausforderung empfindet und mit einer Attacke beantwortet. Das tun viele, auch kleine Tiere. Meine Schlangenfänger machten mit *N. hannah* nicht mehr Umstände als mit anderen *Naja* und im ganzen, glaube ich, läßt sich auch von dieser schnellen und giftstarken Riesin sagen: Es geht mit Schlangen wie mit Krankheiten. Die Gefährlichkeit der Krankheit wächst im Quadrat der Entfernung vom Arzte, die Gefährlichkeit der Giftschlangen im Kubus der Entfernung vom Orte ihrer größten Häufigkeit!

Index.

Aalfresser 170
Acanthosaura 5, 11, 18, 22, 23, 24, 65, 247
— dymondi 16
— hainanensis 28
— khakienensis 16, 20
— varcoae 16
Achalinopsis sauteri 31
Achalinus 24, 139, 141
— braconnieri 3
— formosanus 3, 31
— loochooanus 32
— meridianus 11, 28
— rufescens 3, 22, 27, 142
— spinalis 3, 142
— werneri 32
Agamiden 247
Agkistrodon 89, 132, 133, 137, 154, 156, 157, 205
— acutus 3, 24, 31, 141
— halys affinis 32
— — blomhoffi 33
— — brevicaudus 2, 19, 142
— — intermedius 2, 19, 20
— hypnale 248
— monticola 5, 17, 35, 142
— rhodostoma 213
— strauchii 5, 17, 35
Ahaetulla 17, 27, 28
— boiga 10, 21
Aktivitätsperiode 104
Aktivitätsphasen 106
Amblycephalus 20, 234, 246
— carinatus 10, 28
— formosensis 31
— moellendorffii 10, 27, 28
— monticola 5, 24
— — chinensis 7, 20
— — kuangtungensis 23, 24, 234
Amerikanische Fauna 46
Amphibische Formen 68
Amyda 191, 192
— formosus 238
— hurum 238
— tuberculàta 3, 16, 18, 22, 24, 27, 28, 31, 33, 253
— steindachneri 11, 27, 28, 253
Anhwei 1
Apeltonotus sylvaticus 20
Arthropoden 112
Assam 3
Azemiops 49, 139
— feae 9

Baschistraße 44, 46
Batrachierfresser 77, 79, 81, 133
Batrachierspezies 83
Birma 3
Bodenwühler 69, 73
Boiga 87, 164, 250
— dendrophila 136
— kraepelini 11, 24, 26, 31, 142

Boiga multimaculata 10, 22, 24, 27, 28, 143, 228
Bothrolycus 180
Brackwasser-Bewohner 68
Bungarus 135, 136, 141, 223, 229ff,
— fasciatus 10, 17, 21, 27, 28, 29, 61, 62, 90, 212, 213, 236, 245, 258
— multicinctus 3, 22, 24, 27, 28, 31, 63, 213

Cainodactylus 5
— yuennanensis 16
Calamaria 86
— berezowskii 19
— pavimentata 10, 27, 31
— pfefferi 32
— septentrionalis 3, 22, 27, 142, 249
Calliophis 20, 22, 24, 26, 28, 31, 49, 50, 223, 233
— macclellandi 9, 229
Calotes 5, 27, 28, 29, 225, 247
— emma alticristatus 16
— maria 16, 21
— versicolor 5, 10, 65, 261
— yuennanensis 16, 20
Chang yang 20, 21
Chekiang 2
Chengtu-Ebene 18, 42
Chili 1
Chrysopelea 10, 24, 27, 28, 74, 86, 89
Clemmys 3
Clemmys bealii, 11 22, 27, 28, 192, 226
— japonica 3, 33
— mutica 22, 27, 28, 31, 225
— nigricans 192
Coluber spinalis 3, 19, 72
Coptolabrus 65
Coronella bella 3, 24, 37, 88
Cosymbotus platyurus 31
Crotalus 248
Cyclemys amboinensis 11, 27
— annandali 224
— flavomarginata 31
— trifasciata 11, 27, 28, 192, 226
— yuennanensis 5, 16
Cylindrophis 126, 249

Dasia smaragdinum 31, 45
Dendrophis 28
Dinodon 50, 134, 154/155, 164, 223
— flavozonatum 3, 24
— orientale 7, 33
— rufozonatum 3, 18, 31, 49, 157
— — walli 32
— — yuennanense 16, 35
— semicarinatum 7, 32
— septentrionale 9, 22, 24, 49, 143
— — futsingensis 24, 37
— — ruhstrati 31
Dipsadomorphus 264
Doliophis 249
Draco 28, 247
— maculatus 16, 21
Dryophis 10, 27, 28, 61, 84, 86, 88, 89, 134, 257, 264
— prasinus 142, 152, 157, 180, 256

Echis 90, 273
Eidechsenfresser 73, 77, 79, 81, 129, 133, 137
Eientwicklung 214ff.
Eier 188ff.
Eifresser 76, 77, 79, 80
Elaphe 3, 144, 151/152, 156, 248, 257, 264
— carinata 3, 18, 19, 24, 31, 36, 143
— climacophora 33
— conspicillata 33

Elaphe davidi 3
— dione 2, 19
— grabowskyi 10, 53
— halli 2, 37
— mandarina 5, 22, 24
— moellendorffi 11, 27, 28, 142
— osborni 5, 16, 20
— porphyracea 5, 18, 22, 24, 26, 27, 28, 31, 34, 36, 48, 157
— — pulchra 16
— prasina 5, 16, 49, 143, 222
— quadrivirgata 33, 129
— radiata 10, 27, 28, 29, 129, 132, 142, 250, 256, 257, 258
— schrenckii 2, 74, 141
— taeniura 10, 19, 24, 27, 28, 31, 72, 74, 132, 142, 250, 256, 257
— — schmackeri 10, 32
— — yuennanensis 16, 35
Enhydris 89, 171
— benetti 28
— chinensis 3, 24, 27, 29, 142, 239, 250, 253
— enhydris 10, 27
— plumbea 10, 22, 24, 27, 28, 73, 142
— sieboldi 253, 264
Eremias 3, 16, 19
Eryx 87, 141
— miliaris 3
Eublepharis 28
Eumeces 3
— chinensis 22, 24, 27, 28, 31, 64, 209
— elegans 16, 22, 23, 24, 31, 209
— latiscutatus 33
— — kishinouei 32
— — okadae 33
— marginatus 32
— pekinensis 37, 209
— quadrilineatus 11, 27, 28, 209
Eumeces tunganus 16, 19, 36
— xanthi 16, 20, 36
Evertebratenfresser 76, 77, 79, 80, 133, 137

Färbung 108
Fischfresser 73, 78, 79, 81
Formosa 31, 32, 34, 41, 43, 44, 49
Froschfresser 75, 137
Fukien 2, 24, 25
Fu niu shan 2

Gecko 253
— gecko 11, 21, 22, 27, 225, 237, 246, 254
— japonicus 3, 16, 22, 24, 27, 31, 32, 33, 210, 225, 237, 238, 254
— melli 5, 22, 254
— similignum 28
— subpalmatus 5, 16, 19, 24
— swinhonis 3, 19
Geoclemys 192
— reevesi 3, 19, 24, 27, 38
— — grangeri 16, 18
Geomyda spengleri 11, 27, 32
Greifschwanz 70
Großwarmblütlerfresser 77, 78
Grundbewohner 75
Größenzunahme 219

Hainan 2, 28, 29, 41, 44
Hang chow 26
Han kiang 2
Hauskletterer 162
Häutung 218
Helicops 16
— schistosus 10, 36, 145
— — yuennanensis 20
Heliokataplexie 234
Hemibungarus 7, 24, 36, 45

Hemibungarus boettgeri 32
— japonicus 32
— kelloggi 9
— matsudai 31
Hemidactylus 10, 210
— brookii 24, 27
— bowringi 16, 22, 27, 31, 32
— frenatus 22, 24, 27, 28, 31, 32, 238
— garnotii 28
— marmoratus 31
— platyurus 27
Hoang ho 41
Holarchus 64, 130—132
— arnensis 256
— chinensis 3, 17, 22, 24, 242
— formosanus 3, 22, 23, 24, 27, 28, 31
— musyi 11, 24, 37
— nesiotis 28
— ornatus 31
— purpurascens 5, 10, 27, 233
— sauteri 31
— vaillanti 3
— violaceus 5, 22, 24, 27, 28, 241
Honan 1
Hunan 1
Hupe 1
Hydrophiinen 169, 172, 180, 223
Hypsirhina enhydris 31
— plumbea 31

Japalura 5, 11, 18, 34, 36, 46
— polygonata 32
— swinhonis 31
— yuennanensis 16, 35
— — flaviceps 19
— — splendida 20
Japan 31, 32, 33, 40
Japanische Provinz 42

Ichang 20, 21
Indische Formen 9
Indoaustralische Region 44
Indobirmanische Provinz 42
Indochinesische Provinz 44
Indomalayisch 10, 44, 159

Kaltblütlerfresser 77, 78, 80, 129
Kansu 1, 3, 19, 20
Kiangsi 1
Kiangsu 1
Kiu kiang 20
Kletterfreunde 162
Kobra 216ff., 226, 228, 235—237, 242, 243, 261ff., 265ff., 269ff., 271
Korea 41
Krah (Isthmus) 56
Kuatun 23
Ku ling 20, 21
Kwangsi 2, 9
Kwangtung 2
Kwan shien 19
Kwei chow 9

Lacerta vivipara 217
Landschlangen 172/173, 174
Laticauda colubrina 70
Leiolepisma 3, 16, 19, 24, 32, 35
— laterale
— — formosensis 31
— — reevesi 22, 28, 29
Lichtstarre 230ff.
Lin ping 22
Liolepis 11, 27, 94, 247
— bellii 28, 224, 256, 260
Liopeltis 22, 24, 27, 28, 224
— herminae 32
— major 5, 17, 19, 20, 23, 31, 222
— semicarinata 31, 32, 40

Lung an fu 19
Lycodon 164, 223
— aulicus 10, 16, 21
— fasciatus 5, 16, 49
— subcinctus 10, 27, 28
Lygosaurus 11
— pellopleurus 32
— sowerbyi 22, 24
— — salsbury 28
Lygosoma bowringi 11
— chalcides[1]) 11, 27
— chinense[1]) 11, 27

Mabuya longicauda 28, 31
— multifasciata 11, 21, 28
— siamensis 11, 27
Macropisthodon 24, 26, 31, 34, 129, 140, 260
— plumbicolor 256
— rudis 5, 16, 36, 48
Mediterran palaearktisch 3
Meeresbewohner 67ff., 71, 171
Min kiang 23
Min-Tal 19
Mittelchina 1, 13, 15
Mittelchinesische Provinz 42
Mo kan shan 26
Mow chow 19
Muridenfresser 75, 77, 82, 83

Nahrung 73
Naja 10, 31, 89, 132, 140, 156, 223 250
— hannah 10, 27, 28, 90, 141, 142, 152/153, 157, 212, 226, 228, 229, 244, 246, 247, 252, 253, 255, 256, 259, 262, 270, 273ff.
Naja naja 10, 17, 22, 24, 27, 28, 29, 62, 64, 90, 135, 228, 237, 239ff., 256, 257, 259, 265, 267, 269
— — atra 252, 253, 255, 258, 260, 263
— — fasciata 21, 251
— nigricollis 93
Nan shan 2
Natrix 86, 146—149, 161, 224
— aequifasciata 11, 24, 27, 28, 53, 143
— annularis 3, 24, 26, 31, 37, 53, 72, 143, 157, 223
— baileyi 5, 16, 206
— bitaeniata 16
— chrysarga 10, 28, 31
— craspedogaster 3, 22, 24
— gastrotaenia 5, 16
— handeli 5, 16
— himalayanus 64
— johannis 5, 16, 157
— khasiensis 9, 22, 23, 24, 49, 50, 157
— modesta 5, 16, 145, 157
— nuchalis 5, 16, 18, 20, 35, 36, 48, 49, 138/139
— octolineata 5, 16
— ornaticeps 28
— parallela 3, 16, 18, 35, 145, 157
— percarinata 3, 16, 19, 22, 23, 24, 28, 53, 72, 143, 157
— piscator 10, 16, 21, 22, 24, 27, 28, 29, 31, 61, 62, 64, 157, 216, 241, 250, 258, 265, 267, 269
— pleurotaenia 5, 16
— pryeri 3, 32
— quadrillineata 5, 16
— sauteri 3, 22, 31, 50, 137/138, 142, 157

[1]) Seite 27 als Sphenomorphus bezeichnet.

Natrix septemlineata 5, 16, 20
— stolata 10, 16, 21, 22, 24, 27, 28, 29, 31, 64, 157
— subminiata 5, 16, 22, 23, 24, 27, 28, 64, 145, 156, 157, 250, 256, 257
— swinhonis 31, 157
— — swinhonis 34
— tigrina 3, 16, 24, 157, 250, 256
— — lateralis 19, 20, 257
— — tigrina 33
— vibakari 3, 50, 137/138, 157
— — popei 22, 27, 28, 50
— — ruthveni 37, 50
— — vibakari 33
Naultinus 205
Nordchina 1, 13, 15
Nordchinesische Provinz 41

Ocadia 11
— sinensis 3, 24, 27, 28, 31
Ophisaurus 5, 11, 16, 24, 26, 34, 36, 88
— harti 31
Opisthotropis 11, 28, 139, 142, 170
Optimale Region 49, 50, 160
Osthimalaya-Deszendenten 3, 4, 5, 18, 19, 20, 159
Otocryptus 32

Palaearktische Region 41
Parotis 95, 96
Pazifische Provinz 43
Pazifisch palaearktisch 3, 21, 41, 159
Pelochelys 11, 27, 28, 191/192
Peropus mutilatus 27, 28, 31, 32
Phisalix 95, 97
Phoxophrys 5, 16
Phrynocephalus 3, 16, 205
Physignathus 11, 27, 28
Platyplacopus 5, 22, 24, 31, 36, 195, 211
— kühnei 70, 74, 130
Platysternon 5, 22, 24, 27, 28, 192, 234ff.
Podocnemus 189, 191
Polypedates 73, 87, 112
Praehimalayaformen 7, 47, 159
Psammodynastes 17, 22, 23, 27, 28, 89, 235
— pulverulentus 5, 48
Pseudotsuga wilsoniana 48
Pseudoxenodon angusticeps 9, 16, 21, 22, 24, 27, 31, 252
— dorsalis 9, 22, 24, 31, 142, 252
— melli 28
— sinensis 5, 16, 18, 19, 22, 24, 252, 256, 257
Ptyas 84, 85, 87, 88, 150/151, 156, 223, 248
— korros 5, 16, 21, 22, 24, 27, 28, 31, 142, 157, 250, 252, 254
— mucosus 10, 24, 27, 28, 31, 74, 142, 213, 215, 247, 252, 256, 264
Ptychozoon 32
Pupillenform 106, 108
Python 10, 24, 27, 28, 61, 62, 63, 84, 87, 88, 245
— molurus 213
— — bivittatus 9, 143, 228, 247, 271
Pyxidea mouhotii 28

Rana 76, 87, 100, 101, 102
Rhabdops 16
— bicolor 5, 21
Rhadinophis 11, 22, 24, 74, 130, 142, 222, 224
Riu kiu 31, 32, 33, 38, 39, 42
Rotes Becken 1, 19, 42
Ruheperiode 61, 106

Sandbewohner 206
Säuger 110
Schlangenfresser 77, 79, 81, 130, 133, 135, 137
Schlüpfgröße 199/200
Schwankungsbreiten der Ventralia 165—166, 174—176, 177—179, 182—184
— — Subcaudalia 157, 165—166, 177—179, 182—184
Scinciden 45, 207, 224
Scolopender 212
Seeschildkröten 190
Seeschlangen 172, 173
Sepedon haemachates 93
Sexualbiologische Gewohnheiten 61
Shansi 1
Shantung 1
Shao wu 23
Sibirisch palaearktisch 2, 158
Sibynophis 22, 24, 27, 35, 50, 94
— collaris 9, 48, 49, 50
— — chinensis 16, 20, 21, 31, 130
— — hainanenesis 28
— grahami 9, 16
Si kiang 2
Sikkim 3
Sistrurus 248
Sphenomorphus boulengeri 31
— indicus 5, 18, 19, 22, 23, 24, 27, 28, 242
— — formosensis 31
— — multimaculatus 16
Subterrane Tiere 69, 71
Südchina 2, 25
Südliches China 14, 15
Südmandschurei 41
Südwestchinesische Grenzmark 42
Supraterrane Tiere 69, 70, 71, 73, 162, 194, 206
Süßwasserbewohner 68, 71
Süßwasserschlangen 172/173

Tai pai siang 20
Taivania cryptomerioides 48
Takydromus dorsalis 32
— formosanus 31
— meridionalis sexlineatus 11, 24, 27, 28, 30
— intermedius 16, 36
— sauteri 31
— septentrionalis 16, 19, 22, 23, 24, 31
— smaragdinus 32
— stejnegeri 31
— takydromoides 32
— wolteri 24
Ta pa shan 20
Tapinophis 11, 22, 24, 134, 142
Ta yü shan 2
Temperaturen 60—62
Testudo emys 11, 27
Tethys 50
Tongking 3
Trimeresurus 84, 93, 144, 153/154, 156
— anamallensis 90
— flavoviridis 32
— gramineus 5, 28, 31, 91, 218, 222, 224
— — albolabris 10, 27, 29
— — stejnegeri 23, 24, 31, 250
— — yuennanensis 17
— jerdonii 5, 17, 20, 35, 49, 91, 157
— monticola 5, 17, 18, 19, 24, 26, 31, 34, 36, 48, 49, 85, 141/142, 157
— mucrosqamatus 3, 17, 23, 24, 31, 85, 90, 91, 157
— — elegans 32

Trimerodytes 11, 139
— balteatus 28
Trionychidae 189, 191, 253
Trirhinopholis 16, 24, 26, 139, 142
— nuchalis 5, 21
— styani 5
Tropidophorus 11, 16
— berdmorei 5, 21
— hainanus 28
— sinicus 22, 27
Tsin ling shan 1, 2, 20
Typhlops 25, 27, 28, 29, 31, 32, 40, 61
— braminus 9, 10

Umschlingungsreflex 245

Varanus 27
— salvator 11, 28
Vermehrungsstärke 190, 193, 196
Vipera 84, 89, 93, 137
— berus 93, 218
— renardi 137
Vipera russellii 5, 10, 27, 28, 61, 85, 91, 93, 218, 228, 246, 247
Viperiden 207
Vögel 111, 264ff.

Wan shien 20
Warmblütlerfresser 77, 78, 80, 129, 133
Wasserbewohner 167—169, 204
Westchina 1
Westchinesische Provinz 43

Xenopeltis 10, 27

Yangtse 42
Yuennan 1, 3, 17, 20, 49
Yuennanfu 9

Zaocys 18, 36, 84, 85, 86, 150, 248, 250
— dhumnades 37, 50, 53
— nigromarginatus 5, 16, 18, 19, 22, 24, 48, 50, 53, 87, 142
— — oshimai 31, 34

Metzger & Wittig, Leipzig.

FSC
www.fsc.org
MIX
Papier | Fördert gute Waldnutzung
FSC® C083411

Zeitfracht Medien GmbH
Ferdinand-Jühlke-Straße 7
99095 Erfurt, Deutschland
produktsicherheit@kolibri360.de